肥料面源污染防控
基本策略与关键技术

赵永志 主编

中国农业科学技术出版社

图书在版编目（CIP）数据

肥料面源污染防控基本策略与关键技术/赵永志主编．—北京：
中国农业科学技术出版社，2018.10
ISBN 978-7-5116-3499-3

Ⅰ．①肥… Ⅱ．①赵… Ⅲ．①农业污染源—面源污染—污染
防治—中国 Ⅳ．① X501

中国版本图书馆 CIP 数据核字 (2018) 第 020167 号

责任编辑　张志花
责任校对　李向荣

出 版 者　中国农业科学技术出版社
　　　　　北京市中关村南大街 12 号　　邮编：100081
电　　话　（010）82106636（编辑室）　（010）82109702（发行部）
　　　　　（010）82109709（读者服务部）
传　　真　（010）82106631
网　　址　http://www.castp.cn
经 销 者　各地新华书店
印 刷 者　固安县京平诚乾印刷有限公司
开　　本　170 mm×240 mm　1/16
印　　张　15
字　　数　315 千字
版　　次　2018 年 10 月第 1 版　2018 年 10 月第 1 次印刷
定　　价　49.00 元

编　委　会

作者简介

赵永志，推广研究员，农业农村部耕地质量建设与管理专家指导组成员，海峡两岸科技合作创新联盟专家委员会委员，国家农业科技项目、科技成果、高级职称评审专家。长期从事土壤肥料与植物营养研究，开发出环境友好生态施肥技术体系与应用模

在联合国粮农组织高级专家咨询会做主题报告

式，达到国际先进水平，尤其兼顾产量和生态的施肥模型、根层土壤氮磷阈值控制成果处于国际领先水平。

赵永志同志始终以"农业增效、农民增收和农业可持续发展"为己任，创新性地提出"耕地质量也要确定红线""生态文明建设农业是基础，土肥是关键""生态土肥""数字土肥""智慧土肥"等多项现代农业发展理念，并从技术、机制、政策、体系等多方面不断进行创新实践，形成生态、高效、安全、低碳等多种现代农业发展模式，研究开发和推广了大量高效、实用型土肥技术，每年为农户增收数亿元，为北京都市型现代农业健康可持续发展作出了重要贡献。2000年以来，主持国家、部市级重点科技项目70余项，

在土壤健康与可持续发展国际研讨会上
发布"一带一路"土壤宣言

获国家、部市级科技成果奖 31 项（其中一等奖 10 项，二等奖 12 项），实用发明专利 18 项，标准制定 12 项，发表论文 70 多篇、出版技术专著 15 部。先后被授予北京市先进工作者，北京市有突出贡献的专家，全国产学研合作创新促进奖先进个人、中国农村新闻人物、中国土壤肥料 60 年具有影响人物，全国粮食生产有突出贡献的科技人员，国务院政府特殊津贴专家，全国先进工作者等 40 多项荣誉称号。

赵永志同志突出的科技创新能力、成果与贡献不仅得到了同行的认可，多次应邀在国内外高级学术研讨会上做报告，更是走上联合国讲台。以专家学者身份先后访问欧美等 30 多个国家和地区，带领团队与中国农业大学、中国农业科学院、南京农业大学、北京师范大学等国内科研院所及联合国粮农组织、全球土壤伙伴关系、加拿大农业

联合国粮农组织土水司司长 Eduardo Mansur 为赵永志颁发"全球土壤保护宣传大使"荣誉证书

部、英国华威大学等国外机构组织建立了良好的合作关系，积极开展合作研究取得了突破性丰硕成果。特别是 2015 年受邀参加联合国粮农组织召开的"国际土壤年"活动，并作了《中国耕地建设、利用与保护暨世界土壤学展望》和《北京都市农业发展》的报告；2018 年主持召开了联合国粮农组织、全球土壤伙伴关系、北京市农业局及北京市土肥工作站共同主办的 30 多个国家与国际组织专家、领导参加的"土壤健康与可持续发展——'一带一路'土壤战略国际研讨会"。他提出的"土壤保护无国界"的理念受到联合国粮农组织、全球土壤伙伴关系、亚洲土壤伙伴关系的高度赞扬。他多年的创新性工作与成就也得到了社会的广泛认可，新华社、中央电视台、人民日报、光明日报、经济日报、科技日报、农民日报以及新华网、央视网等众多国家级媒体给予报道，他的创新故事还登上了脸书、推特等国外媒体。

前　言

近 10 年来，在耕地面积不断减少的情况下，为了用占世界 7% 的耕地养活占世界 22% 的人口，我国大力推行以增产为核心的农业发展战略，提出了"高产、优质、高效"的农业发展方针，不断加大农业开发强度，化肥、农药、农膜等得到了广泛应用，畜牧养殖业的规模化水平和生产总量不断提高，农业生产水平持续提高。但由此带来的环境问题逐渐显现并呈恶化趋势，农业面源污染已经成为危害农业生态环境、危及农业可持续发展、影响农产品质量的重要问题。

在农业面源污染中，由施用肥料引起的污染尤为严重。化肥、农家肥等各种肥料长期大量、不科学地施用，使得肥料面源污染呈现加剧趋势，对生态环境造成了极大的损害，进而也影响到农产品质量安全，最终危害人体健康。肥料面源污染防控要按照"整体、协调、循环、再生"的原则，全面规划、调整和优化农业结构，合理配置肥料资源，避免肥料不合理使用给生态环境造成的损害，其防治目标是使农业环境走上健康、绿色发展道路，而这些内容也正是绿色农业的有机组成部分。从这个意义上说，肥料面源污染防控是生态文明建设的重要组成部分，是农业产业升级、农产品增产增收的保障，是农产品（食品）质量安全保障的重要手段，是农业可持续发展的必然要求，也是我国农业现代化发展过程中必须解决的问题。因此，我们必须在保证农业发展的基础上，加强肥料面源污染防控，以期高产、优质与生态保护双丰收。

在肥料面源污染防控方面，北京做了大量有益的实践探索，工作重点落在北运河流域范围内。北运河是北京市流域面积最大、支流最多的城近郊区的河流，流域面积 4 293 千米^2，占全市总面积的 27%。而随着郊区经济建设的快速发展，流域内由于肥料不正当使用等带来的水体污染、生活饮水质量下降、农产品质量安全以及整个生态环境问题日益突出。北运河流域防治主要工作包括制定了北运河流域面源污染防控总体规划，构建了肥料面源污染防控制度体系，建立了肥料面源污染防治机制，充分利用测土配方施肥技术、水肥一体化等技术，开展流域内肥料面源污染的防控，取得了很好的效果，积累了一定的经验。

本书从农业面源污染的概念出发，分析了肥料面源污染的起因、危害，肥料面源污染防控的过程与意义，系统梳理了肥料面源污染防控的理论基础，比较全面地总结了肥料面源污染防控的研究进展、制度体系建设情况、肥料面源污染防控技术应用情况。在此基础上，提出了肥料面源污染防控的主要策略，并对技术策略进行了重点剖析，最后以国内外肥料面源污染防控经验为参考，以肥料面源污染防控理论为指导，以肥料面源污染防控制度体系建设和技术体系建设为手段，以北运河流域肥料面源污染防控为目标，详细介绍了北运河流域肥料面源污染防控的制度体系建设情况、防控技术应用情况和取得的成效。

全书共分为 5 章。

第一章：介绍了农业面源污染的概念，分析了肥料面源污染的成因和危害，总结了肥料面源污染防控的概念、过程和意义。

第二章：系统地梳理了肥料面源污染防控的基本理论，包括环境经济关系理论、污染控制的失灵理论、农户行为理论以及农户施肥影响因素。

第三章：全面地分析了国内外肥料面源污染研究情况、肥料面源污染政策体系建设情况以及肥料面源污染的技术应用情况。

第四章：在分析肥料面源污染政策策略的基础上，重点剖析了肥料面源污染防控的技术策略。

第五章：以北运河流域肥料面源污染防控为背景，详细阐述了北运河流域的基本情况、肥料面源污染情况以及肥料面源污染防控目标，进而剖析了北运河流域肥料面源污染防控的制度体系建设情况、技术应用情况以及肥料面源污染防控取得的效果。

由于编者水平有限，错误在所难免，请读者多提宝贵意见。

感谢各位老师、朋友和同事对本书出版的帮助和支持。

编者

2017 年 6 月

目　录

第一章

绪　论

施肥是农业生产中保证作物高产、稳产必不可少的重要手段，在农业中的地位和作用早已被人们所认识。但肥料长期过量使用和施用方法不合理，会引起土壤板结、酸化、盐化和重金属污染，导致河流、湖泊、地下水等水体的富氧化或污染，还会造成作物营养不良、有害物质积累、农产品品质下降，肥料面源污染防治已经成为土肥工作者必须面对的问题。本章首先确定了面源污染的内涵与类别，然后研究农业面源污染的概念、类型、成因和危害，在此基础上进一步分析了肥料面源污染的内涵、类型、成因和危害，以及肥料面源污染防控的内涵和意义。

第一节　面源污染

人类与自然环境的关系密切，人类可利用周围的自然资源从事生产或直接消费，所生产的产品用来消费，而生产或消费过程中所产生的废弃物，如果没有回收再利用，则会回归自然环境系统，对环境造成一定影响。在污染治理研究与实践过程中，人们根据不同的角度对这些污染进行分类，以便进行针对性的防控与治理。按所污染的环境要素，可分为空气污染源、土壤污染源和水污染源；按污染源产生的领域，可分为工业污染源、农业污染源和生活污染源；按所存在的空间形态，可分为点源、线源和面源等。

面源污染与点源污染是相对的，面源污染通常称为非点源污染。点源污染主要指工业生产过程中与部分城市生活中产生的污染物，这种污染形式具有排污点集中、排污途径明确等特征。面源污染广义上指各种没有固定排污源的环境污染，狭义上主要指水环境的非点源污染（周广翠，2012）。

一、狭义的面源污染

面源污染的定义最早来源于《美国清洁水法修正案》，而正是由于《美国清洁水法修正案》将面源污染定义为污染物凭广域的、分散的、微量的方式进入地表水及地下水体，使得部分研究者认为面源污染是水环境的非点源污染。持这种认识的典型观点如下。

贺瑞敏等认为面源污染是相对于点源污染而言的，除工业废水、城市生活污水等具有固定排放口的污染源以外，其他的各类污染源统称为非点源，也称为面源。具体来说，面源污染是指时空上无法定点监测的，与大气、水、土壤、植被、地质、地貌、地形等环境条件和人类活动密切相关的，通过降雨径流的淋溶和冲刷作用，使大气中、地面和土壤中的污染物进入江河湖泊、水库、海洋等水体，引起水体悬浮物浓度升高，有毒害物质浓度增加，水体富营养化和酸化等造成水体污染的现象（贺瑞敏等，2005）。

张峰认为与点源污染相对应，面源污染是指溶解态或颗粒态污染物从非特定的地点，在非特点的时间，在降水和径流冲刷作用下，通过径流过程汇入河流、湖泊、水库和海洋等受自然受纳水体，引起的水体污染（张峰，2011）。

二、广义的面源污染

随着污染防治研究的逐步深入，部分研究者将面源污染扩展到除水体外的大气、土壤等，即整个自然环境。持这种观点的面源污染定义主要有如下两种。

《辞海》将面源污染解释为：在大面积范围内以大量分散或小的点源形式排放污染物，在自然环境（大气、土壤、水体等）中混入危害人体健康或者降低环境质量或者破坏生态平衡的污染物的现象。

刘娟认为面源污染是在一个相对广泛的区域里由于人类在生产、生活过程中产生的各种污染物，从非特定的地点通过空气流动或者降水、灌溉产生的径流，进入大气、土壤或水体污染环境，造成环境质量下降、生态平衡破坏的现象（刘娟，2012）。

三、面源污染的分类

基于广义的面源污染定义，面源污染主要有以下几种。

（1）农业污染源　包括水土流失、农药和化肥的施用、农村动物粪便、农村生活污水、生活垃圾、农业生产废弃物等。主要污染物为可溶的氮磷养分、有机及无机的农药成分、难降解的废弃农膜及成分多样的生活垃圾等。

（2）城市污染源　主要指城市地表如商业区、街道和停车场等地方聚集的一系列降水径流污染物，如油类、盐分、氮、磷、有毒物质和城市垃圾等。

（3）林业污染源　包括由于林业活动导致的道路的维修和使用、森林的砍伐、化肥农药的使用及烧荒等，主要污染物为可溶的氮磷养分、流失的土壤颗粒等。

（4）矿山污染源　包括由于采矿带来的矿渣、颗粒物以及废水等。

（5）大气沉降污染源　主要包括由于大气活动（雨、雪、风、尘等）带来的酸类、有毒金属、有机物及氮磷物质等。

其中，农业污染源是目前面源污染中污染范围最大、程度最深、分布最广泛的一种，也是世界范围内面源污染控制的中心和重点。

第二节　农业面源污染

农业面源污染是由分散的污染源造成，其污染物质来自大面积或大范围，不能用常规处理方法改善的污染排放源。充分认识农业面源污染的概念、特征、成因和危害，对于农业面源污染防控具有重要意义。

一、农业面源污染的概念与特征

正是由于面源污染的概念存在广义和狭义两种理解，农业面源污染也存在如下广义和狭义两种界定。

1. 狭义的农业面源污染概念

狭义概念认为农业面源污染是农业生产活动引发的对水环境的污染。

邓小云认为可从 3 个方面来理解农业面源污染：它是一种面源污染；它是一种农业源污染；它是一种针对水体的污染。农业面源污染可定义为：农业生产活动产生的营养物质、毒性物质、病菌、作物残体等引发的对水环境的污染，其污染物来自一个大范围或者大面积，通过地表径流、壤中流（壤中流指下渗到土壤带，由于土壤渗透性较差而沿水平方向运行的那部分水）、农田排水等分散性地进入地表或地下水体（邓小云，2012）。

李海鹏认为农业面源污染是指以降水为载体并在降水和淋溶作用下，通过地表径流和地下水渗透过程将农田和畜牧用地中的污染物质包括土壤颗粒、土壤有机物、化肥、有机肥和农药等污染物质携入受纳水体所引起的水质污染。其主要来源是农业生产过程中化肥投入、农药流失、农村畜禽养殖排污、农村生活污水、生活垃圾等（李海鹏，2007）。

冯志文认为农业面源污染主要是指用于发展农业生产的化肥、农药、农膜、畜禽粪便等造成的污染。从农业面源污染的形成过程分析，农业面源污染是指可溶解的污染物和固体污染物从非特定的地点，在降水（或融雪）的冲刷作用下，通过径流过程而汇入受纳水体，并引起水体营养化或其他形式的污染（冯志文，2010）。

王培认为农业面源污染是指农业生产活动中，溶解的或固体的污染物从非特定的地域，在降水和径流冲刷作用下，通过农田地表径流、农田排水和地下渗漏，使大量污染物质进入受纳水体所引起的主要水体污染。主要包括化肥污染、农药污染和集约化养殖场污染，主要污染物是重金属、硝酸盐、有机磷、滴滴涕（DDT）和塑料增塑剂等。与点源污染不同，农业面源污染具有污染发生的随机性、机理过程的复杂性、污染负荷的时空差异性、排放途径及排放污染物的不确定性等特点。面源污染物发生后随地表和地下径流进行复杂的迁移和转化过程（沉降物还有经大气迁移的过程）。迁移方式因污染物类型而有所不同。例如，湿地的面源污染研究中发现，固体颗粒、磷和农药主要经地表径流进入湿地，而氮主要经地下径流进入湿地。与污染物迁移过程相伴的是一系列的物理、化学和生物的转化过程，这些过程均因污染物、自然环境和历时的差异而发生变化。众多研究表明，农业面源污染是引起农业生产力水平下降、水体污染及富营养化的重要原因（王培，2008）。

张峰认为农业面源污染是所有面源污染中的地位最为重要，分布范围最为广泛，具体是指以降雨为载体并在降雨的冲击和淋溶作用下，通过地表径流和地下渗透过程将农田和畜牧用地中的污染物质包括土壤颗粒、土壤有机物、化肥、有机肥、农药等污染物质携入受纳水体而引起的水质污染。其主要来源是农业生产过程中化肥投入、农药流失、农村畜禽养殖排污、农村生活污水、生活垃圾污染等，具有随机性强、污染物排放点不固定、污染负荷的时空变化幅度大、发生相对滞后性和模糊性以及潜在性强等特点，使得农业面源污染的监测、控制与管理更加困难与复杂（张峰，2011）。

2. 广义的农业面源污染概念

近年来，众多学者逐渐认识到农业面源污染的影响不仅局限于水体富营养化等问题，还包括土壤板结、空气污染等方面的影响。

刘娟认为农业面源污染是最为重要且分布最为广泛的面源污染，是指在农业生产和生活过程中产生的、未经合理处置的污染物，包括农村生活污水、生活垃圾、农药和化肥的施用、农村动物粪便等，对水体、土壤和空气及农产品造成的污染。农业面源污染内容众多，涵盖土壤、水体、环境等整个农村生态系统。主要污染类型包括氮磷元素、农药成分、农作物秸秆和残茬，以及农村生活垃圾等。其主要污染物质形式为硝酸盐、氮、磷、重金属、病原微生物和塑料增塑剂等（刘娟，2012）。

周广翠认为农业面源污染是指在农业生产活动中，氮素和磷素等营养物质、农药以及其他有机或无机污染物质，通过农田地表径流和农业渗透，形成的水环境的污染，还会对空气造成直接污染，烟、雾、气、味影响空气质量（周广翠，2012）。

3. 农业面源污染与农村面源污染

还有学者将农业面源污染扩展到农村面源污染。王珍认为农村面源污染是指农村地区在农业生产和居民生活过程中产生的、未经合理处理的污染物对水体、土壤和空气及农产品造成的污染。洪大用则采用二元结构的再生产概念对中国农村面源污染进行了社会学分析。可见，农业面源污染的内涵和外延随着学界对农业面源污染的认识而不断深化（饶静等，2011）。

一些文献对农业面源污染还有其他3种界定：认为面源污染就是指农业面源污染；把农业面源污染等同于农业源污染；将农业面源污染归结于所有涉农污染。从农业面源污染的实际情况和面源污染的含义来看,这三种认识都不尽全面、准确：农业面源污染不能等同于面源污染。面源污染广泛存在。例如,不加收集的城市暴雨径流和农村生活污水的随意排放造成的污染,农业面源污染只是面源污染的一种；农业源污染包含而不仅是农业面源污染,集中畜禽养殖造成的污染是作为点源污染处理的；应将农业面源污染与农村面源污染区分开来。一些学者将农村生活垃圾无序堆放、生活污水随意倾倒、城市废弃物向农村转移等都列入农业面源污染的范畴,这未免显得过于宽泛。2010年2月我国《第一次全国污染源普查公报》将普查对象分为工业污染源、农业污染源、生活污染源和集中式污染治理设施,依此,转移到农村的城市固体废弃物或者归入城市工业污染源,或者归入城市生活污染源,无论如何不是由农业活动产生的。农村居民生活垃圾和生活污水属于生活污染源,不应归入农业污染源。

李曼丽通过研究也认为,目前的诸多文献中,将农业面源污染和农村面源污染等同起来看待并不合适。"三农"问题中通常说到"农村、农业、农民",可见农业和农村的概念并不等同,所涉及的范畴也不一样。农村是相对于城市而言的地域概念,农业则是从产业的角度进行阐述。农村包括了农业以及生活在其中的农民。农业生产、农民生活都会产生面源污染。因此,农业面源污染,主要是指农业生产活动中不合理施用农药、化肥、灌溉水、农膜等行为,使得氮、磷等营养物质、农药以及其他有机或无机污染物质通过农田地地表径流和农田地渗漏形成的水环境的污染,主要包括化肥污染、农药污染、农膜污染等（李曼丽,2009）。

4. 农业面源污染的特征

农业面源污染是由分散的污染源造成,其污染物质来自大面积或大范围,不能用常规处理方法改善的污染排放源。农业面源污染具有分散性和隐蔽性、随机性和不确定性、广泛性和难监测性、滞后性和风险性以及危害的严重性和防治的长期性等特征。

（1）分散性和隐蔽性 与点源污染的集中性相反,农业面源污染具有分散性的特征,它随流域内土地利用状况、地形地貌、水文特征、气候、天气等不同而具有空间异质性和时间上的不均匀性。农业面源污染排放的分散性导致其地理边界和空间位置的不易识别。

（2）随机性和不确定性 从农业面源污染的起源和形成过程来看,其与降雨过程、降雨时间、降雨强度密切相关。此外,面源污染的形成还与其他许多因素,如汇水面性质、地貌形状、地理位置、气候等也都密切相关。大多数面源污染问题,包括农业面源污染,涉及随机变量和随机影响。农作物的生产受多种因素影响,与降雨的大小和密度、温度、湿度等自然条件密切相关，而自然条件具有随机特性，因此，农业面源污染发生具有较大的随机性。同时，因为农业面源污染的影响因素多，排放途径复杂，且各因素之间又相互影响，致使其形成机理具有较大的模糊性。

（3）广泛性和难监测性　由于农业面源污染涉及多个污染者，在给定的区域内它们的排放是相互交叉的，加之不同的地理、气象、水文条件对污染物的迁移转化影响很大，因此很难具体监测到单个污染者的排放量。严格地讲，面源污染并非不能具体识别和监测，而是信息和管理成本过高。虽然近年来遥感技术（RS）、地理信息系统技术（GIS）可以对面源污染进行模型化描述和模拟，为其监控、预测和检验提供有力的数据支持，对面源污染进行模型化描述和模拟，但是识别和监测成本仍很高。

（4）滞后性和风险性　农业污染物质对环境产生的影响是一个量的积累过程，农业面源污染从源头到水体、土壤、空气，也需要一个过程，这就决定了其具有滞后性，当发现水体、土壤、空气受到污染，再回头治理或防治已经十分困难。例如，各类重金属物质对土壤的污染。因而农业面源污染是一个从量变到质变的过程，决定了其危害表现具有滞后性，农业面源污染物质主要是对生态环境的强破坏作用，刚开始时往往表现不十分明显，但各种残留物质的潜在生态风险很大。

（5）危害的严重性和防治的长期性　农业面源污染主要是农药残留物、农膜残片、废弃秸秆、养殖业废弃物以及化肥氮、磷等，对人体健康、其他生物、生态环境直接有害，可能损害中枢神经或者累积在器官中，导致蓄积中毒甚至诱发肿瘤。氮、磷过多将加速水体的富营养化，使水中溶解氧减少，导致水生生物死亡，引发蓝藻、水华现象。若进入食物链，会影响人体健康。农业是国民经济的基础，农村人口在中国占据绝大部分，农业生产方式改变缓慢，因此，农业面源污染将持续相当长的历史时期，防治工作具有长期特性。

二、农业面源污染的成因

从广义的面源污染概念可以发现农业面源污染主要包括化肥施用产生的污染、农药使用产生的污染、农膜产生的污染、秸秆产生的污染、畜禽养殖业产生的污染以及农村生活污染等，特别是化肥、农药和农膜等生产物质不合理使用造成的面源污染突出（冯志文，2010；刘娟，2012）。

1. 农业投入品产生的污染

农业本身生产过程中存在严重的面源污染问题，农药和化肥的大量使用在提高农作物产量的同时，也影响着农业生态环境，突出表现在农药、化肥的流失对地表水、土壤、大气的污染以及在食物中的残留。因此，造成了环境污染，农产品质量安全令人担忧，对环境带来的负面效应已经直接影响到人们的日常生活，对人们的健康和农业可持续发展造成了极大的威胁。

（1）化肥不当施用造成的污染 中国的化肥施用量与发达国家相比并不低，但是效率不高。受施肥方式、施肥结构和氮磷钾养分比例等因素的影响，化肥利用率很低，氮、磷、钾肥利用率分别仅为 30%～35%，10%～20% 和 35%～50%，低于发达国家 15～20 个百分点。大量滥施化肥导致土壤板结、耕地质量变差，肥料的利用率低。土壤中的氮、磷等营养元素除被作物吸收利用和土壤残留之外，剩余的营养元素在降水及灌溉的作用下，通过地表径流或淋溶流失到水环境中，导致地表水体的富营养化和地下水污染。因此，增加化肥投入强度和密度，其结果只会导致化肥流失量增加，使得农业面源污染日趋严重。

（2）农药使用造成的污染 我国 20 世纪 40 年代使用有机氯农药以来，化学农药发展非常迅速，根据《中国经济年鉴》资料，我国农药的施用量 15 年施用量翻了一番，品种由原来的 100 多种增加到 2 000 多种。农药在田间使用后，会进入地面水、地下水、土壤、植物和空气等不同环境区域中。高毒、高效农药和除草剂的大量使用，使农村生态平衡问题和农药残留问题日益严重。大量农药散落于环境中，参与生态环境系统循环，严重威胁着生态环境安全、农产品质量安全、人类的身体健康和生命安全等。

2. 农业废弃物污染

农业生产过程中衍生出许多农业废弃物，这些废弃物如果不及时进行回收利用或无害化处理，就会成为农业面源污染的污染源，对农业和农村环境造成新的污染。农业废弃物污染主要有畜禽粪便、农作物秸秆等废弃物和农用地膜的"白色污染"。

（1）畜禽养殖业污染 随着科技的发展，我国畜禽养殖业和水产养殖业的规模不断发展壮大，每年畜禽粪便污水及养殖污水的排放总量呈现逐年增加的趋势。以畜禽粪便简单处理形成的有机肥运输困难、施用麻烦，没有化肥那样的速效作用，加之近年来有机肥在农业生产中备受冷落，使得养殖污水处理困难，大量畜禽粪便未经过处理就被直接排放。而畜禽粪便中携带着大量的大肠杆菌、寄生虫卵等病原微生物，养殖污水中含有大量的氮、磷等，畜禽粪便和养殖污水进入江河湖泊、地下水以及土壤后，导致水体、土壤和大气的污染，破坏养殖场周围的生态环境，这二者是我国江河湖海富营养化的主要原因之一。从我国畜禽粪便的土地负荷来看，土地负荷警戒值已经达到一定的环境胁迫水平，而部分地区甚至出现严重或接近严重的环境压力水平。

（2）农作物秸秆等废弃物污染 我国每年约产生 6 亿吨秸秆，目前约有 1/3 的秸秆尚未很好地利用。随着粮食安全问题的日益突出，国家不断加大粮食优惠政策和支持力度，农业生产规模不断扩大，农业秸秆产生量不断剧增。同时，随着农村经济发展和社会进步，农民生活方式和农村能源结构发生改变，秸秆在相当一部分的农家中不再是能源，露天焚烧处理比例增加，污染强度增加。此外，随着农村劳动力的非农转移，农村有效劳动力减少，对于秸秆的处理愈来愈倾向于简单粗放，进而也导致较高的污染。

（3）农膜使用产生的污染　随着农业科学技术的发展，农用地膜的应用越来越广泛。使用塑料农膜能够有效地改善和优化栽培条件，起到保湿、保温、保肥和保土等作用，极大地促进农作物早熟、增产，提高农产品质量。但是，由于农膜质量不过关、回收技术落后、缺乏相关的法律法规和政策，农膜残片滞留农田土壤、影响耕种和发展养殖业。农膜的主要成分是高分子有机化合物，自然条件下难以降解，可残留 20 年以上，影响土壤的透气性，阻碍土壤水、肥的运转，进而影响农作物根系的生长发育，使得作物减产。此外，塑料农膜中的增塑剂会在土壤中挥发，对农作物特别是蔬菜有很大毒性，导致作物生长缓慢或黄化、甚至死亡。当前，我国覆盖地膜的农田污染状况呈现日趋严重的趋势，已经成为农田污染的主要来源之一。

3. 生活及其他污染

随着农村经济的发展，农民生活水平的逐步提高，农村生活所产生的污水量和垃圾量逐渐增多，且成分日益复杂。由于我国村镇有沿岸堆放垃圾的习惯，这些垃圾在暴雨时会直接进入河道，从而形成更直接、危害更大的面源污染。我国农村基础设施还是普遍滞后，缺乏基本的排水和垃圾处理系统，大量农业生产垃圾与生活垃圾一起四处堆放，与此同时，农业生产中传统的固体废弃物再循环利用的方式在逐步弱化，这些原因使得我国农村污水和垃圾量在数量上增多却得不到任何处理，农村环境污染日益严重。

4. 土壤本身的污染

由于耕作不合理、乱砍滥伐等造成森林面积锐减、植被严重破坏。近年来自然灾害发生频繁，水土流失引起的土壤侵蚀和养分流失惊人，90% 以上的营养物流失和土壤流失有关。水土流失带来的泥沙是有机物、金属、磷酸盐等污染物的主要携带者，本身就是一种污染物。大量的氮、磷等营养物质随着土壤流失，成为面源污染系统中的重要组成部分。

5. 农业技术推广体系不健全

我国目前的农业技术推广体系主要存在着对农业技术推广系统的投入低、推广投资经费的使用不合理、人员队伍不健全等问题。一些地区的农业技术推广系统，由于得不到足够的运作资金，不得不通过经营化肥和农药获取收入，因而对指导农民降低农药和化肥的投入缺乏积极性，影响到先进施肥施药技术的推广应用。农业技术推广不力助长了化肥和农药的不合理投入。

三、农业面源污染的危害

农业面源污染的危害主要体现在加剧水体富营养化、造成农业生态环境污染、土壤肥力下降、危害生物、农业生态系统平衡失调、影响农业区域景观美，另外，对农业本身也会造成不良影响（刘娟，2012）。

1. 加剧水体富营养化

富营养化是指在湖泊、水库或海湾等封闭或半封闭性水体内氮、磷等营养元素富集，导致一些藻类生长过旺，这些藻类消耗了水中大量的溶解氧，致使水体其他生物不能正常新陈代谢从而逐渐死亡，水体逐渐发黑发臭。水华、赤潮现象的发生都是水体富营养化的结果。面源污染是水体富营养化的重要因素之一。在农村面源污染中包括大量的化肥、农药，未经处理的畜、禽粪等，这些污染物都含有大量氮、磷和有机物，极大促进水中藻类生长，引起水体的富营养化。

2. 造成生态环境污染

氮、磷、农药、重金属等有机、无机污染物，以及盐类、病原菌等可以通过地表径流和地下水渗漏造成生态环境污染，使得地表或地下水源、土壤等各种污染物质含量超标，导致生态环境恶化。来自肥料和农药的氮、磷、钾等及其化合物，以及各种重金属元素，因溶解度低、活动性差，在土壤和非饱和带中逐渐积累，成为农业生态环境的潜在威胁之一；而土壤中大量氮的淋失和下渗，使得地下水中硝态氮含量严重超标。此外，灌区大量使用农药也加大了随水迁移到地下水的危险。

3. 土壤性质改变，肥力下降

土壤中如果过量添加氮肥和磷肥，钾肥施用不足或各元素区域间分配不平衡，这些情况下土壤就容易板结，土壤的质地、结构和孔隙度也会发生变化，影响土壤的通透性、排水和蓄水能力等，最终导致土壤和肥料养分易流失，农作物耕作效果差，肥料利用率低下。

4. 在生物体内富集，危害生物

在农业生态环境中，一些物质如有机物质或者金属元素，进入到农业生态系统，由于食物链的关系在各级生物体内逐级传递，不断浓缩聚集；也有某些物质在环境中的起始浓度不是很高，经过食物链的逐级转化吸收，浓度逐渐提高，最后形成生物富集或放大作用。例如，有机氯类农药（滴滴涕、艾氏剂等）化学性质稳定，初始浓度可能不高，但在环境中残留时间长，不易分解，且易溶于脂肪中，在脂肪内蓄积会毒害生物体。

5. 农业生态系统平衡失调

生态系统平衡失调主要表现在结构失调和功能失调两个方面。结构方面主要是指生态系统中生产者、消费者和分解者三者之间比例稳定。农业生态系统中，大量使用农药不仅会杀死害虫，也会导致许多其他的生物死亡，使得生物多样性减少，生态系统简单化。功能方面主要是指能量流动在生态系统内循环受阻或中断。例如，水体富营养化后，农业区域内水体氮、磷输入和输出比例失调。

6. 对农业本身的影响

近几十年来，我国农用塑料的使用量得到极大增长，特别是薄膜的使用量均已居世界第一。使用农膜虽然给农民带来了极大的经济效益，同时也给土壤造成了严重的污染，由于其难以降解，残留于土壤中会破坏耕层结构，妨碍耕作，影响土壤通气和水肥传导，对农作物生长发育不利。

第三节　肥料面源污染

肥料，特别是化肥已经成为农业增产、增收的重要农业资料，其对农业发展的促进作用已得到广泛共识，然而其带来的副作用，特别是造成的污染问题，也已成为建设生态农业必须解决的问题之一。

一、肥料面源污染的概念与类型

基于广义的农业面源污染定义，本书将肥料面源污染定义为：肥料面源污染是农业面源污染主要类型之一，是在农业生产和生活过程中，由于肥料的施用不当对水体、土壤和空气及农产品造成的污染。肥料面源污染内容众多，涵盖土壤、水体、环境等整个农村生态系统。从肥料类型上可以将肥料面源污染分为化肥面源污染和有机肥面源污染。

1. 化肥面源污染

随着化肥工业的发展和农业生产水平的提高，化学肥料特别是氮肥施用量不断增加。而化学氮肥的利用率却比较低，一般为30% ～ 50%，氮肥的损失不仅是经济效益问题，更为严重的是会引起土壤、水体、大气、生物、植物的营养富集而造成污染，对人体健康产生危害。化学氮肥的损失途径有硝酸盐的淋溶损失、硝化－反硝化脱氮和氨的挥发与侵蚀流失。

2. 有机肥料面源污染

有机肥的污染一方面是由于连续使用有机肥造成的，包括全氮与碱解氮含量增高造成的土壤硝酸盐积累和地下水污染及亚硝基类化合物对人体的危害。当前我国主要的有机肥源为畜禽粪便，这些畜禽粪便本身含有诸多有害物质，如果施用的人畜粪尿、垃圾肥料未经过堆置、高温发酵、微生物分解或灭菌处理，某些有害病菌如破伤风、疟原菌等，可在土壤中继续繁殖而扩大疾病的传染，造成土壤的生物学污染；或直接对蔬菜、瓜果等生产产生影响。使用农家肥对保护环境和提高土壤肥力都大有好处，但所施用的农家肥必须经过充分高温发酵灭菌，才能保证肥效和施用安全。

二、肥料面源污染的成因

1. 化学肥料资源紧缺、有机肥料资源浪费

近年化肥用量增长很快，但由于我国人多地少，土壤肥力低，要保证农业发展和粮食供给，化肥总量仍然不足，今后还需要进一步增加。我国单位面积化肥投入量仍低于世界先进国家，种植结构的调整也会增加化肥的需求量，其他行业肥料需求也在增加。在积极增加化肥投入并取得明显成效的同时，中国化肥资源面临短缺的局面。用以生产合成氨气原料的煤、焦炭和天然气等不可再生能源越来越少；中国磷矿资源虽然较为丰富，但磷矿分布不平衡，且品位较低，约占85%的磷矿集中于西南和中南地区的云、贵、川、湘、鄂5省，形成了"南富北贫""南磷北运"的状况，不利于农业生产；中国钾肥资源相当贫乏，主要分布在青海、云南、四川等省，中国钾盐矿极少，品位太低，浮选困难，未能规模生产，钾肥主要从加拿大和俄罗斯等国外进口。另外，经济的发展带动养殖业兴起，规模化养殖场产生大量的畜禽粪便等有机肥料资源，随意堆放，未能充分利用，造成环境污染、养分资源浪费严重（王宜伦等，2008）。

2. 施肥方法和肥料结构不合理

近年来虽然我国土壤总体养分结构有所改善，但距合理结构仍有一定差距。主要表现在以下几方面。

（1）有机肥投入不到位，导致土壤有机质含量降低，供肥性能变差 有机肥投入不到位，使得土壤有机质含量降低，直接影响土壤团粒结构的形成，导致土壤板结严重，犁底层上升，土壤的通气性、微生物活性、耕作性等变差，供肥性能降低，肥料利用率下降。这不仅造成肥料的浪费，更不利于土壤的可持续性发展和有机绿色食品的生产，是发展现代农业所不允许的。

（2）化肥品种选择不对路，养分单一，营养供应不平衡 施肥结构不合理，氮、磷、钾比例失调。目前，有些农民仍按传统的经验施肥，大量施用氮肥和磷肥，特别是长期施用二铵和尿素，不施钾肥，造成营养搭配不合理，氮、磷肥过剩，钾肥严重不足，果区果树枝条旺长、花少、果稀、产量低，果子色泽不好，甜度低，口感差，抗性降低。有些农户在施肥上还存在着严重的盲目性和随机性，基肥施大量的尿素，追肥撒施二铵。由于品种选择不合理，加上施肥量过大，土壤污染严重，产量增加不明显，严重造成肥料浪费。

（3）中微量元素没有得到及时的补充，大田缺素症严重 由于长期不施或少施中微量元素，土壤中的中微量元素得不到及时的补充，其含量已远不能满

足作物正常生长需要，根据营养的"同等重要律和最小养分律"学说，即使氮、磷、钾的施入量再增加和施入比例再合理，也不会使作物的产量增加。从大田缺素表现看，凡是氮、磷肥施得多的作物缺素症普遍严重。例如，作物花期缺硼授粉差，坐果率低；果、菜健壮生长期缺铁新叶变黄，光合效率低，长势弱；作物生长前期缺锌小叶病和白化苗严重；中后期缺钙裂果严重品质差等现象比比皆是。

（4）施肥方法不科学，造成肥效大为降低　部分农民注重底肥的施入，不重视追肥的施用，这不仅违背了作物的需肥规律，而且会使作物生长后期出现脱肥现象，影响作物的产量；施肥深度过浅也是化肥利用率过低的一个重要原因，大多数农民在给作物追肥时仍采用人工撒施的办法，这种施肥方法虽然省工、省力，但极易造成氮肥的挥发，降低了化肥利用率；施肥部位距作物根系过近或过远，都是影响吸收效果的因素。

3. 农户施肥水平不高

农户施肥水平不高是引发农业肥料污染的源泉。据农户施肥情况调查，当前化肥污染、农产品品质下降不是化肥本身的问题，而是农民科学施肥水平不高，施肥不当造成的（康银孝，2009）。主要表现在：

一是有机肥积用量不足，有机、无机肥配合施用面积逐年减少。

二是贪求产量盲目追加氮肥施用量，造成作物所需营养元素配比失调。

三是受农资市场价格、种植效益等综合影响，习惯、经验施肥现象普遍，农户用肥观念急待转变。

三、肥料面源污染的危害

1. 化肥面源污染的危害

化肥面源污染的危害主要表现在施肥不当对大气的污染、对土壤的污染、对水体的污染、对作物品质及食物链造成影响（青格勒，2012；黄国勤等，2004）。

（1）对大气的污染　化肥对大气的污染是因化肥本身易分解挥发及施用方法不合理造成的气态损失。常用的氮肥如尿素、硫酸铵、氯化铵和硫酸氢铵等铵态氮肥，在施用于农田的过程中，会发生氨的气态损失；施用后直接从土壤表面挥发成氨气、氮氧化物气体进入大气中；很大一部分有机、无机氮形态的硝酸盐进入土壤后，在土壤微生物反硝化细菌的作用下被还原为亚硝酸盐，同时转化成二氧化氮进入大气。此外，化肥在贮运过程中的分解和风蚀也会造成污染物进入大气。氨肥分解产生挥发的氨气是一种刺激性气体，会严重刺激人体的眼、鼻、喉及上呼吸道黏膜，可导致气管、支气管发生病变，使人体健康受到严重伤害。高浓度的氨一是影响作物的正常生长；二是氮肥的污染还表现在对大气臭氧层的破坏。氮肥施入土中后,有一部分可能经过反硝化作用,形成氮气和氧化亚氮,从土壤中逸散出来,进入大气。氧化亚氮到达臭氧层后,与臭氧发生作用,生成一氧化氮,使臭氧减少。由于臭氧层遭受破坏而不能阻止紫外线透过大气层,强烈的紫外线照射对生物有极大的危害,如使人类皮肤癌患者增多等。

(2)对土壤的污染

①增加土壤重金属和有毒元素。重金属是化肥对土壤产生污染的主要污染物质,进入土壤后不仅不能被微生物降解,而且还可以通过食物链不断在生物体内富集,甚至可以转化为毒性更大的甲基化合物,最终在人体内积累危害人体健康。土壤环境一旦遭受重金属污染就难以彻底消除。产生污染的重金属主要有锌、铜、钴和铬等。从化肥的原料开采到加工生产,总是给化肥带进一些重金属元素或有毒物质,其中以磷肥为主,我国目前施用的化肥中,磷肥约占20%,磷肥的生产原料为磷矿石,它含有大量有害元素,同时磷矿石加工过程还会带进其他重金属。另外,利用废酸生产的磷肥中还会带有三氯乙醛,对作物会造成毒害。

②导致营养失调,造成土壤硝酸盐累积。目前我国施用的化肥以氮肥为主,而磷肥、钾肥和复合肥较少,长期这样施用会造成土壤营养失调,加剧土壤磷、钾的耗竭,导致硝态氮累积。硝酸根本身无毒,但若未被作物充分同化可使其含量迅速增加,摄入人体后会被微生物还原为亚硝酸根,使血液的载氧能力下降,诱发高铁血红蛋白血症,严重时可使人窒息死亡。同时,硝酸根还可以在体内转变成强致癌物质亚硝胺,诱发各种消化系统癌变,危害人体健康。

③加速土壤酸化。长期施用化肥还会加速土壤酸化。这一方面与氮肥在土壤中的硝化作用产生硝酸盐过程相关,当氨态氮肥和许多有机氮肥转变成硝酸盐时,释放出氢离子,导致土壤酸化;另一方面,一些生理酸性肥料,如磷酸钙、硫酸铵、氯化铵在植物吸收肥料中的养分离子后土壤中氢离子增多,许多耕地土壤的酸化与生理性肥料长期施用有关。同时,长期施用氯化钾因作物选择吸收所造成的生理酸性的影响,能使缓冲性小的中性土壤逐渐变酸。同样酸性土壤施用氯化钾后,钾离子会将土壤胶体上的氢离子、铝离子交换下来,致使土壤溶液中氢离子、铝离子浓度迅速升高。此外,氮肥在通气不良的条件下,可进行反硝化作用,以氨气、氮气的形式进入大气,大气中的氨气、氮气可经过氧化与水解作用转化成硝酸,降落到土壤中引起土壤酸化。化肥施用促进土壤酸化现象在酸性土壤中最为严重。土壤酸化后可加速钙、镁从耕作层淋溶,从而降低盐基饱和度和土壤肥力。

④降低土壤微生物活性。土壤微生物是个体小而能量大的活体,它们既是土壤有机质转化的执行者,又是植物营养元素的活性库,具有转化有机质、分解矿物和降解有毒物质的作用。施用不同的肥料对微生物的活性有很大影响,

我国施用的化肥中以氮肥为主，而磷肥、钾肥和有机肥的施用量低，这会降低土壤微生物的数量和活性。

（3）对水体的污染

①对地表水的污染。农业生产中使用的氮肥、磷肥，会随农田排水进入河流湖泊。水田中施用化肥会随排水直接进入水体，而旱田施用过多的氮肥、磷肥，会随人为灌溉和降雨形成的地表径流进入水体，使地表水中营养物质逐渐增多，造成水体富营养化，水生植物及藻类大量繁殖，消耗大量的氧，致使水体中溶解氧下降，水质恶化，生物生存受到影响，严重时可导致鱼类死亡，形成的厌氧性环境使好氧性生物逐渐减少甚至消失，厌氧性生物大量增加，改变水体生物种群，从而破坏了水环境，影响人类的生产生活。

②对地下水的污染。主要是化肥施用于农田后，发生解离形成阳离子和阴离子，一般生成的阴离子为硝酸盐、亚硝酸盐、磷酸盐等，这些阴离子因受带负电荷的土壤胶体和腐殖质的排斥作用而易向下淋失；随着灌溉和自然降雨，这些阴离子随淋失而进入地下水，导致地下水中硝酸盐、亚硝酸盐及磷酸盐含量增高。硝氮、亚硝氮的含量是反映地下水水质的一个重要指标，其含量过高则会对人畜直接造成危害，使人类发生病变，严重影响身体健康。

（4）对作物品质及食物链造成影响。过量施用化肥，不但造成肥料养分的浪费，而且对植物体内有机化合物的代谢产生不利影响。在这种情况下，植物体内可能积累过量的硝酸盐、亚硝酸盐。过量的硝酸盐和亚硝酸盐在植物体内的积累一般不会使植物受害。但是这两种化合物对动物和人的机体均有很大毒性，特别是亚硝酸盐，其毒性要比硝酸盐高10倍。植物性产品中高含量的硝酸盐会使其产品品质明显降低。硝酸盐有毒的形态和过多的数量被作物吸收，成为作物产品的污染源。

2. 有机肥料面源污染的危害

有机肥料面源污染的危害主要表现在以下几个方面（姜兆全、蒋守清、颜立新，2007）。

（1）土壤中氮素与硝酸盐积累　土壤连续使用有机肥在有机质含量显著增加的同时，全氮与碱解氮含量也有明显增高，过多施用有机肥同样会造成土壤硝酸盐积累和地下水污染，甚至污染产品。

（2）土壤中亚硝基类化合物积累　长期施用有机肥的土壤中存在亚硝基类化合物，这些亚硝基类化合物均可被蔬菜直接吸收，特别是叶类蔬菜，亚硝基类化合物可直接进入可食部分，对人体产生一定程度的危害。

（3）土壤盐渍化　长期、大量使用无机肥，致使用肥量过大，使土壤中养分过高，土壤盐分向地表聚集，在温度和湿度达到一定条件下微生物也便随之向地表聚集，使得土壤全盐含量增加，长此以往会导致土壤板结加剧土壤盐渍化。

（4）畜禽场成为有毒成分集中的"毒品"库 目前，我国主要的有机肥源为畜禽粪便。畜禽饲养大量使用抗菌素、激素及饲料中各种添加剂，特别是随着集约化畜牧业的发展，兽药的应用范围也在扩大，有的药物如抗生素、磺胺药等已被广泛用于畜禽养殖上。有些养殖户为了牟取利润，滥用药物造成残留超标。上述物质在环境中不易分解，存留时间较长，可以通过大气、水的输送而影响到一定区域，并通过食物链富集，最终严重影响人类健康，兼具环境持久性、生物累积性、长距离迁移能力和高毒性，能够对人类和野生动物产生大范围、长时间的危害，成为持久性有机污染物。另外，畜禽粪便也是金属、重金属的集聚源。

（5）城市污泥及垃圾作有机肥原料 过期药物的丢弃、医院废水及医药厂废水会造成城市污泥中含有多种抗生素污染物；造纸、制革、纺织、印染等小企业的工艺比较落后，缺少污水处理设施，大量的污水得不到处理，随意排放，重金属及对人类有害的有机物、无机盐被泥土吸附。工矿废渣、城市垃圾与泥土相混合造成重金属等污染。

（6）使用未腐熟的有机肥 未腐熟的厩肥，在腐熟的过程中会产生大量的二氧化碳，窒息种子；产生大量热量，消耗土壤中水分，影响出苗；不能提供速效养分，造成生物夺氮；更为严重的是不能杀死病菌和虫卵、杂草种子，特别对速生蔬菜容易产生严重污染。

第四节　肥料面源污染防控

一、肥料面源污染防控的概念

肥料面源污染防控至少包括预防、控制、修复3个层次的含义。

（1）预防 肥料面源污染预防是在肥料面源污染发生前而采取的各种手段和方法。肥料面源污染预防是为了降低肥料面源污染有害的环境影响而采用（或综合采用）的技术、材料、产品、服务或能源以避免、减少或控制任何类型的污染物或者废弃物的产生、排放或废弃。国内外大量实践表明，从源头控制肥料污染物的产生和进入环境是控制肥料面源污染问题的最佳处理对策。根据肥料面源污染的组成，其解决措施主要是：减少源头污染量，即减少化肥的施用量，合理科学处理养殖场畜禽粪便及有效控制其他有机或无机污染物质。肥料面源污染预防可包括源消减或者消除，过程、产品或者服务的更改，资源的有效利用，材料或者能源替代，再利用、回收、再循环、再生和处理。

（2）控制 肥料面源污染控制是控制污染物排放的手段，包括污染物排放控制技术和控制污染物排放政策两个主要方面。技术一般由企业或科研机构去研发，按照市场机制运行，主要以配合污染控制政策为目的。制定污染控制政策是国家的职能，污染控制政策一般由环境质量和经济发展状况决定。

（3）修复　修复是在肥料面源污染发生后而采取的技术措施。土壤修复技术是在面源污染发生后，对耕地土壤进行污染处理，使耕地恢复耕作能力的一类技术，主要包括耕地质量保育工程技术、退化耕地修复工程技术、耕地土壤重构工程技术等，详见第四章。

二、肥料面源污染防控的难点

肥料面源污染的防控存在基础信息不足、防治失灵等困难（邓小云，2012）。

（1）肥料面源污染的基础信息不足　缺乏监测数据和统计资料是肥料面源污染防治的一大困境。长期以来，我国的环境监测和统计在农村地区存在漏洞，几乎没有系统的统计资料，包括农业面源污染在内的许多农村环境问题难以得到准确及时的反映。目前有关农业面源污染的全国性基础资料只有 2010 年第一次全国污染源普查的数据。

（2）已有的适用于点源治理的制度和技术对肥料面源污染防治失灵　目前工业点源污染治理主要实行设定排污标准、实施定期监测和监督性监测、经济惩罚等办法，但农业面源污染物的产生、输送和排放过程都有自然因素参与，要求这些因素遵循人类设定的排污标准、接受人定的排污许可规制实在太不现实。不管是定期监测、监督性监测还是惩罚，其前提都是污染源和污染主体已经明确。而由于农业面源污染的具体发生源、污染责任主体难以确定，所以此类制度工具对农业面源污染防治难以奏效。

（3）肥料面源污染防治须开辟新的路径　肥料面源污染排放是在自然力的参与、开放进行的，其治理存在着人类在治理工业点源污染的过程中不曾遇到过的特殊困难。

三、肥料面源污染分析的过程

如图 1-1 所示，肥料施用的面源污染分析具体包括 4 个过程（张峰，2011）。

（1）肥料施用面源污染类别识别与产污分析　首先，识别主要的面源污染类型，明确肥料施用面源污染调查的范围和评估内容。肥料主要包括氮肥、磷肥、钾肥、复合肥和有机肥等。之后，进行产污分析，即识别各种肥料施用面源污染产生强度和总量造成的各种因子。

（2）单元确定与统计调查　调查单元是指产生污染物并对面源污染具有一定贡献率的独立单位，已确定的单元是调查统计的对象。在对肥料施用面源污染源分析和分解的基础上建立调查的基本单元。

（3）产污过程调查与分析　主要对面源污染物流失情况进行定量分析的过程，是确定单元排放系数取值的基础，主要是通过文献调研的方法获取各单元的排泄系数。

（4）面源污染评估　主要是对各种面源污染物的排放量与排放强度进行估算的过程，具体评估过程中，多采用特定的计算公式。

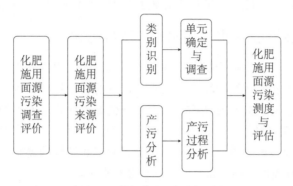

图 1-1　肥料面源污染分析过程

引自张峰.2011.中国化肥投入面源污染研究 [D]. 南京：南京农业大学.

第五节　肥料面源污染防控的意义

肥料面源污染防控是生态文明建设的重要组成部分，是农业产业升级农业增产增效的保障，是农产品（食品）质量安全保障的重要手段，是农业可持续发展的必然要求，是我国农业现代化过程中必须解决的问题，具有重要的现实意义。

一、生态文明建设的重要组成部分

生态农业就是将生态文明理念具体运用到农业发展中，树立农业生态文明观，淘汰传统的、落后的生产技术手段，修复已经破坏的生态环境，恢复农业生态环境，耕地土壤数量与质量并重，农产品产量与品质并重，经济效益与社会效益并重，树立绿色发展、循环发展、低碳发展、精准发展、信息化发展的理念，形成农业可持续发展的理想环境，保持农业生产率稳定增长，提高食物生产和保障食物安全，发展农村经济，增加农民收入，改变农村贫困落后状况，保护和改善农业生态环境，合理、永续地利用自然资源，特别是生物资源和可再生资源，以满足逐年增长的国民经济发展和人民生活的需要。

生态农业强调农业的可持续发展，要求恢复农业生态环境。然而在农业生产过程中，各种化肥、农家肥等各种肥料日益广泛地在农业上推广应用，由此带来的肥料污染也呈现加剧趋势，给人体健康造成很大威胁，给生态环境造成了极大的损害。肥料面源污染防控就是要按"整体、协调、循环、再生"的原则，全面规划、调整和优化农业结构，合理配置肥料资源，避免肥料不合理使用为生态环境造成的损害，其防治目标是使农业环境走上健康、绿色发展道路，而这些内容也正是绿色农业的有机组成部分，更是生态文明建设的重要内容。

二、农业产业升级、农业增产增效的保障

肥料面源污染一直是困扰农业增产增效的一个突出问题。肥料面源污染防控，加快推进农业产业结构转变是根本。传统的农业生产一般是以单一的种植养殖农产品生产为主的产业结构。以追求产值最大化为主要目的，以大量施用化肥农药或无序增加种植、养殖面积及数量为主要手段。生产较为粗放，产出效率低下，环境污染严重。因此，相对于工业产业结构的调整，农业产业结构调整对于生态环境保护同样具有深远的意义和影响。

肥料面源污染治理，通过深入实施以测土配方施肥技术为主的"沃土工程"，突出重点区域、重点作物和重要环节，大力推广普及测土配方施肥技术；施肥时采取深耕深施，结合节水灌溉技术，减少肥料流失，提升科学施肥水平。大力推广有机肥和平衡施用氮、磷、钾肥及微量元素肥料；鼓励和引导增施有机肥、生物肥、专用肥、长效肥、缓释肥和有机复合肥等新型高效肥料；积极推广以控制氮、磷流失为主的节肥增效技术等手段，不断发展生态循环农业，为农业增产增效提供有效保障。

三、农产品（食品）质量安全保障的重要手段

科学施肥是提高作物产量，改善农产品品质的重要技术措施，而科学施肥必须依据作物需肥规律、土壤供肥特性与肥料效应，在施用有机肥的基础上，合理确定氮、磷、钾和中、微量元素的适宜用量和比例，并采用相应的科学施用方法和技术。肥料的种类、结构和施肥技术对农产品的品质也有很大的影响。例如，施人粪尿的白菜比施化肥的白菜软口和鲜甜；施饼肥的西瓜、草莓比单施化肥的西瓜、草莓红且甜；有机肥和化肥合理搭配施用的大桃、樱桃等水果比单施化肥的大桃、樱桃等水果香甜和耐贮运等。

不合理的施肥会造成农作物营养比例失调，影响其正常生长发育、产品的营养品质、农作物抗病虫性，从而导致农药大量使用影响农产品质量和食品的安全性，加剧环境污染；过量施用肥料会产生有害污染物质，影响农产品的安全性，对人体健康构成威胁。

控制肥料污染，确保农产品优质、安全的对策为促进农产品优质化，提高农产品安全性。必须重视肥料投入带来的负面影响，积极采取针对性措施，推广科学施肥技术，加强肥料监控体系建设，促进农产品由量的扩张向质的提高转变，大力发展绿色农产品，实现精品农业、效益农业、绿色农业的持续发展。

四、农业可持续发展的必然要求

农业可持续发展的基础是农业资源与环境。农业资源的可持续利用和保持良好的农业生态环境是农业可持续发展的基本保证。土壤是一个国家最重要的农业自然资源，是整个农业生产的基础；肥料是农业生产的基本生产资料，是作物的"粮食"。土壤养分是衡量土壤肥力高低的基础，肥料则是土壤养分的主要物质来源。因此，肥料资源也是农业可持续发展的重要物质基础之一。合理施肥能提高土壤肥力和改良土壤，使土壤养分含量持续增加，改善土壤物理、化学和生物学性状等；合理施肥能减轻农业灾害。例如，合理施肥能使作物茎秆粗壮，抗倒伏、抗病害等抗逆能力大大提高。从现代科学储备和生产条件出发可以预见，未来农业中，肥料在提高产量与改善品质方面仍会继续发挥积极作用。

然而，近年来由于肥料的滥用而产生的肥料面源污染情况越来越严重，对农业生态环境造成了极大的损害，这已经引起了我国政府的高度重视，2011年的《中华人民共和国国民经济和社会发展第十二个五年规划纲要》将治理农业面源污染列为实现中国农业可持续发展、建设社会主义新农村的重要任务。因此，为了保持中国农业的可持续发展，需要对中国农业肥料面源污染治理问题进行深入的研究，系统地分析影响中国农业化肥面源污染形成的因素和如何有效治理农业化肥面源污染问题，这对于未来中国治理肥料面源污染，以及更有针对性地控制和管理农业面源污染，实现中国经济和社会的可持续发展具有重要的现实意义。

五、我国农业现代化过程中必须解决的问题

2014年1月19日，中共中央、国务院印发了《关于全面深化农村改革加快推进农业现代化的若干意见》。意见指出：全面深化农村改革，要坚持社会主义市场经济改革方向，处理好政府和市场的关系，激发农村经济社会活力；要鼓励探索创新，在明确底线的前提下，支持地方先行先试，尊重农民群众实践创造；要因地制宜、循序渐进，不搞"一刀切"、不追求一步到位，允许采取差异性、过渡性的制度和政策安排；要城乡统筹联动，赋予农民更多财产权利，推进城乡要素平等交换和公共资源均衡配置，让农民平等参与现代化进程、共同分享现代化成果。推进中国特色农业现代化，要始终把改革作为根本动力，立足国情农情，顺应时代要求，坚持家庭经营为基础与多种经营形式共同发展，传统精

耕细作与现代物质技术装备相辅相成，实现高产高效与资源生态永续利用协调兼顾，加强政府支持保护与发挥市场配置资源决定性作用功能互补。要以解决好地怎么种为导向加快构建新型农业经营体系，以解决好地少水缺的资源环境约束为导向深入推进农业发展方式转变，以满足吃得好吃得安全为导向大力发展优质安全农产品，努力走出一条生产技术先进、经营规模适度、市场竞争力强、生态环境可持续的中国特色新型农业现代化道路。

意见同时指出，推进农业现代化要建立农业可持续发展长效机制，要"加大农业面源污染防治力度，支持高效肥和低残留农药使用、规模养殖场畜禽粪便资源化利用、新型农业经营主体使用有机肥、推广高标准农膜和残膜回收等试点。"由此可见，加大农业面源污染防治，特别是肥料面源污染防治已经成为我国推进农业现代化必须解决的问题之一。

第二章

肥料面源污染防控的基本理论

理论是人们把在实践中获得的认识和经验加以概括和总结所形成的某一领域的知识体系。把真理性的认识系统化，按其内在逻辑构成一定的科学，即为科学理论。它能够揭示社会发展的规律，预见未来，帮助人们把握社会发展的方向和历史进程；能够提供正确认识事物和有效行动的方法，帮助人们正确地认识世界、改造世界；能够帮助人们树立正确的世界观、人生观和价值观。科学理论的性质，决定它能够预见事物发展的方向，指导人们提出实践活动的正确方案，因而对于人们的实践活动有着巨大的推动作用。肥料面源污染防控的实践需要包括环境经济关系、外部性理论、农户行为等理论的指导。本章首先介绍了环境经济关系理论、农户行为理论基本原理及其对肥料面源污染防控的指导作用，然后分析了影响农户施肥的内部和外部因素。

第一节　环境经济关系理论

1991 年美国环境经济学家格罗斯曼（G M Grossman）和克鲁格（A B Krueger）发现了环境污染和经济增长呈现倒 U 形的关系，于是，他们利用库兹涅茨曲线来描述环境污染和经济增长的这种倒 U 形的关系，提出环境库兹涅茨曲线（EKC），认为人均 GDP 水平较低时，环境污染程度随着人均 GDP 水平的上升而不断恶化，人均 GDP 水平继续上升，达到一定高度后，环境污染程度则随着人均 GDP 水平的进一步上升而得到改善，污染程度开始下降，呈现倒 U 形的关系。实验证明，农业面源污染存在着倒 U 形的 EKC 曲线。但是，农业面源污染倒 U 形的 EKC 曲线存在，并不是表明随着经济的增长农业面源污染会自动消失，而是说明经济发展过程中要注重减轻农业面源污染，重视农业面源污染"阈值"，如果农业污染突破"阈值"，农业环境将是不可恢复的，由此会造成巨大的环境成本，必然会制约经济的增长。农业生态环境与经济增长是相互作用的过程，需要整个社会共同努力（吴其勉、林卿，2013）。

一、环境经济关系理论及其解释

环境库兹涅茨曲线是通过人均收入与环境污染指标之间的演变模拟，说明经济发展对环境污染程度的影响，也就是说，在经济发展过程中，环境状况先是恶化而后得到逐步改善。对这种关系的理论解释主要是围绕三个方面展开的：经济规模效应（Scale Effect）与结构效应（Structure Effect）、环境服务的需求与收入的关系和政府对环境污染的政策与规制（陈雯，2005）。

随着人均收入的增长，经济规模变得越来越大。正如格罗斯曼所说的，对于发展中的经济，需要更多的资源投入。而产出的提高意味着废弃物的增加和经济活动副产品——废气排放量的增长，从而使得环境的质量水平下降。这就是所谓的规模效应。不难发现，规模效应是收入的单调递增函数。同时，经济的发展也使其经济结构产生了变化。潘纳约托（Panayotou）指出，当一国经济从以农耕为主向以工业为主转变时，环境污染的程度将加深，因为，伴随着工业化的加快，越来越多的资源被开发利用，资源消耗速率开始超过资源的再生速率，产生的废弃物数量大幅增加，从而使环境的质量水平下降；而当经济发展到更高的水平，产业结构进一步升级，从能源密集型为主的重工业向服务业和技术密集型产业转移时，环境污染减少，这就是结构变化对环境所产生的效应。实际上，结构效应暗含着技术效应。产业结构的升级需要有技术的支持，而技术进步使得原先那些污染严重的技术为较清洁技术所替代，从而改善了环境的质量。正是因为规模效应与技术效应二者之间的权衡，才使得在第一次产业结构升级时，环境污染加深，而在第二次产业结构升级时，环境污染减轻，从而使环境与经济发展的关系呈倒 U 形曲线。

另外一种理论解释是从人们对环境服务的消费倾向展开的。在经济发展初期，对于那些正处于脱贫阶段或者说是经济起飞阶段的国家，人均收入水平较低，其关注的焦点是如何摆脱贫困和获得快速的经济增长，再加上初期的环境污染程度较轻，人们对环境服务的需求较低，从而忽视了对环境的保护，导致环境状况开始恶化。可以说，此时，环境服务对他们来说是奢侈品。随着国民收入的提高，产业结构发生了变化，人们的消费结构也随之产生变化，此时，环境服务成为正常品，人们对环境质量的需求增加了，于是人们开始关注对环境的保护问题，环境恶化的现象逐步减缓乃至消失。

再有一种理论解释是从政府对环境所实施的政策和规制手段来阐述的。在经济发展初期，由于国民收入低，政府的财政收入有限，而且整个社会的环境意识还很淡薄，因此，政府对环境污染的控制力较差，环境受污染的状况随着经济的增长而恶化（由于上述规模效应与结构效应）。但是，当国民经济发展到一定水平后，随着政府财力的增强和管理能力的加强，一系列环境法规的出台与执行，环境污染的程度逐渐降低。若单就政府对环境污染的治理能力而言，环境污染与收入水平的关系是单调递减关系（有人称之为消除效应，Abatement Effect）。

　　为此，有人将收入对环境的影响分解为三种效应，即规模效应、结构效应和消除效应（图 2-1）。

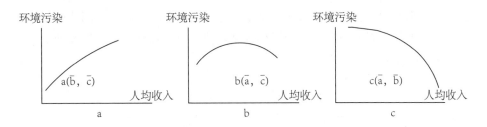

图 2-1　人均收入对环境污染的影响

引自陈雯.2005.环境库兹涅茨曲线的再思考——兼论中国经济发展过程中的环境问题 [J].
中国经济问题（5）：42-49.

二、农业面源污染的环境库兹涅茨曲线

　　经济发展与农业生态环境之间的矛盾在于：经济发展对农业资源需求的无限性与资源有限性之间的矛盾。随着经济社会的发展，农业生态环境的生产能力与人类日益增长的物质需求之间的差距日益拉大。一方面，农业生态资源过度消耗，造成生态系统功能下降；另一方面，农业生产过程中所带来的面源污染加剧，超过了农业生态系统的承受范围，使得现存生态资源质量下降，无法支撑经济发展的需要。

　　环境库兹涅茨曲线也同样适用于农业发展过程中，在不同的农业发展阶段，农业面源污染与经济发展的关系也有所不同（图 2-2）。农业投入越多，农业面源污染就越严重。农业生产者的这种"非理性"行为，使得农业面源污染的加剧不可避免。同时，由于工业化发展也处在中期，无法提供大量资金反哺农业，政府也就不可能实行高额环境补贴或进行改善环境的投资对农业面源污染进行有效控制。这一时期，是农业生态环境恶化的时期，经济发展加剧了农业面源污染，农业面源污染与经济发展处于同步上升阶段（李曼丽，2009）。

　　当经济发展到较高水平时，工业部门已经发展壮大，具备了反哺农业的能力，给予农业环境治理足够的资金支持，从而能有效解决农业面源污染的问题，此时进入可持续农业阶段。同时公众的物质生活质量已经到了相当高的水平，对农产品的质量有了较高要求，对农产品的消费已经由单纯的数量满足转向了质量的提高阶段，这就要求农户转变生产方式，因而亲环境技术得到迅速发展和普及，农业面源污染也得到一定遏制和改善。在这一阶段，经济发展与农业面源污染处于相互协调阶段，经济发展前期所累积的农业面源污染得到了极大改善。当然，农业面源污染应该被控制在生态不可逆阈值内。如果环境退化到一

定程度，自然生态系统将崩溃，受破坏的环境系统再也不能恢复。现代农业无论强度、密度还是所采纳的技术倾向，都对农业生态环境是灾难性的破坏。从环境库兹涅茨曲线来看，如果在经济增长过程中，农业生态环境退化超过不可逆阈值，那么即使在更高的收入水平上，环境质量也无法好转。因此必须降低经济增长过程中农业生态环境的退化程度，使得农业面源污染的峰值处于环境不可逆阈值之下。

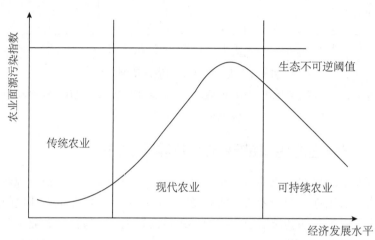

图 2-2 农业面源污染与经济发展的关系

引自李曼丽 . 2009. 控制农业面源污染的财政政策研究 [D]. 济南：山东大学 .

目前我国经济发展带来的农业面源污染已经十分严重，农业面源污染已经超过工业污染成为我国水土污染的首要因素。从污染的时序特征看，农业面源污染已经有了几十年的快速增长，由于这种污染具有累积性，因而越是经济发展快的地区污染越严重。因此，经济发展所带来的农业面源污染使我国农业生态系统承受着巨大压力，已经危及我国农业生态系统的安全。尤其是近 20 年以来，经济规模持续扩张时理论上和认识上的不足，致使经济扩张与农业面源污染存在着明显的倒 U 形特点，依然延续了"先污染后治理"的老路。我国目前农业环境仍处于"局部改善，整体恶化"的局面，仍未到达倒 U 形曲线的转折点，很难实现经济发展自发地引起减排效应。目前，农业对二三产业的辅助作用仍然较强，农业财政流出较多，投入较少，加之政府环境治理投资决策更多关注的是大城市及工业固体废气污染，使得投入在农业面源污染治理上的资金就更少。如果我们延续之前的农业生产方式，不注重经济发展的环境耗费，依靠经济自身发展机制来实现污染减排，就有可能越过生态不可逆阈值，使农业生态系统退化，最终不能恢复。因此，政府的环境治理投资决策应适当向农业倾斜，促进农业生产方式的转变，从根本上降低农业面源污染程度。

另外，资源耗竭、环境质量下降也影响着经济长期、稳定的持续增长。环境变化影响经济增长的作用机制表现为：将环境质量变量引入生产函数，环境质量下降意味着自然资源供给数量和质量的下降，这必将对持续经济增长形成制约；将污染流量或存量纳入消费者效用函数，研究者认为环境质量下降和污染将带来消费者负的边际效用，基于消费在经济增长中的重要作用，环境质量的下降必将对经济的持续增长形成一定的影响；在经济增长的模型中同时考虑到环境质量、污染对产出与消费的影响，此时污染往往同时具有负的边际效用和正的边际产出。

三、农业面源污染防控与经济的关系

经济发展离不开农业的支撑作用。发展经济学家认为，农业为经济起飞提供了产品贡献、市场贡献、要素贡献和外汇贡献。但是农业发展是建立在自然资源基础之上的，大多数情况下，农业资源的稀缺导致对其集约使用，超过生态阈值，产生严重的环境问题。在经济发展过程中，迅速发展的工业化和城市化对农业要求越来越大。工业化发展使得大量以农产品为加工对象的工业部门对原料的需求大幅增长，城市人口的急剧增加对农产品消费需求也在迅速膨胀。面对社会经济发展对农产品需求不断增长的压力，如果不对农业部门进行根本性改造，社会经济的发展就会受到制约。因此，必须使原有的土地产生更多的农产品，利用化肥、农药等农业化学品来提高农产品单产成为行之有效的措施，却造成农业面源污染加剧（李海鹏，2007）。

（1）经济发展带来的农业环境需求增长是农业面源污染改善的根本诱因　在经济发展初期，摆脱贫困、解决人口的基本需求，使得发展成为第一要务，因此，在这一阶段，政府优先项目的选择通常以消除贫困、控制人口增长、发展农业等为中心目标，环境保护与污染防治成为次要目标。随着经济的发展，人民生活水平的不断提高，农业科学技术非常发达，农民教育水准及环保意识也有较大提高，农业生产者、政府在关注发展速度的同时，开始关注发展的质量，使得人们对农业品质的需求越来越高，因此，对于环境的保护需求也日益迫切，在这一阶段，国家在优先项目选择上会向生态环境的保护项目，如废物循环利用、污水处理、可持续能源、绿色农业等倾斜。因此，只有当经济发展到一定阶段，人们对农业环境需求从速度向质量转变时，才能真正实施农业面源污染防治。

（2）经济发展带来的亲环境技术进步是农业面源污染改善的根本机制　按照格罗斯曼（G M Grossman）和克鲁格（A B Krueger）的研究，经济发展对环境存在规模效应、技术效应和结构效应。对农业面源污染而言，当经济发展到一定程度后，农业发展压力只会增加，农业污染排放量更会增加。发达国家之所以能够在经济发展到一定程度之后，农业环境出现恢复，其主要原因是经济发展结构以污染较少的服务业为主，国家拥有大量资金，能够通过农产品贸易等形式将农业环境压力转嫁到发展中国家，转移农业面源污染。我国农业本身压力较大，又处于发展中阶段，很难通过经济结构变化减轻污染。因此，技术进步可能成为实现农业环境改善的唯一途径，只能通过亲环境农业技术的使用，增加农业资源利用效率，减少单位产品污染的排放。

(3) 经济发展带来的农户经济可持续发展是农业面源污染改善的根本原因　环境经济理论表明，贫穷和发展使环境问题变得更加复杂。农户在生存和环境的选择面前，生存永远是第一位的。贫困和发展使农户仅追求短期效益最优化，浪费和滥用资源的行为不可避免。贫穷的加剧导致人们对其赖以生存的环境过度索取，这必然造成环境的迅速退化，恶化的生态环境反过来又使贫困人口的生存条件更加恶劣，贫穷状态进一步加剧，使人们陷入贫穷与环境退化的恶性循环之中。由于相对较为贫困，人们缺乏对环境恶化的趋势及后果的认识，或即使对农业面源污染有足够的重视，在主观上有防止农业环境恶化的想法，但由于没有技术和管理能力，对污染的防止也无能为力。其结果是环境恶化的不可逆，环境恶化又制约了发展。但是相反，如果通过经济发展能使农户摆脱贫困，农民有能力掌握和更新知识，有更强的风险防范能力来采纳亲环境技术，从而使农户改变短视的生产行为，转为重视生产效益的可持续性，这样就可以提高资源利用率，杜绝浪费和滥用资源，增加产出，积累更多的资本用于改善环境，形成经济发展与生态环境的良性循环。

第二节　农户行为理论

农户是施肥的主体，其行为充分决定了其施肥的种类、数量，而正确的施肥方法是减少因施肥而产生的面源污染的根本所在。因此，根据农户施肥行为的特点，从政策上、技术上、管理上、经济上对正确的施肥行为进行鼓励，对错误的施肥行为进行引导，从而从源头上解决因错误施肥而引起的肥料面源污染，已经成为当前学术界和实践者研究的重点内容。这些理论包括理性行为理论，理性行为理论将农户作为理性经济人，认为农户的施肥行为的农业生产目标是追求其利润最大化；集体行动理论认为农民施肥存在着集体行动特点，即如果大多数农民施用某种肥料，则特定个体的农民也会施用该种肥料；路径依赖理论认为农户过去对化肥的选择和依赖，决定了他们现在可能的选择；成本收益理论则认为农户在做出是否采用一种农业技术时候，就会考虑该技术成本收益状况；博弈理论认为与农户施肥行为有着直接、间接、潜在关系影响的个人或团体，他们会对施肥行为产生正面或负面的作用，因此，在肥料面源污染防治过程中面临着政府、农户以及农资供应商三者之间的博弈。

一、理性行为理论

理性行为理论（Theory of Reasoned Action，TRA）又译作"理性行动理论"，是由美国学者菲什拜因（Fishbein）和阿耶兹（Ajzen）于1975年提出的，主要用于分析态度如何有意识地影响个体行为，关注基于认知信息的态度形成过程，其基本假设是认为人是理性的，在做出某一行为前会综合各种信息来考虑自身行为的意义和后果。该理论认为个体的行为在某种程度上可以由行为意向合理地推断，而个体的行为意向又是由对行为的态度和主观准则决定的。人的行为意向是人们打算从事某一特定行为的量度，而态度是人们对从事某一目标行为所持有的正面或负面的情感，它是由对行为结果的主要信念以及对这种结果重要程度的估计所决定的。主观规范（主观准则）指的是人们认为对其有重要影响的人希望自己使用新系统的感知程度，是由个体对他人认为应该如何做的信任程度以及自己对与他人意见保持一致的动机水平所决定的。这些因素结合起来，便产生了行为意向（倾向），最终导致了行为改变。

理性行为理论是一个通用模型，它提出任何因素只能通过态度和主观准则来间接地影响使用行为，这使得人们对行为的合理产生有了一个清晰的认识。该理论有一个重要的隐含假设：人有完全控制自己行为的能力。但是，在组织环境下，个体的行为要受到管理干预以及外部环境的制约。因此，需要引入一些外在变量，如情境变量和自我控制变量等，以适应研究的需要。

该理论有一个基本的前提假设：人的个体行为是理性的，是系统利用可获得的明确或不明确的信息并付诸行为的过程；性别、年龄、职业以及个性等变量对行为意向没有直接影响，而是经由态度和主观规范对行为意向产生间接影响，各行为变量之间是线性关系。虽然理性行为理论是一种比较成熟的意图模式，但仍然受到了一定的质疑，批评它并不是对所有行为都能够进行较好地解释，也不能完全预测未来，理由是理性行为理论的假设是个体对于是否采取某一行为是完全处于自我意愿的控制。这种假设可能导致其他重要的能够对人行为产生重要的因素被忽略，同时，理性行为理论并未对个人无法自主决定的行为意图进行考虑，或者说完全依据意图并不能执行一定的特定行为。

农户对于化肥施用的行为态度主要是指农户在购买和施用化肥行为的正面或负面的评价，而这些评价将直接影响到农户购买和施用化肥行为。

①农户要对特定化肥种类做出评价，首先应在购买前对特定化肥作相应的了解，对化肥质量、效果、厂家等信息的了解程度，直接关系到购买评价的准确性和客观性，而农户的了解程度涉及农户通过哪些渠道了解到化肥信息的相关内容。因此需要明确农户购买前对化肥的了解程度以及所知道的化肥购买渠道。

②农户作为"有限理性经济人"对化肥的施用效果的预期收益最大化，即

农户在购买化肥时注重成本效益原则。因此，对化肥的评价包括化肥的价格、施用效果、农作物收益等的评价，只有对这些内容进行综合评价后，才能更好地判断哪种化肥的效用更优，最终决定购买化肥的种类。

③化肥的施用会对土壤质量、水质、生态环境等产生一定的影响。因此，需要调查农户在施肥后对化肥负面影响的评价，尤其是化肥利用率低已严重影响到化肥施用的效果，需要重点了解农户对化肥利用率的认知程度情况。

二、计划行为理论

根据计划行为理论，农户的农业面源污染防控行为是有计划的行为，该行为受到农户对环境保护的态度、主观规范与感知行为控制三类因素的影响。

计划行为理论是由艾奇森（Icek Ajzen）提出的，是艾奇森和菲什拜因（Fishbein）共同提出的理性行为理论（Theory of Reasoned Action，TRA）的继承者，因为艾奇森研究发现，人的行为并不是百分百地出于自愿，而是处在控制之下，因此，他将 TRA 予以扩充，增加了一项对自我"行为控制认知"（Perceived Behavior Control）的新概念，从而发展成为新的行为理论研究模式——计划行为理论（Theory of Planned Behavior，TPB）。艾奇森认为所有可能影响行为的因素都是经由行为意向来间接影响行为的表现。而行为意向受到三项相关因素的影响，其一是源自于个人本身的态度，即对于采取某项特定行为所抱持的"态度"（Attitude）；其二是源自于外在的"主观规范"，即会影响个人采取某项特定行为的"主观规范"（Subjective Norm）；最后是源自于"知觉行为控制"（Perceived Behavioral Control）。

（1）态度（Attitude） 是指个人对该项行为所抱持的正面或负面的感觉，亦指由个人对此特定行为的评价经过概念化之后所形成的态度，所以态度的组成成分经常被视为个人对此行为结果的显著信念的函数。

（2）主观规范（Subjective Norm） 是指个人对于是否采取某项特定行为所感受到的社会压力，亦即在预测他人的行为时，那些对个人的行为决策具有影响力的个人或团体（Salient Individuals or Groups）对于个人是否采取某项特定行为所发挥的影响作用大小。

（3）知觉行为控制（Perceived Behavioral Control） 是指反映个人过去的经验和预期的阻碍，当个人认为自己所掌握的资源与机会愈多、所预期的阻碍愈少，则对行为的知觉行为控制就愈强。而其影响方式有两种：①对行为意向具有动机上的含意；②其亦能直接预测行为。

（4）行为意向（Behavior Intention） 是指个人对于采取某项特定行为的主观概率的判定，它反映了个人对于某一项特定行为的采行意愿。

（5）行为（Behavior） 是指个人实际采取行动的行为。

一般而言，个人对于某项行为的态度越正向时，则个人的行为意向越强；对于某项行为的主观规范越正向时，同样个人的行为意向也会越强；而当态度与主观规范越正向且知觉行为控制越强的话，则个人的行为意向也会越强。反观理性行动理论的基本假设，艾奇森主张将个人对行为的意志控制力视为一个连续体，一端是完全在意志控制之下的行为，另一端则是完全不在意志控制之下的行为。而人类大部分的行为落于此两个极端之间的某一点。因此，要预测不完全在意志控制之下的行为，有必要增加行为知觉控制这个变项。不过当个人对行为的控制愈接近最强的程度，或是控制问题并非个人所考量的因素时，则计划行为理论的预测效果是与理性行为理论相近的。计划行为理论有以下几个主要观点。

一是非个人意志完全控制的行为不仅受行为意向的影响，还受执行行为的个人能力、机会以及资源等实际控制条件的制约，在实际控制条件充分的情况下，行为意向直接决定行为。

二是准确的知觉行为控制反映了实际控制条件的状况，因此它可作为实际控制条件的替代测量指标，直接预测行为发生的可能性，预测的准确性依赖于知觉行为控制的真实程度。

三是行为态度、主观规范和知觉行为控制是决定行为意向的三个主要变量，态度越积极、他人支持越大、知觉行为控制越强，行为意向就越大，反之就越小。

四是个体拥有大量有关行为的信念，但在特定的时间和环境下只有相当少量的行为信念能被获取，这些可获取的信念也叫突显信念，它们是行为态度、主观规范和知觉行为控制的认知与情绪基础。

五是个人以及社会文化等因素（如人格、智力、经验、年龄、性别、文化背景等）通过影响行为信念间接影响行为态度、主观规范和知觉行为控制，并最终影响行为意向和行为。

六是行为态度、主观规范和知觉行为控制从概念上可完全区分开来，但有时它们可能拥有共同的信念基础，因此它们既彼此独立，又两两相关。

农户施肥行为的主观规范主要指农户在购买化肥决策时，感受到的来自有影响力的其他个人或团体的压力和顺从意向，这些压力的主要来源是亲邻朋友、农技推广人员、祖辈、销售商、植保技术人员等。

①农户在购买化肥时具有受群体影响较大、相信"口碑信息"行为的特点，即大多数人说好就觉得好。大多数农户喜欢听取其他人的意见，来降低自身评估方面的不确定性，特别是农业生产存在较大的风险，农户如若缺乏施肥方面的专业技术知识时更为明显，因此化肥的口碑效应较明显，农户的祖辈或亲邻朋友会根据自身施用化肥经验，对其他农户的化肥购买行为形成一定的指导和预期。因此，需要调查化肥相关信息的获取渠道，这对农户购买和施用化肥有

重要的影响，因为化肥的专业性强，一般农户对化肥内部信息匮乏，需要借鉴别人的化肥施用经验，强化对自身施用化肥效果等的了解，从而降低施肥带来的风险。

②植保人员和农技人员是具有一定专业知识的农技指导人员，在农户面前具有重要的权威性和发言权，是农户购买化肥的重要社会压力来源。因此，需要考虑被调查农户对于农技人员和植保技术人员的推荐种类的执行意愿。

③随着经济社会的发展，信息的传播方式逐渐深化，内容逐渐丰富，电视广告宣传已经逐渐成为农户了解资讯的重要渠道，是农户施肥行为社会压力的重要来源，最终对农户的施肥意愿和行为产生影响。

三、集体行动理论

集体行动理论认为农民施肥存在着集体行动特点，即如果大多数农民施用某种肥料，则特定个体的农民也会施用该种肥料。奥尔森的集体行动理论从一个侧面说明了农户施肥对环境影响其实是一个比较滞后的过程，如果农户只顾眼前的利益，就会造成公共物品 – 生态环境的严重破坏，而农户对自己的机会主义行为却不自知。

曼瑟尔·奥尔森在《集体行动的逻辑》一书中首先提出了"集体行动"的概念，它是美国社会运动中的资源动员和政治过程理论的基础，推动了形式社会学建模在社会运动研究中的运用。该理论强调的是团体协作的作用，在现代生活和工作中影响很大，可以互补缺点，因此现在很多领导者都注重集体行动的效应，甚至应用于国与国之间的交往。"搭便车"理论之所以重要在于抓住了人类行为的核心——公共物品的普遍追求，而决定人类追求成功的重要因素就是群体规模（曼瑟尔·奥尔森，1995）。

集体行动理论的核心内容包括：只要存在特定的公共物品，无论每个社会成员是否对其做出过贡献，都能免费享用公共物品带来的好处。这一特性决定了，当理性人群聚集在一起，为获取特定公共物品努力时，每个成员都有可能让别人努力来达到目标，而自己享有成果，这样就会造成所谓的"公地悲剧"，即搭便车困境，且这种局面会随着群体成员的增加而加剧。

当公共物品既定的情况下，随着群体成员的增加，群体中各个成员能从公共物品中获取的好处会减少。

当群体成员数量（规模）增加时，群体中各成员在此集体行动过程中所做出的相对贡献减少，即当只有一个人时，成员需要提供全部的贡献，而当两个人时，只需提供一半的贡献，当群体中有 10 人，每人只需提供 1/10 的贡献。相对来说，参与到此集体行动中的各个成员的自豪感、满足感、荣誉感等都会有所下降。

当群体成员数量（规模）增加时，群体各成员在集体行动中相互监督的可能性降低，即当群体成员特多时，其中某个人是否参与集体行动不容易被其他成员发现。

当群体成员数量（规模）增加时，每次组织群体各成员参加集体行动的成本会有所提高，即群体规模越大，发起集体行动的代价会越高。因此，当群体成员达到一定数量（规模）时，每个成员都想获取同一公共物品，但所有成员都不想为获取公共物品而付出相应代价，这就是所谓的"搭便车"困境。

奥尔森在"搭便车"困境的基础上提出了解决这一局面的途径，主要是集体行动中各个成员所追求的获取公共物品的最大化，而集体行动的激励是公共物品唯一提供的选择，既然这一激励机制不足以让各个理性成员为获取特定的公共物品而努力，那么就很有必要提出选择性激励的方式。选择性激励就是如果群体中某一成员不参加集体行动就不能得到或失去公共物品的权利，包括如下三种激励形式。

当一个群体成员较少时，某一成员是否参加集体行动会对行动成败产生很大影响，由于成员较少时，群体内部相互监督是否参加行动的可能性提高，如果某一成员不参加集体行动，就不能获得为参加群体活动而提供的奖励，甚至会从群体中边缘化，这一形式就是"小组织原理"。

当群体成员达到一定规模时，就必须将群体成员分层次，就像党组织一样，有中央和地方，党委、总支和支部，这样分层后，每层成员的数量有限，成员之间可以实现互相监督，集体行动的参与度与获得奖励有了很好的连接，这就回到了"小组织原理"。

群体组织内部的各个成员在所获得的利益、做出过的贡献以及权利的分配上不能用平均主义来分配，这样就会进一步促使群体各个成员因所获取的荣誉或权利而为集体多作贡献，这就是所谓的"不平等原理"。

四、路径依赖理论

"路径依赖"是制度经济学中常用的一个概念，表明在制度改进过程中，一旦行为进入某一特定路径，存在一定的自我强化和报酬递增的机制。而农户的施肥行为选择过程中也存在"路径依赖"，农户过去对化肥的选择和依赖，决定了他们现在可能的选择，即更加大量施用效果更强的化肥，而要改变这种做法，需要付出巨大的成本。近几年来，由于生态环境的恶化，病、虫、草害的滋生繁衍加重，农户不合理施肥致使化肥施用量不断增加。为了保证农产品产量不受损失，部分农户形成了乱用滥用过量施肥的习惯，对周边环境造成了更大的影响，加剧了农业生态环境污染。

1. 路径依赖概述

路径依赖（Path-Dependence），又称路径依赖性，是指人类社会发展中制度变化、技术改进等都类似于物理学里的惯性，即一旦进入某一"好"或"坏"的路径就可能会产生路径依赖（黄祖辉、胡豹、黄莉莉，2004）。而人们一旦做了某种选择，就好像走了一条不归路，惯性的力量会使人们选择的同时不断自我强化，并不能轻易走出来。诺贝尔经济学奖得主道格拉斯·诺思（D.North）提出了制度变迁"轨迹"的改变，用"路径依赖"理论完整地阐述了经济制度的变迁，从制度经济学的角度解释了并不是所有国家走同样的发展道路、国家长期经济不发达陷入经济制度低效的怪圈等问题（钟甫宁，1999）。在完整考察近代西方经济史的基础上，诺思（D.North）认为国家经济发展过程中，制度改革存在一定的"路径依赖"现象。在这一理论创立后，被广泛运用于习惯和选择的各个方面，在某一特定环境下，人们在选择行为时会受到"路径依赖"的影响，过去所做出的行为选择会在一定程度上影响现在可能的行为选择，一般关于"习惯"方面的理论都可以用"路径依赖"来解释，其主要内容可概括为以下几点。

一是制度变迁如同技术演进一样，也存在着报酬递增和自我强化机制。这种机制使制度变迁一旦走上了某一条路径，它的既定方向会在以后的发展中得到自我强化。所以，"人们过去做出的选择决定了他们现在可能的选择。"沿着既定的路径，经济和政治制度的变迁可能进入良性循环的轨道，迅速优化；也可能顺着原来的错误路径往下滑；弄得不好，它还会被锁定在某种无效率的状态之下。一旦进入了锁定状态，要脱身而出就会变得十分困难，往往需要借助外部效应，引入外生变量或依靠政权的变化，才能实现对原有方向的扭转。

二是制度变迁不同于技术演进的地方在于，它除了受报酬递增机制决定外，还受市场中的交易因素影响。诺思（D.North）指出，决定制度变迁的路径有两种力量，一种是报酬递增，另一种是由显著的交易费用所确定的不完全市场，如果没有报酬递增和不完全市场，制度是不重要的。而随着报酬递增和市场不完全性增强，制度变得非常重要，自我强化机制仍起作用，只是某些方面呈现出不同的特点。

①设计一项制度需要大量的初始设置成本，而随着这项制度的推进，单位成本和追加成本都会下降。②学习效应，适应制度而产生的组织会抓住制度框架提供的获利机会。③协调效应，通过适应而产生的组织与其他组织缔约，以及具有互利性的组织的产生与对制度的进一步投资，实现协调效应。不仅如此，更为重要的是，一项正式规则的产生将导致其他正式规则以及一系列非正式规则的产生，以补充这项正式规则。④适应性预期，随着以特定制度为基础的契约盛行，将减少这项制度持久下去的不确定性。总之，制度矩阵的相互联系网

络会产生大量的递增报酬，而递增的报酬又使特定制度的轨迹保持下去，从而决定经济长期运行的轨迹。

三是由于制度变迁比技术演进更为复杂，所以行为者的观念以及由此而形成的主观抉择在制度变迁中起着更为关键的作用。诺思（D.North）认为，在具有不同的历史和结果的不完全反馈下，行为者将具有不同的主观主义模型，因而会做出不同的政策选择，因此，制度变迁过程中，边际调整就不会完全趋同。所以，不同历史条件下形成的行为者的不同的主观抉择，既是各种制度模式存在差异的重要因素，也是不良制度或经济贫困国家能够长期存在的原因之一。

2. 路径依赖与肥料面源污染防控

根据边际报酬递减规律，农作物的边际产量随着化肥施用量的增加而增加，只有施用量达到一定点的时候，边际产量才会减少，而边际产量与施用量呈正比例关系时，农户已经认为多施肥就一定能带来农作物的增产，如要改变这种想法，需要付出巨大的成本。假定农户对于未来农产品产量是既定的，若想改变先前对于化肥的过分依赖，减少化肥的施用，农户就将面临农作物产量的下降，就必须寻找其他投入替代品，这必将增加生产成本，除非农户能因为减少化肥施用而得到相等或高于减产部分的补偿，否则农户无法承受减少化肥施用所带来的损失。以上分析了单个农户的情况，但若所有农户都能在同一时期减少化肥施用，虽然也会因农产品供给量的减少而造成生产者剩余的损失，同时也会使得农产品价格上升，而在一定程度上弥补农户因减少化肥施用所带来的损失，但由于一般农户属于规避风险类型，不愿意承担因减施肥所带来的风险，所以农户仍会加大化肥的施用量来实现农作物的增产，这样过量施肥会继续加剧生态环境的进一步恶化。

五、成本－收益理论

成本－收益理论是经济学中用来研究各种条件下的行为与效果之间关系的一种方法，从纯经济学角度看，收益大于成本的预期是人们行为的基本出发点，是理性经济人的首要原则。在理性小农的假定下，农户在做出是否采用一种农业技术的时候，就会考虑该技术成本－收益状况。通过图2-3我们用边际分析方法来表示农户技术采用的情况，图中曲线 s 表示农业投入产出的生产函数曲线 $Y=F（X）$。当农户采用新的农业技术时需要增加新的成本 ΔX，即边际成本就可以增加产出效益 ΔY，即边际收益。如果 $\Delta X<\Delta Y$，即农户采用技术可以获得大于1的收益率时，这时农户采用该技术是有利可图的，农户应该去采用该技术。如果 $\Delta X=\Delta Y$，即技术采用的收益率为0时，农户没有正向的激励去采用该技术，那么此时，农户可以采用，也可以不采用。如果 $\Delta X>\Delta Y$，即技术采用的收益率小于1，这时农户采用该技术反而会降低收入，这种情况下，对农户来说，不应该去采用该技术（张峰，2011）。

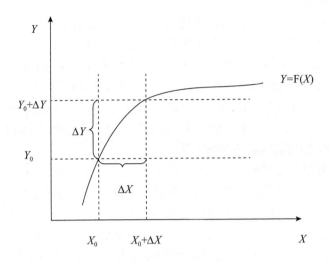

图 2-3　农业技术采用的成本与收益

引自张峰.2011.中国化肥投入面源污染研究 [D].南京：南京农业大学.

六、交易费用理论

交易费用理论对人口、资源、环境、经济的协调发展具有重要的意义，对深刻了解农户施肥行为决策的原因、过程、假设等问题都具有重要的作用。在现有的市场经济条件下，农户的施肥行为受到很多因素的影响，所以必须在确保环境资源不被破坏的前提下，统筹规划，合理引导农户施肥行为。

所谓交易费用是指企业用于寻找交易对象、订立合同、执行交易、洽谈交易、监督交易等方面的费用与支出，主要由搜索成本、谈判成本、签约成本与监督成本构成。企业运用收购、兼并、重组等资本运营方式，可以将市场内部化，消除由于市场的不确定性所带来的风险，从而降低交易费用。交易费用理论是整个现代产权理论大厦的基础。1937 年，著名经济学家罗纳德·科斯（Ronald Coase）在《企业的性质》一文中首次提出交易费用理论，该理论认为，企业和市场是两种可以相互替代的资源配置机制，由于存在有限理性、机会主义、不确定性与小数目条件使得市场交易费用高昂，为节约交易费用，企业作为代替市场的新型交易形式应运而生。交易费用决定了企业的存在，企业采取不同的组织方式最终目的也是为了节约交易费用。罗纳德·科斯指出：市场和企业都是两种不同的组织劳动分工的方式（即两种不同的"交易"方式），企业产生的原因是企业组织劳动分工的交易费用低于市场组织劳动分工的费用。一方面，企业作为一种交易形式，可以把若干个生产要素的所有者和产品的所有者组成一个单位参加市场交易，从而减少了交易者的数目和交易中摩擦，因而降低了交易成本；另一方面，在企业之内，市场交易被取消，伴随着市场交易的复杂结构被企业家所替代，企业家指挥生产，因此，企业替代了市场。由此可见，无论是企业内部交易，还是市场交易，都存在着不同的交易费用；而企业替代市场，是因为通过企业交易而形成的交易费用比通过市场交易而形成的交易费用低。经济学认为有限理性、机会主义、不确定性、小数目条件使得市场交易费用高昂，为了节省这种交易费用，代替市场的新的交易形式应运而生，这就是企业，而企业的不同组织结构也是为了交易费用节省的必然结果。

此后，威廉姆森深刻地分析了影响交易费用的两个因素："交易因素"，主要是指交易市场的不确定、交易对手的数量和交易技术结构；"人的因素"，主要是指存在个体行为的机会主义、市场不确定性、小规模谈判、资产专用性、信息不对称等问题时的交易费用会有所提高，并列举了交易"稀缺性"的表现，如若想要节省交易费用，产生了"企业"这种新的交易形式。得出如下几点结论：市场和企业之间存在替代关系，但存在不同的交易机制，企业可以替代市场实现交易；如若企业能替代市场进行交易就有可能减少交易费用；企业是因市场交易费用存在而存在的；当企业"内化"进行市场交易所产生的管理费用与节省的市场交易费用相等时，企业规模不再扩张，并趋于平衡；资本主义企业结构推进的唯一动力是企业为了节约交易费用。

根据交易费用理论，农户作为有限理性经济人，在生产过程中追求农业生产成本低，且短期利益最大化。

（1）由于农户的土地多为承包地，长期效益的预期很少，农户在施用化肥中首先考虑的是化肥的使用效果和价格，再加上过量施肥行为所生产的劣质农产品不易被消费者所识别而存在，如何在短期内给农户带来利益。

（2）农户会以不同的农作物受益来决定不同类型的化肥，与单元素化肥相比，有机肥、农家肥等环境污染小的化肥所生产出来的农产品要优于普通化肥的农产品品质，自然农产品的售出价格高，但由于有机肥等肥料的市场价格较高，导致科学施肥的成本较高，所以农户很难形成对未来优质农产品的准确预期，加之农产品市场体系的不健全和信息不对称，即过量施肥或使用环境污染大的化肥也不能获得较低的市场价格。同时，农户作为有限理性经济人，一般以农业收入为主的家庭，会追求收入稳定和风险最小，农户会选择"稳定"的施肥方式，而农业相对于其他行业而言，是比较利益较低的行业，使得农户接受新技术的积极性不高，只是盲目提高化肥施用量来实现农作物增产，这样会进一步增加农户过量施肥的行为（颜璐，2013）。

七、博弈理论

根据利益相关者理论，将农户施肥行为的利益主体定义为与农户施肥行为有着利益相关性的个人或团体，也可以说是与农户施肥行为有着直接、间接、潜在关系影响的个人或团体，他们会对此行为产生正面或负面的作用，主要包括政府（中央政府和地方政府）、农户以及肥料供应商。因此，在农户施肥行为过程中，政府、农户、肥料供应商、农户之间均存在着行为决策的博弈过程，而农户作为"有限理性经济"，在追求利润最大的前提下，其施肥过程一直贯穿博弈模型，博弈模型的研究对如何优化农户施肥行为仍是一个需要探讨的问题。

1. 博弈论

博弈论是指研究多个个体或团队之间在特定条件制约下的对局中利用相关方的策略，而实施对应策略的学科。有时也称为对策论，或者赛局理论，是研究具有斗争或竞争性质现象的理论和方法，它是应用数学的一个分支，既是现代数学的一个新分支，也是运筹学的一个重要学科。目前在生物学、经济学、国际关系学、计算机科学、政治学、军事战略和其他很多学科都有广泛的应用。

博弈论考虑游戏中的个体的预测行为和实际行为，并研究它们的优化策略。表面上不同的相互作用可能表现出相似的激励结构，所以他们是同一个游戏的特例。其中一个有名有趣的应用例子是囚徒困境悖论。具有竞争或对抗性质的行为成为博弈行为。在这类行为中，参加斗争或竞争的各方各自具有不同的目标或利益。为了达到各自的目标和利益，各方必须考虑对手的各种可能的行动方案，并力图选取对自己最为有利或最为合理的方案。例如日常生活中的下棋、打牌等。

2. 博弈要素

（1）局中人（Players） 在一场竞赛或博弈中，每一个有决策权的参与者成为一个局中人。只有两个局中人的博弈现象称为"两人博弈"，而多于两个局中人的博弈称为"多人博弈"。

（2）策略（Strategies） 一局博弈中，每个局中人都可选择实际可行的完整的行动方案，即方案不是某阶段的行动方案，而是指导整个行动的一个方案，一个局中人的一个可行的自始至终全局筹划的一个行动方案，称为这个局中人的一个策略。如果在一个博弈中局中人有有限个策略，则称为"有限博弈"，否则称为"无限博弈"。

（3）得失（Payoffs） 一局博弈结局时的结果称为得失。每个局中人在一局博弈结束时的得失，不仅与该局中人自身所选择的策略有关，而且与全局中人所取定的一组策略有关。所以，一局博弈结束时每个局中人的"得失"是全体局中人所取定的一组策略的函数，通常称为支付（Payoff）函数。

（4）次序（Orders）　各博弈方的决策有先后之分，且一个博弈方要做不止一次的决策选择，就出现了次序问题。其他要素相同次序不同，博弈就不同。

（5）博弈涉及均衡　均衡是平衡的意思，在经济学中，均衡意即相关量处于稳定值。在供求关系中，某一商品市场如果在某一价格下，想以此价格买此商品的人均能买到，而想卖的人均能卖出，此时我们就说，该商品的供求达到了均衡。所谓纳什均衡，它是一稳定的博弈结果。

纳什均衡：在一策略组合中，所有的参与者面临这样一种情况，当其他人不改变策略时，他此时的策略是最好的。也就是说，此时如果他改变策略他的支付将会降低。在纳什均衡点上，每一个理性的参与者都不会有单独改变策略的冲动。纳什均衡点存在性证明的前提是"博弈均衡偶"概念的提出。所谓均衡偶是在二人博弈中，当局中人 A 采取其最优策略 a^*，局中人 B 也采取其最优策略 b^*，如果局中人 B 仍采取 b^*，而局中人 A 却采取另一种策略 a，那么局中人 A 的支付不会超过他采取原来的策略 a^* 的支付。这一结果对局中人 B 亦是如此。

这样，均衡偶的明确定义为：一对策略 a^*（属于策略集 A）和策略 b*（属于策略集 B）称之为均衡偶，对任一策略 a（属于策略集 A）和策略 b（属于策略集 B），总有：偶对（a，b^*）≤偶对（a^*，b^*）≥偶对（a^*，b）。

对于非零和博弈也有如下定义：一对策略 a^*（属于策略集 A）和策略 b^*（属于策略集 B）称为非零和博弈的均衡偶，对任一策略 a（属于策略集 A）和策略 b（属于策略集 B），总有：对局中人 A 的偶对（a,b^*）≤偶对（a^*，b^*）；对局中人 B 的偶对（a^*，b）≤偶对（a^*，b^*）。

有了上述定义，就立即得到纳什定理：任何具有有限纯策略的二人博弈至少有一个均衡偶。这一均衡偶就称为纳什均衡点。

纳什定理的严格证明要用到不动点理论，不动点理论是经济均衡研究的主要工具。通俗地说，寻找均衡点的存在性等价于找到博弈的不动点。纳什均衡点概念提供了一种非常重要的分析手段，使博弈论研究可以在一个博弈结构里寻找比较有意义的结果。但纳什均衡点定义只局限于任何局中人不想单方面变换策略，而忽视了其他局中人改变策略的可能性，因此，在很多情况下，纳什均衡点的结论缺乏说服力，研究者们形象地称之为"天真可爱的纳什均衡点"。塞尔顿（R·Selten）在多个均衡中剔除一些按照一定规则不合理的均衡点，从而形成了两个均衡的精炼概念：子博弈完全均衡和颤抖的手完美均衡。

3. 农户施肥行为的博弈要素

根据上述分析，依据博弈理论，与农户施肥行为的博弈要素包括政府、农户以及肥料供应商，这三者的行为以及博弈包括（刘伟等，2013）：

（1）政府行为分析　政府在农业面源污染控制中的行为主要表现在法律法

规约束、宏观政策调控和引导以及技术支持三个方面。农业面源污染具有很强的外部性，外部性导致的市场失灵客观上要求政府来干预。中央政府和地方政府在农业面源污染控制中承担的角色各有侧重，中央政府制定大的宏观政策，地方政府主要负责本区域内的农业面源污染、环境条件改善、基础设施建设等。一般认为，地方政府在治理农业面源污染中的行为具有以下特征：短期目标行为特征；地方政府寻租行为特征；地方政府搭便车行为特征以及与地方经济和财政收入非相关性特征，致使地方政府在农业面源污染控制中陷入困境，一方面追求 GDP 的增长速度，解决财政支出压力，另一方面还要保护环境。地方政府这种既是执行者又是投入者和协调者的关系特征，决定了地方政府在农村面源污染控制中要承担更直接的责任，因此本书中所提到的政府主要是指地方政府。

（2）农户行为分析　农户行为是指农户在特定的社会经济环境中，为了实现自身的经济利益而对外部经济信号做出的最佳反应。农户的行为是有限理性的，即一方面农户为追求生产更高产量的农产品，会大量甚至过量使用农资品，以获得自身利益最大化；另一方面农资品具有很强的负外部效应，导致集体理性很难实现。研究表明农户在农资品市场上有购买低质量的农资品经历会增加农户农资品购买和施用的数量；同时对农业面源污染的外部性问题分析表明，农村公共环境物品的纳什均衡供给小于帕雷托最优供给，而且二者之间的差距随着参与人数的增加而扩大，因此难以依赖农户参与治理农业面源污染。在多种因素影响下使农户行为表现出加大农业面源污染的状态，因此，政府必须介入其中，控制农业面源污染。政府则可以通过广泛宣传、技术支持及法律法规等手段对农户的农业生产行为进行监管和引导，从而达到有效遏制农户农业面源污染行为的目的。

（3）农资经销商的行为分析　农资经销商是与农户关系非常密切的一对群体，尤其基层农资经销商与农户直接接触，对农户购买、施用农资品有着重要的影响。随着国家放松对农资品市场的控制和农资品市场化程度的提高，农资品市场竞争对手不断增加，已逐步形成农资多元化经营格局。在农资品市场中，一般农户受知识和文化水平的限制，农资经销商和农户之间存在着严重的信息不对称，受利益驱动某些农资经销商向农户推荐过量标准的农资品，甚至经销假冒伪劣农资品，再加上近些年来农资价格上涨，造假获利空间增大，农资经销商和农户不正当行为从源头上加重农业面源污染，更加导致农资经销商和农户中的"诱导性需求"屡见不鲜。因此，政府制定相关政策，引导农资经销商销售环境友好型农资，不仅能促进农民增收、农业增效，而且对从源头上有效控制农业面源污染有重要意义。

八、外部性理论

由于农户农业生产活动具有外部性，在没有外部干预的情况下，农户农业生产决策中的私人成本必然会偏离社会成本（即私人成本小于社会成本），私人的最优经济活动水平也必然会偏离社会的最优水平，当农户农业生产行为的外部性导致的生态环境质量损失超过一定的阈值时，就会产生农业肥料面源污染（杨增旭等，2011）。

外部性指的是私人收益与社会收益、私人成本与社会成本不一致的现象。当个体的经济决策经过非市场的价格手段直接地、不可避免地影响了其他个体的生产函数或成本函数，并成为后者自己所不能控制的变量时，那么对前者来说就有外部性存在。在环境等资源日益稀缺的条件下，外部性经常导致社会资源的低效率配置，加大社会成本。因此，必须采取某些法律的、经济的、行政的或其他方面的约束，尽量克服外部性，并将外部成本内部化，提高资源的配置效率，才能实现可持续的经济发展。

基于市场的经济激励。所谓经济激励手段，是指从影响成本和收益入手，利用价格机制，采取鼓励性或限制性措施，促使污染者减少、消除污染，从而使污染外部性内部化，以便最终有利于环境的一种手段。经济激励手段可以分为三大类：价格控制、数量控制和责任制度。自愿协商该方法是以科斯为首的一些经济学家们的主张。他们认为，在外部性的内部化中，政府应当做的只是重组产权而不是直接干预市场。只要有了设计适当的产权，就可以靠有关当事人的自愿协商或谈判解决外部性问题。它被普遍认为是外部性内部化的制度创新即产权途径。

随着可持续发展观的不断深入，农业生产的外部性问题越来越受到重视。解决农业生产造成的外部性问题的方法大致是围绕市场行为和政府行为以及二者的综合来展开的，各有其优势和劣势。一般说来，政府采用非市场途径对农业生产所造成的外部性进行直接干预，它不考虑生产者之间成本与收益的差别，而是"一刀切"；直接管制虽然依从了环境标准，但在经济上是缺乏效率的，成本较高。通过经济激励手段可以使同样的环境标准得以实现，从影响成本和收益入手，利用价格机制，采取鼓励性或限制性措施，促使污染者减少、消除污染，从而使污染外部性内部化，以便最终有利于环境。经济激励手段虽然各有一些局限性，但与其他内部化方法相比，有其独到的优势：

①这类方法比直接管制方法能更有效地配置污染削减。

②是对"动态效率"和创新的刺激。例如，为了减少污染税的支付，农民会减少化肥的使用，而优先选用农家肥，并且会力所能及地采用新技术。

③可为政府和污染者提供管理上和政策执行上的灵活性。

从肥料面源污染上看，农户在农业生产过程中不断增加化肥投入的最终目标是为了增加农产品产量，实现农业收入最大化。但同时也要看到，农户过量和不合理的化肥施用也成为农业面源污染最主要的来源之一，对生态环境产生了较大的负面影响。对于这一负面影响，农户对此并不承担任何责任，所以农民对过量施肥的环境效应并不予以考虑，这使得农户化肥投入的边际私人成本要低于边际社会成本，进而影响社会经济的可持续发展。因此，将过量或不合理施肥的负外部性进行内部化十分必要，依据相关理论，结合中国现实，可知化肥投入负外部性可以通过以下几个方面来进行内部化。

①产权合并，实现农户适度规模经营。

②政府对污染的产权进行界定，私人部门可以自行协商解决。

③政府对农户过量的化肥投入进行税收、对农户减量施用化肥进行补贴。

④构建污染权的交易市场，对化肥投入的面源污染问题进行市场化，进而将污染纳入生产和消费，对经济发展产生影响。

第三节　农户施肥的影响因素

农户的施肥行为决策是在追求农业生产成本和风险约束双重条件下的农作物收益最大化。由于受到农业生产条件、信息不对称、农村生态环境、农户自身能力和特征以及农户风险规避等诸多因素的影响和限制，农户的施肥决策行为的理性只能是有限的。与此同时，农户也是社会人，农户施肥决策行为是一个复杂多变的决策系统，农户施肥决策行为的选择除了在一定程度上要考虑农户家庭的农作物收益、生产成本和预期风险之外，还将受到政府政策制度、农村公共环境、农户自身文化理念以及其他农户施肥行为决策等一系列因素的影响。不同个体特征的农户之间由于受到内、外部影响因素的共同作用，施肥决策行为的目的、偏好、意愿、动机、施肥效果等方面存在差异，且农户施肥行为的认知、态度和行为策略亦有所不同。农户的施肥需求决定动机，动机决定行为。认知决定偏好，偏好决定行为，行为决定结果。其中，农户施肥行为所受的各影响因素的影响程度和影响方向有所不同，影响程度有主次之分，影响方向有正负之分。如若想采取特定的措施消除或弱化这些制约因素的影响，就必须发挥或加强激励因素的作用，如施肥新技术、有机肥、农家肥、测土配方肥或控缓释肥的应用有助于农户更好地提高施肥技术水平。农户施肥行为有稳定的偏好，但农户会把握改善施肥行为的机会，使行为趋于最优的状态，而单个农户的改变并不可能使整体农户施肥行为达到整体水平的最大化（颜璐，2013）。

一、内部因素

农户从事施肥等农业生产经营活动必须以一定的对象和手段为基础，这些基础条件就构成了影响农户施肥行为的内部因素，它们为农户进行施肥等有关农业经济活动提供了一定的可能性，会在很大程度上影响和决定农户施肥行为决策的方向和发展，并推动农户施肥行为决策从一个类型向另一个类型的转变，这些内部因素包括资源禀赋、个体特征、道德因素和心理因素等。

1. 资源禀赋

资源禀赋理论是瑞典经济学家赫克歇尔和俄林为了解释李嘉图的比较优势理论，用来说明各国生产参与国家贸易交换的商品具有比较成本优势的原因的。资源禀赋对于农户施肥行为决策是一个重要的先天条件，也是促进农户施肥决策形成的内在动力。而农户资源禀赋（要素禀赋）指农户所拥有的各种生产要素，包括自然条件、耕地资源、劳动力、资金等的多少。

（1）自然条件　农作物的种植对自然条件依赖性较强，且生产效率反映敏感，是农业生产赖以发展的自然基础，也是农业生产发展的物质资料源泉。具体包括自然界为农业生产提供的天然的可能性和限制性，自然条件的优劣对农业生产发展起到加速或延缓的作用。主要包括水资源、大气资源、光热条件、地理位置以及自然灾害等自然因素。如若气候干燥，导致农作物供水不足，易发生旱灾，严重影响农作物的生长，而农户为了保证农作物产量的增加，就必须增施化肥，不仅会增加农作物生产成本，降低农民收入，还会给生态环境带来一定的危害。

（2）耕地资源

①耕地是农业生产中最重要的生产要素，而对于种植农户而言，也是重要的生产对象。因此，耕地数量和质量将在很大程度上影响着农户的施肥行为。

②耕地的分布状况对农户的施肥行为产生十分重要的影响。农户作为施肥选择行为的决策者，只有充分认识到农作物种植耕地的质量，综合考虑土壤质地、土壤养分构成与含量、土层厚度、地质地貌条件等，有所依据地制定合理的农作物施肥技术，达到合理施肥、提高土壤肥效的目的。

（3）劳动力　劳动力的数量和质量在一定程度上制约着农户施肥行为，主要包含如下两个方面：

①劳动力数量对农户施肥行为的直接影响，主要包括两种，即劳动力的绝对数量和相对数量，从一定程度上来说，劳动力和化肥等物质投入生产要素之间存在相互替代的关系，若在农户的劳动力比较充裕的情况下，就有可能采取劳动密集型农业生产技术体系来实现预期的农业生产目标；反之，则可以通过高投入（化肥等物质投入）来弥补劳动力的不足。农户的施肥行为主要围绕着满

足家庭消费的基本需求，将会以增加化肥投入来提高农作物产量，从而满足农户家庭的温饱需求，而越是贫困地区，农户施肥行为的这一特征就越明显。

②劳动力质量对农户施肥行为的影响。农户家庭劳动力素质的高低，将会直接影响到农户对施肥新技术采纳的程度和速度以及农业生产经营管理水平和施肥决策的能力。此外，劳动力的质量（文化程度）代表某个地区人口的素质，标志着一个地区的文化教育及发展程度。

③劳动力的健康状况，农户家庭劳动力的健康状况关系到农户的收支水平，家庭成员的健康情况较差，则劳动力的质量通常较差，医药费支出相对较多，家庭负担和农业生产经营的成本相对较大，劳动力创收和转移的可能性降低，会对农户的施肥行为决策产生影响。

（4）资金　一般来说，农户的农业生产经营扣除当年消耗的必要费用之后，余下的部分就是下年农业生产资金的来源。如果农户的资金匮乏，就会影响农户对先进施肥技术以及相对单一元素化肥价格较高的有机肥、测土配方肥、控缓释肥的施用，农户没有一定的资金能力来进行较大风险的化肥等物质资料投入行为，且在施肥行为上表现为选择风险最小化的行为偏好；反之，如若资金雄厚的农户会选择风险大些的偏好行为，倾向于利用农产品产出的价值增值，选择边际收益大的新技术。此外，如若农户的信贷资金获取渠道不畅，会使得农户陷入农业资金严重短缺的泥潭。从现实的发展情况来看，农户获取信贷资金的渠道并不多，因此农户家庭的自有资金会对施肥行为决策的影响更为严重。

2. 个体特征

农户的个体特征是农户本身所拥有的，包括天然和后天所获得的资源和能力，农户的个体特征将直接影响到施肥行为的选择。农户与生俱来拥有理性行为，以效益最大化为目标，随着市场经济的逐步推进，农户施肥行为已由基本的生存理性向经济理性转变，在种植环境和家庭经济条件约束下，尽可能以最小的投入获得最大的产出。但也会受到农户自身个体特征，如性别、年龄、文化程度、兼业化程度、土地经营方式、农业技术、环保意识等因素影响，有时也会产生非理性，从而导致农户的不合理施肥行为。

（1）性别与年龄　在农村，男性接受教育的程度和与外界的接触机会比女性更多，且男性承担风险的能力、信息接受能力和化肥决策能力比女性强。此外，从理论上来说，农户的年龄对施肥行为影响的指向性并不太明确。

①农户年龄越大，施肥信息接受能力可能较差，思想更可能趋于保守，对采纳施肥新技术的可能性较低，改变单一元素化肥施用行为的意愿就越低。

②农户的年龄越大，施肥技术经验积累越丰富，判断能力更加敏锐，其引进施肥新技术的意愿可能越高。

（2）文化程度　通常情况下，文化程度越高的农户，接受新事物和新知识的速度越快，农业生产视野越开阔，施肥决策模式越民主（表现为男女共商的比重增加），信息的搜集处理运用能力越强，机会把握、创新能力、创收能力就越高。

（3）兼业化程度 农户的兼业化程度越低对农业收入的依赖性越强，则农户对化肥价格变动的反应越积极，供给弹性越大，且农户农耕活动的惯性越强，对土地的依赖心理越强，农户改变施肥结构的可能性越低；相反，农户的兼业化程度越高，农业收入越不能作为主要的收入来源，则农户对化肥价格变化的反应越敏感，供给弹性越小。此外，农户家庭的兼业化程度越高，使农户非农业收入成为主要来源，农户仅将土地作为一种最低的生活保障，对其增加收入的功能并不看重，也不会注重土地长期生产力的保持，更不倾向于施用有机肥、农家肥或控缓释肥。

（4）土地经营方式 在农业生产中土地的使用方式必然对农户施肥行为产生很大的约束作用。

①农户所使用的土地是自有的还是短期租佃，是分成租约还是定额租约。与自由农户相比，租佃农户对化肥价格反应较小，供给弹性较弱。

②从土地租期的长短看，长期租佃农户的施肥行为更接近于自有农户，即与短期租佃农户相比，长期租佃农户比较看重长期投资效益，会倾向于施用有机肥或控缓释肥。

③定额农户与分成农户对化肥价格的反应有所不同，即当化肥价格上升时，定额农户对价格的反应必然大于分成农户。

（5）农业技术 农业施肥技术主要包括学习化肥的科学施用技术、劣质化肥的识别等，为保障农产品质量安全，促进农业经济的发展提供保障，依据现有劳动力转移情况而言，只有加强农业施肥技术培训，才能从源头上抑制农业过量施肥的状况。

（6）环保意识 随着农村经济社会的快速发展，农户的生活环境发生了急剧的变化，在满足温饱之后，农户对农业收入过高的预期，致使部分农户的环保意识较差，在施肥过程中只是考虑到农作物增产而没有考虑过量施肥会对生态环境造成一定的影响；还有些农户虽然意识到周围土壤、大气、水体等因为过量施肥产生了一定的负面影响，但并不会影响到农户施肥决策行为，且现有的政策条件下，农户并不需要为过量施肥的行为负责，会导致农户持续过量增施化肥的行为决策，并对生态环境产生一定的影响。

二、外部因素

农户施肥行为决策还受到一些外部环境因素的约束，主要包括化肥等物质生产资料市场的发育和完善程度、农业生产的专业化水平、农业社会化服务体系的建设、农村政策体制状况、商业金融资本等，这些外部制约因素具体而言，又分为如下几种。

1. 市场环境

市场经济因素与农户施肥行为有着密切的关系，农户科学施肥是由市场供需双方来决定的，具有多变性，而农产品市场对农户施肥行为的指导作用在很大程度上取决于信息对称程度，如若市场发育不健全、信息不流畅的情况下，农户就没有足够的内部激励和外部约束来保证科学施肥，生产质量安全的农产品，在市场需求高的情况下，会频繁出现过量施肥，农产品质量下降的现象。农户选择有机肥、农家肥等，主要依靠缓释效果，前期的产量可能会下降，加之信息不对称，缺乏对农产品市场的有效管理，农户的农产品收益会降低，造成农户施肥逆向选择行为。

2. 政策制度

按照新制度经济学的观点，经济制度就是用来约束人类经济行为的一系列规则的总称，就农业生产经营中的农户施肥行为决策而言，受到土地产权制度、农业补贴政策、农业生产组织形式、农户的意识形态、价值理念等诸多制度因素的影响。

（1）土地产权制度　在农业生产中，土地作为最重要的生产手段，土地产权制度的安排位于度的核心地位，土地产权是指关于土地财产的一切权利的综合，是一个权利束。一种有效的产权制度使得农户的生产经营活动合理化，农户对资源和施肥行为具有稳定的预期，而化肥等农资品的有效配置和合理施用，可以降低使用资源的交易成本，克服施肥行为所产生的外部性的影响。此外，明确的土地产权制度，使农户会全面考虑施肥行为对土壤所产生的影响，把施肥的长效性作为第一影响因素，多施用一些对土壤污染小的化肥种类，从而在一定程度上规范农户的施肥行为。

（2）农业生产组织形式　从制度经济学的观点来看，私人经营和集体经营作为两种不同的制度安排，选择制度安排的唯一原因是制度的运行成本，而在农业生产中，这种交易成本运用主要包括农户非自愿执行上级政府命令所带来的强制执行成本、农业生产的组织成本和监管成本、农户搭便车所造成的浪费等。从顺利达成和执行交易的角度来说，市场制度下的自愿交易会比政府交易成本更低，而效率更高，正是由于这种高效率才会促进我国的农业家庭承包制的发展和完善。

（3）农业补贴政策　农户认为政府政策对农业生产及收益有较大的影响，近年来政府对农户的补贴力度日益增大，大部分农户了解农业补贴政策的途径越来越多，并享受过政府的各种补贴。如种粮直补、农资综合补贴等，这些补贴在一定程度上提高了农户生产技术水平提高的积极性。但若政府政策不到位，不符合农户实际生产的要求，非但达不到积极引导农户提高施肥技术的可能，反而会使农户在施肥行为上产生一些偏差。农户偏差地认为如若能得到化肥补贴，将提高化肥施用量，片面地认为政府给予的化肥补贴，只是为了让农户增施肥，而并未考虑补贴其实是为了科学引导农户施肥、改变单一元素化肥投入、从而降低农业面源污染。

第四节　污染控制的"失灵"

当前肥料面源污染防控主要有两种理论，一种是以市场为主的理论，另一种是以政府为主的理论。然而，无论是以市场为主，还是以政府为主均存在一定的困境，会出现市场或者政府单独难以发挥肥料面源污染防控的作用，出现所谓的"失灵"。若市场未能满足完全竞争、完全信息、完全理性、不存在外部性、零交易费用等条件，市场价格未能反映资源环境的真实价值、无法最优配置资源，此时便出现了市场"失灵"，包含外部性、资源产权不明确以及公共物品属性等。若政府政策和管理环境不当，则会产生政府"失灵"。因此，要充分平衡市场与政府在肥料面源污染防控中的作用，特别是在肥料面源污染防控策略制定过程中，充分把握相关规律，避免过分依赖市场或政府。

一、导致农业面源污染的市场机制失灵

新古典经济学研究证明，市场机制可以使生产出的产品在不同的消费者之间进行合理分配，使生产要素在企业与产品之间进行有效率地分配，从而实现帕累托效率。帕累托效率是指资源分配的一种理想状态，即假定固有的一群人和可分配的资源，从一种分配状态到另一种状态的变化中，在没有使任何人境况变坏的前提下，也不可能再使某些人的处境变好。换句话说，就是不可能再改善某些人的境况，而不使任何其他人利益受损。应用在环境资源的分配上，则是指如果对于某种既定的资源配置状态，所有的帕累托改进均不存在，即在该状态上，任何改变都不可能使至少一个人的状况变好而又不使任何人的状况变坏，则称这种资源配置状态为帕累托最优状态。可是事实上，实现帕累托效率需要满足很多假设条件。主要表现为以下 6 种：假设信息完全；假设完全理性；假设完全竞争；假设交易费用为 0；不存在外部性假设；假设不存在规模报酬递增等。可是如果市场的价格机制出现阻碍，资源配置将会缺乏效率，就会出现"市场失控"的状态，这样就会导致农业面源污染的恶化。所以在实际进行环境污染处理和环境资源的配置时，其中的很多假设条件是不能成立的，主要有以下 5 个方面（蔡增珍，2011）。

（1）农业生产者的有限理性 大部分农业主体对环境的认识是有限的，而且是逐步发展的。在得到充分认识之前，人类很难有持续发展的观念。但是由于经济条件有限，再加上经济利益对农户的刺激，即使农业生产者认识到破坏环境所带来的危害和后果之后，也还是会选择这样一种农业发展模式去获得最大的经济效益，最后对环境造成了严重的污染。就算是人类对环境有了充分和科学的认识，而且在经济发展条件良好的条件下，因为投机行为的存在，农业生产主体还是会做出有损环境的行为。由于这些原因，只顾经济增长和眼前利益以及局部利益，而不顾环境保护长远利益和全局利益的环境损害行为也就难以避免了。

（2）农业环境资源的准公共性 准公共物品的公共属性大于私人物品且小于纯公共物品。从其包含的范围来看，它的内涵十分丰富。大致可以分为这样两类准公共物品：其中一种准公共物品的受益范围是有限的，因为对它的消费和使用只能在一定的区域里面实现，如地方公共设施。这类准公共物品完全不具有排他性，对其使用是公共的。由于消费者可以共同使用该类公共品，所以在该物品使用中可能会出现"拥挤效应"和"过度使用"的环境问题。这类物品如森林、灌溉渠道以及牧区等。另一类准公共物品的使用由于会出现拥挤的现象，所以针对该类商品的消费必须收取一定的费用，才能获得消费的权限。从而该类商品的使用是具有完全的排他性的。它包括高速公路和有线电视频道等。农业环境是人类生存环境的重要组成部分，具有准公共品的属性。而且它既是生活资源也是生产资源。随着工业化的不断发展，农业环境因为农业资源的开采日益恶化，通过生态系统服务进一步影响了功能，减少其价值。由于环境资源的这种准公共产品属性，所以使农业环境的使用可以对"未付费者"也产生效益，从而产生了所谓"搭便车"现象。因此农业生产者如果对农业环境资源进行过度开采会加重农业面源污染效应。

（3）农业面源污染的负外部性 负外部性，是指一个人的行为或企业的行为影响了其他人或企业，使之支付了额外的成本费用，但后者又无法获得相应补偿的现象。农业面源污染存在着私人成本与社会成本、私人收益与社会收益的不一致的负外部性。当负外部性存在时，农业生产者对环境造成一定的伤害时，其自身付出的成本比社会承担的成本要小。而负外部性不存在时，此时生产或消费该农产品所引起的全部成本就被定义为私人成本。由于受到利益最大化的驱使，农业生产者在利益最大化的驱动下去进行生产决策，从而与社会福利最大化原则发生背离，就会出现过度利用农业环境资源、排放农业生产污染物、生产有污染的产品等现象。

（4）农业面源污染治理的正外部性 与农业面源污染的负外部性相对应，它也有正外部性的属性。这是因为治理农业面源污染使社会和集体受益，而不仅仅个人才是治理的受益者，所以农业环境优化能够给大众带来更好的服务，具有公共性。因此，治理农业面源污染具有很大的正外部性。城市居民比农民在整个过程中能得到的好处更多。因此会产生搭便车的行为，而农业生产主体往往不愿意主动为公共产品付费。

（5）农业环境利用信息的不对称性　对于生产过程、生产技术、排污状况、污染物的危害等方面农业生产污染者往往比受污染者要了解更多，但为了追求个人的经济利益，他们往往会隐瞒这些信息，实施污染行为。把污染导致的社会成本丢给社会，自己受益。但是农产品的购买者和环境规定的制作者却很难充分了解到实际的污染信息，或者说了解这些污染信息所需的技术支持带来的社会成本太大。据前面学者的调查，经常会发现，农业生产者对于要出售的农产品污染的程度更大，而对于自用的农产品的污染程度会比较小。

二、导致农业面源污染的政府失灵

政府作为公众利益的代言人，应当尽力消除非经济行为的社会福利损失。尽管政府拥有超乎社会公众和一般组织以上的权威和强制力，但是由于其内部原因，政府也不是万能的，在处理"市场失灵"时，也可能存在"失灵"之处。市场失灵为政府干预提供了机会与理由，但若政府的干预不能修正有缺陷的市场，甚至造成进一步扭曲，便出现了政府失灵。农业污染政府失灵分为政策失灵和环境管理失灵（杜江等，2013）。

（1）农业政策失灵　农业政策失灵指政策反映了被扭曲的环境资源使用的私人成本，这些成本对个人合理但对社会不合理，从而影响环境资源的有效配置。政策失灵使政府没有把产品和资源有效地配置给服务对象，如价格保护破坏了农产品价格机制，过多的生产浪费了资源并污染了环境。国家为片面追求增长，通过化肥限价政策和农资补贴政策从供给和需求两方面对化肥消费给予激励，农民大量使用而疏于精耕细作。此外，政府对化肥进行补贴可降低生产成本，但会刺激农民大量使用化肥，进一步污染了环境。由于市场失灵以及补贴政策带来的政府失灵，传统农业补贴政策对环境具有很大负面影响。

（2）农业环境管理失灵　农业环境管理失灵包括：管理部门缺失或管理空白；管理机构设置及其职责混乱、管理方式落后、部门协调不足等。国家面源污染防治立法远落后于欧美，法律体系尚未建立、防治部门交叉模糊、法律责任形同虚设。国家财政对面源污染治理支持也存在很多问题，如公共投资偏弱、资金投入结构不够优化、缺乏系统的税收制度等。因此，政府应采取长期有效的正向经济激励，使农民积极采用环境友好型农业技术。

（3）管理对象的不确定　农户是农业面源污染产生的主体，由于我国农业生产十分分散，农户数量众多，拥有土地不均衡，污染排放相互交叉，排放量也不一致，难以量化单个农户的具体污染数量。另外，农业面源污染还受地理、气候、水文条件等因素的影响，使其进入途径和发生强度发生变化，使得管理对象具有不确定性，给政府管理造成很大的困难。

（4）政府理性有限　农民是我国农业发展和经济建设的主体，是推动我国经济建设取得辉煌成就的巨大力量，虽然从事农业生产的人数众多，但由于农业是弱质性产业，比较利益低，长期以来形成的"剪刀差"使农民成为了社会弱势群体。由此，如何切实保障农民利益，保持农村社会稳定，促进农业经济发展，也是政府面临的主要任务和难题，因此，如果政府对面源污染过于严格管理，会对政府自身的利益有冲突，导致了政府没有足够重视农村生态和环境及农业面源污染的控制，于是，产生了政府的理性有限。

第三章

国内外肥料面源污染防控经验

国内外在肥料面源污染理论和技术研究、面源污染防控制度体系建设、面源污染防控技术应用等方面进行了大量的理论研究和实践探索，取得了很多的成果，也积累了大量经验。"他山之石，可以攻玉"，这些成果和经验对于开展面源污染防控具有很好的借鉴作用。本章系统梳理了国内外面源污染防控理论研究、制度体系建设、技术应用情况，总结了其取得的经验和教训，以期为开展面源污染防控提供经验借鉴。

第一节　国外肥料面源污染防控与治理研究进展

20世纪50—80年代，随着农业工业化和农业集约化的快速发展，发达国家各种农用化学品的投入量高速增长，由此引发农业面源污染问题日益严峻。20世纪80年代后，出于环境保护和生态安全的考虑，欧美等发达国家和地区开始重视对农业面源污染的研究，并加强治理，多年来已经积累了丰富的经验。

一、关于施肥与农作物生产关系研究

国外学者关于施肥与农作物生产关系的研究主要包括如下三个方面。

1. 对农作物产量的影响研究

根据联合国粮农组织（FAO）的资料显示，发展中国家农户化肥施用可使粮食作物单产提高51.4%。绿色革命之父诺曼·E·勃劳格（Norman E.Borlaug）指出20世纪全球农作物增产50%来自于施肥。

2. 对农民收入的影响研究

现代经济学之父——亚当·斯密提出一定量资本用于不同用途的投入所能产生的新增价值不同。从一定程度上来说化肥等物质资料投入结构与农民收入有一定的关系，即合理施肥会促进农户收入增加，不合理施肥会对收入产生负面效应。

3. 对整体效益的影响研究

从整体效益上来说，与农作物收益有一定的关系。拉赫曼（Rahman）通过

随机效益分界和无效作用模型估算了孟加拉国水稻生产的预期效益和实际生产效益之间的差额，这一差值的存在主要由于化肥施用、种植年限、土地租金、农业基础设施建设等方面的影响。

二、关于施肥对环境的影响研究

国外关于过量施肥对环境的影响研究起步较早，从 20 世纪 60 年代开始欧、美等发达国家就率先开展，主要是关于预测其负荷量与土地利用、径流量之间的关系。70 年代后在世界各地逐渐受到重视，研究者们深入到面源污染的物理、化学过程，并以此开发了一系列模型。80 年代中后期得到进一步发展，并把重点转移到面源污染的管控措施上。90 年代，关于面源污染与经济发展、管控措施、模拟等方面的研究更为广泛和深入（颜璐，2013）。

李比希（Liebig）创立了养分补偿学说，他认为由于农作物的生产需要从土壤中吸取部分养分，会使得土壤中的养分越来越少，如若想要恢复原来的地力水平，就应该对土壤施肥来归还农作物生长从土壤中带走的养分，否则农作物的产量就会有一定程度的降低。然而，随着施肥量的增加，给生态环境造成了不同程度的危害，同样施肥量高，生态环境中的流失量也会增加，进一步影响到生态环境污染程度，施肥量的增加会造成土壤养分流失、农作物边际产量下降、土地重复使用率不高等现象。施肥量、施肥方式、耕作方式、灌溉技术、地膜回收率等都会引起耕地质量的变化，而免耕有利于改变土壤肥力、水分蒸发量、土壤侵蚀度等，过量的施肥只会造成土壤结构和地下水质的恶化。

尤域（Uri）从美国农业生产状况看出，施肥量的增加在一定程度上促进了农业生产率的提高，但随着施肥量的增加，给生态环境造成了不同程度的危害，同样施肥量高，生态环境中的流失量也会增加，进一步影响到生态环境污染程度。铠斯（Keith）通过负荷估算出农业面源污染的大部分是来自于流域主流，原因是过量施肥所带来的水体富营养化。威廉姆斯（C H Williams）等发现过量施用磷肥会提高土壤含镉量，长期下去会造成土壤镉污染。

考瑞尔（Correll）研究发现农田与水体间若有植被缓冲带会对农业面源污染有一定的控制作用。托马斯（Tomasi）等提出利用激励机制去影响农业生产投入和利用税费、补贴等政策改善农业面源污染对环境造成的影响。詹姆斯（James）认为某些特定情况下，无法准确监测农业污染排放量的时候，应采取统一的税费标准，主要标准有：在农业生产过程中使用的化肥、农药等对生态环境具有负外部性统一收税，对于购买污染控制设备和有机肥等对生态环境具有正外部性统一补贴。

三、肥料面源污染防治技术方法研究

亨德森 (Henderson) 认为控制农业面源污染最有效和最经济的方法是采取适当的农田管理方式。例如，少耕、免耕、喷灌、滴灌、农作物间作套种以及控制农药和化肥的使用方式、使用季节等。里保多（Ribaudo）通过研究美国地表水的污染问题，评价休耕制度的社会成本与减少土壤污染带来的效益的差额，虽然休耕制度成本高，但其执行较为容易，并且从一定程度上与限制农产品操作的政策相比，更宜改善水质，所以休耕制度若要作为一种环境污染的控制手段，必须设定其合适的目标。赫特尔（Hertel）经研究发现美国在氮肥上的使用率可以从一定程度上说明土地质量和作物轮作的变化，由于其属于事前控制，这样就可以节约监测和管理费用，但对于农户和工厂的反应在实施之前就要予以考虑。菲克内（Vickner）运用动态经济模型，分析了玉米生产与硝酸盐的污染情况，并根据不同的灌溉条件、土壤特性、操作方式、环境特性、管理者追求效益和消费者剩余最大化等条件，来测定农场主投入的氮肥量和灌溉水有所不同，研究结果表明当灌溉系统趋向一致时，灌溉水量会有所降低，各个时期的社会福利剩余也会增加，所以追求社会福利最大化的措施是统一的灌溉系统和限制氮肥用量与灌溉水用量（郑伟，2005）。

四、关于影响农户施肥行为因素的研究

国外学者对影响农户施肥行为因素的研究主要体现在农户采纳施肥技术意愿、施肥技术效率以及降低施肥意愿三个方面。

1. 对影响农户采纳新技术意愿的因素进行大量研究

影响新技术采纳意愿的因素包括多方面，综合当前的研究成果，这些因素主要包括：保护性耕作的补贴金额度、市场风险程度、社会结构配置、土地的相关制度、公共政策选择、文化程度、个人理念、个人受教育程度等。

2. 通过不同测算方法说明某些国家化肥施用技术效率低

关于施肥技术效率研究方面，众多学者通过不同的测算方法，对化肥施用技术效率进行了测算，测算结果表明，某些国家化肥施用技术效率低。例如，亚洲国家化肥施用比例失衡——氮肥过量，磷肥钾肥不足。另外，对于测算方法，不同学者也进行了分析，如有的学者认为技术效率实际上是对所有投入要素的平均效率的测算，莱因哈特（Reinhard）等首次在研究农业技术效率的基础上，提出化肥作为单一物质投入要素的技术效率（Reinhard，1999）等。

3. 对农户降低施肥意愿比较关注

防治肥料面源污染的重要手段就是使用减量化技术，也就是降低（减少）化肥的使用量，国内外学者在这方面进行了大量研究。这方面的成果主要包括：

种植规模、化肥市场供需、农户施用经验、性别、受教育水平、上一年施肥经验都对农户下年增施化肥有影响；农户的有机肥施用意愿受到预期收益、年龄、地区、是否已施用有机肥等因素的影响；教育水平较高、拥有土地所有权、耕地离家距离较远会使得农户多施肥；化肥价格、农作物价格对农户施肥产生负向影响，而对化肥了解程度、资金状况、劳动力数量对施肥产生正向影响；家庭耕地经营面积、化肥市场供给情况和自家施肥经验等因素对化肥施用水平影响显著；发现化肥和产出的相对价格对农户化肥施用存在负向影响，化肥的大量投入是农户过高估计减量施肥带来的减产风险，随着经济的发展，农村劳动力就业方式日渐增多，收入来源结构日渐非农化等。

五、关于农户技术采用行为研究

对农户技术采用行为的研究主要可以分为两个方面：一方面是对农户采用农业新技术的诱因、动机、意愿的研究，另一方面是对农户采用农业新技术影响因素的研究。对于新技术采用的诱因，不管农户是追求基本的生存以及风险回避准则，还是追求利润的最大化，农户行为的目的最终都是追求家庭在一定条件下的效用最大化，而不同的市场环境、经济发展水平和人口压力造成了不同的体现形式。在传统社会中农户效用最大化体现为对基本需求上的满足，从而回避风险；在非完善市场条件下，则根据市场化程度的不同，可能体现为部分地追求家庭需求的满足和部分的收益最大化；在完善市场条件下，农户目的则可能直接体现为追求利润最大化。在这些理论中，农户是理性的观点是一致的，农户能在力所能及的范围内充分利用自己的资源来获得收入或效用最大化，各个理论对农户合理配置资源的能力并不怀疑，在斯科特的农户行为理论中甚至包含了农户对跨时期目标的考虑。但是农户是理性的和农户是有效率的并不是完全一样的。经济学上"效率（Efficiency）"意味着对市场做出严格的规定，而传统市场中的市场假设一般都不能达到这个要求，农户目标和社会目标的差异也会导致理性的无效率。

六、国外肥料面源污染政策研究情况

实现某个既定的目标而进行政策选择，其目的是为了最小化政策的未来不确定性，最大限度地获得政策实施的效益，从而更好地发挥政策作用。进行农业面源污染治理的政策选择研究，一个重要的目的就是让农业环境政策更有效地发挥环境治理的作用。大量文献从有关环境税、投入税或补贴、自愿协议、集体监督、排污权交易制度等方面对农业面源污染政策选择进行了研究（杨增旭，2011；杨曼丽，2009）。

1. 关于环境税和投入税选择研究

虽然，一些欧洲国家，如奥地利、德国、芬兰、丹麦、瑞典、西班牙和英国都对农户的化肥施用征收有关农业面源污染的投入税，比利时和荷兰也分别对未被农作物吸收而残留于环境中的有机肥和无机肥征收有关农业面源污染的环境税（OECD），但是这种征税是根据事先预测的农户农业生产中农业面源污染的平均排放量而不是实际的排放量，而且这些国家对农户农业面源污染征收环境税或者投入税事实上具有增加国家财政税收而不是纠正农户农业生产行为外部性问题的特征。

2. 有关自愿计划的政策选择方面

自愿计划是当前欧美经济发达国家较为普遍采用的农业面源污染治理政策措施，这种政策措施通过给予农户技术支持和金融支持的方式，鼓励农户自愿采纳环境友好技术，以此减少农户农业生产中所产生的农业面源污染。例如，美国针对农业面源污染所采取的最佳管理实践（Best Management Practices，BMPs），通过对自愿采纳最佳管理实践的农户给予财政补偿、技术支持和相关的金融支持，以达到推广 BMPs 的目的。

3. 集体监督的政策选择方面

由于经济个体对农业面源污染治理的贡献度难以辨别，大量文献尝试从集体表现的角度研究农业面源污染设计的环境政策选择问题。基于集体表现的政策选择的基本思想是：仅观察排水处的污染情况，若超标，就对集体进行惩罚。这样，可以使每个经济个体对整个集体的经济活动对环境的影响负有责任，通过集体监督的这种制度安排解决农业面源污染治理中存在的道德风险问题。但是由于基于集体表现的农业面源污染环境政策选择需要政策制定者拥有太多的信息，而且污染者还需要确定自身控制污染的成本函数以及污染者需要确定自身生产活动对污染总负荷的贡献程度，因此，基于集体监督的环境政策选择尽管在理论上非常有效率，但是在实践中还并未得以应用。在有关排污权交易的政策选择方面，虽然基于科斯定理的排污权交易从理论上来说是治理农业面源污染的一种重要手段。但是，由于农业生产的环境外部性很难确定其产权，产生较高的交易费用，因此，除美国在宾夕法尼亚州开展了点源与面源污染排污权交易试验之外，以排污权交易治理农业面源污染并未在世界其他国家和地区得以推广。

4. 政策理论研究

国外对农业面源污染防治的政策研究始于庇古，他认为造成农业面源污染的根源在于外部性，随后其他的经济学家也纷纷以市场失灵和政府失灵的理论解释农业面源污染问题。在此基础上庇古提出了用征收环境税的方法内在化农业面源污染的外部性，其税额等于治理污染所需的费用，使得私人成本和私人收益与相应的社会成本和社会收益相等，从而达到有效治理农业面源污染的目的。格里夫（Griff）和布罗姆利（Bromley）的《关于对投入或间接排放措施的标准和激励选择》一文中，认为鉴于农业面源污染的外部性，管理者可以采取两种诱因机制对农业面源污染进行控制，一是经济机制中的对间接测量的排放量课税和对产品或投入因素课税，二是直接管制中的对间接测量的排放量进行限定和对生产产品或者投入因素进行限定。邓恩（Dunn）认为，由于管理者很难在合理的成本范围内对面源排放进行有效测量，使得管理者无法准确了解农业面源污染的责任人是谁，可能的责任人应在多大程度上承担其责任，因而理论倡导的基于排放量的政策工具无法付诸实践。他们认为可以对农场投入课税，限定农场投入物数量：对污染物课重税，限定污染物数量。托玛斯（Tomasi）提出缓解农业面源污染的政策主要有两类：一是采用激励手段影响产生农业面源污染的农业生产投入，如化肥和农药投入量；二是利用税收和补贴手段影响农业面源污染浓度，他们通过模型求出了这两种方法在理论上的有效解。哈里森（Roy M. Harrison）总结了英国农业环境保护的措施，即主要根据农药环境计划，给农民补贴，以生产高质量、受欢迎的环保产品。如果农产品生产过程易对环境造成污染，组织部门会帮助农民转换生产方法，并按公顷支付转换生产过程的费用，同时对降低农药施用的农户给予一定补偿。塞格松（Segerson）提出采用收取环境浓度费的方式控制某一地区某一种污染物浓度。该措施包括设定某种污染物水平，对超过的地区进行惩罚，对下降的地区给予奖励。其设计的环境浓度费包括两个部分：一是偏离标准的每单位的惩罚或奖励，二是独立于偏离量的总的惩罚和奖励。

七、国外农业面源污染模型研究

由于肥料面源污染的随机性、复杂性、时空变异性和不确定性等特点，导致研究、模拟和控制的困难性。从20世纪60年代起，由于认识到肥料面源污染的危害，人们为了评价其影响开始定量化研究。数学模型方法可以有效地解决面源污染的随机性和观测点的不确定性，它不仅可以模拟各类面源污染的形成、迁移转化等过程，还可以为肥料面源污染控制和管理的定量化提供有效的技术手段。发达国家对农业面源污染进行模型研究大致经历了统计模型、机理模型和功能模型3个阶段。

第一阶段为20世纪60年代至70年代初，是农业面源污染模型研究的起步和迅速发展时期。以美国农业局为首的研究机构就开发了一些有关农业面源污染方面的经验统计模型。同期，日本、英国等一些发达国家开始关注农业面源污染研究。研究依据因果分析和统计分析建立统计模型，并以此建立污染负荷与流域土地利用或径流量之间的线性关系。随后在污染源调查、面源污染的影响因素、特性分析、面源污染对水质的影响分析等方面取得了大量的成果，为农业面源污染模型的进一步研究奠定了基础。早期的模型研究方法主要有输出系数模型法、SCS 径流曲线数法等。该阶段以统计模型的研究和应用为主，模型功能结构单一，无法对农业面源污染全过程进行模拟和估算。

第二阶段 20 世纪 70 年代中后期至 90 年代初，是农业面源污染模型研究的大发展时期，从简单的经验统计分析提高到复杂的机理模型建立，这些模型大都以水文模型为基础，主要应用相关数学模型模拟面源污染形成过程探讨降雨 - 径流及污染物迁移转化关系。代表性的模型主要有：模拟农业污染的农业径路管理模型（ARM）、农业管理系统中的化学污染物径流负荷和流失模型（CREAM）、农药化肥迁移模型（ACTMO）、用于农业非点源管理和政策制定的 AGNPS 模型、用于大流域非点源污染负荷模拟的 SWAT（Soil and Water Assessment Tool）模型、用于研究农田非饱和区域水和溶质运动、传输、植物吸收和化学反应模拟，由氮和磷的转化和运移模拟（LEACHN）、农药运移和降解模拟（LEACHP）和无机化学离子运动的模拟（LEACHC）三部分组成的 LEACHM 模型、用于模拟农田土壤 - 作物 - 大气系统中主要物理、化学和生物过程及作物系统管理措施对土壤水、营养物质和农药运移影响效果的 RZWQM 模型和用于评价土壤侵蚀对农业生产力影响，预测田间土壤水、营养物质、农药运动和它们组合管理决策对土壤流失、水质和作物产量影响，评价化肥和有机肥料应用产生的营养物质损失，气候变化对作物产量和土壤侵蚀影响的 EPIC 模型等。这些模型在美国和加拿大等国家广为应用，用于农田尺度的面源污染模拟，防控农业生产活动对水体的污染。该阶段的出现建立在复杂作用机理基础上的机理模型，成为农业面源污染模型今后开发的主要方向。

第三阶段为 20 世纪 90 年代后期至今，随着计算机技术的发展，与 3S（GIS、GPS、RS）技术相结合的农业面源污染模型的可靠性和实用性得到很大的提高，一些集空间信息处理、数据库技术、数学计算、可视化表达等功能于一体的超大型流域模型被开发研制出来，大大提高了分布式参数机理模型的应用性能和精度，其中比较著名的有美国国家环保局开发的能够快速评价和分析大量点源和面源污染物、河流或整个流域水质状况的 BASINS 模型；美国自然资源保护局和农业研究局联合开发的用于研究点源和面源污染物对地表水和地下水质潜在影响，农业区域污染负荷定量估计，不同管理措施效果评价的 AnnAGNPS 模型；可以预测不同土壤、土地利用和管理措施对流域径流、泥沙负荷、农业化学物质运移等长期影响及水资源管理者评价管理措施对水质、营养物和杀虫剂等面源污染物影响的 SWAT 模型等。这些模型具有强大的功能，可用于区域性的面源污染水文、侵蚀和污染物迁移过程系统综合模拟、面源污染防控管理措施对不同季节或年际间面源污染物质负荷变化及长期水质变化影响效果的评价，实现对农业面源污染的动态监测、客观评价、有效管理和控制。

第二节　国外肥料面源污染防控政策制度体系建设

当今，世界各国在农业面源污染防治工作上不断探索研究，采取了各自的实施措施，形成了相关的法律法规、政策体系和管理策略，以下为各国在农业面源污染防治政策方面的研究情况。

一、美国肥料面源污染控制的政策制度体系建设

在美国，面源污染的概念出现于 20 世纪 30 年代，1936 年颁布的《防洪法令》首次提出面源污染与洪水的密切相关，并将对农业面源污染的控制规划工作交给了水土保持局负责。1972 年颁布的《清洁水法》，第一次将面源污染放入国家法律中，并提出了著名的"最大日负荷量计划"（邱星，2007）。1977 年的《清洁水法》进一步强调了面源污染的重要性，在其修正案中提出了"农村洁水计划"，规定对农业面源污染自愿采取防治措施者，政府将分担一部分费用，自愿采取其他措施的，政府给予减免税额等。1987 年《清洁水法修正案》的第 319 章则建立了控制面源污染的国家计划，该计划是联邦政府首次对面源污染控制进行资助，鼓励各州实施"最佳管理措施"，以此实现该法案中提出的控制点源和非点源污染的目标。1986 年和 1996 年美国国会两次对《安全饮用水法》作了重要补充修正，其中的许多条款都涉及了面源污染的问题。1987 年，国会又通过了《食品安全法案》，该法案中的"农业水土保持计划"和"保护承诺计划"都是旨在减少农业面源污染。同一年颁布的《水质法案》又明确要求各州对面源污染进行系统的识别，并采取相关的管理措施来消减面源污染。1989 年，布什政府颁布了《总统水质动议法》，目的是保护地下水和地表水免遭化肥和杀虫剂的污染。1990 年 11 月，美国国会颁布了《海岸区法案（重新授权修订）》，这些修订的内容强调了面源污染对海岸水体环境的影响。为了明确说明面源污染对海岸水体质量的影响，国会在海岸区法案中制定了第 6217 条，规定各个通过"海岸区管理计划"的州必须制定一个"海岸区面源污染控制法"，目的是要和流域内其他州以及地方政府紧密合作，开发一些控制面源污染的管理措施并进行应用，以恢复和保护海岸水体。2003 年在美国总统小布什向国会的提案中，对全国 20 个重点流域治理增加了 7% 的预算，用于加强对流域面源污染治理的相关研究。2003 年美国环保署根据《清洁水法》第 319 章的内容为各州制定了新的非点源控制计划和资助方针。该文件建议，只要在可行的情况下，都要制

定和实施以流域为单位的项目计划，无论这种项目是保护未被污染的水体，还是恢复被污染的水体，或者是兼而有之。

虽然美国没有具体的联邦法律去规定化肥的成分及有效性，但大部分州都根据美国植物养分管理署制定的化肥法案草拟并颁布了自己的化肥法律及一些类似于实施细则的配套法规，如德克萨斯州新修订的《商业化肥控制法案》、俄克拉荷马州的《化肥法案》、马里兰州的《化肥法案》等。以密西根州为例，它分别制定了化肥和有机肥管理法规，其目的都是为了保护环境和食品、饮水的安全性。法规分为植物营养管理及利用和有机物料的管理与使用两部分。法规规定生产厂家应具备各种用于环境保护的设施，如噪声和臭味控制、污水和废弃物排放处理等。产品包装上的养分标明量，必须与真实含量一致，一旦被查出养分含量与标识不符则会受到处罚。如果多次发生则会注销其生产或销售资格。对肥料质量的监督、抽查和处理由州农业厅负责。州农业厅派专人到各肥料生产和经销企业抽样，所取样品都要送到厅所属的肥料分析化验室进行分析化验。法规将土壤、植株测试，有机、无机肥施用列入管理范围，使平衡施肥成为一项必须遵守的法律措施（胡中华，2012）。

具体而言，美国的肥料管理主要包括对肥料行业的管理和对使用肥料的行为的管理两大部分。对肥料行业的管理涵盖了如下内容。

（1）肥料登记　登记的范围一般包括制造者和分销者的姓名和主要地址、要进行分销的化肥的商标或名称及其他信息，而免于登记的情况主要指分销已被登记的品牌或是按顾客要求配制的肥料。

（2）肥料标识　主要指包装上应标明产品净重、品牌、等级、养分含量等。

（3）肥料监督检查　该职责主要由肥料管理机构履行，包括抽样、检查、化验，发现违法行为，可做停止销售、停止使用、注销登记证、查封和扣押等处理。

（4）管理机构及其职责　美国各州的管理机构一般设在州农业厅，而德克萨斯州还准许该机构将部分职权授权给具体的专业人员行使。

（5）惩罚措施　对肥料行为的管理包括：土壤养分分析和建立施肥指标体系。大部分州的化肥法案基本上是围绕肥料行业的管理制定的详细规定，内容也大同小异。

（6）农业教育与技术推广　为适应以机械化耕作和规模经营为主要特点的农业生产，美国联邦政府通过构建完善的以农学院为主导的农业科教体系，实现了农业教育、农业科研和农技推广三者的有机结合，从而提高了农户的整体素质。不少美国人认为，对美国农业面源污染防治起主导作用的是科研和教育，其次才是投资。联邦政府的农业部设有农业合作推广局，各州有推广服务中心，各县有农业技术推广站（以下简称"推广站"）和农户组成的推广顾问委员会，此外，各州还有农业试验站对农户进行先进农技培训和咨询。政府每年单列25

亿美元用于农业环保教育和推广新农机、新技术、新工艺,让人们普遍认识到生态环境和物种多样性对农业可持续发展的重要性。在实施可持续农业研究与教育计划的过程中,农户不仅参与研究课题的立题与审议活动,而且一些农户还率先进行实地研究与实践(李曼丽,2009)。

二、欧盟肥料面源污染控制的政策制度体系建设

1. 欧盟肥料面源污染控制的政策制度建设总体情况

在欧盟,第一次明确提出面源污染的正式文件是 1989 年欧盟委员会提出的一个直接建议,该建议提出了水质问题是由农田与城市硝酸盐的释放引起的。此后,欧盟各国开始重视和治理面源污染,在此过程中,其主要采取的措施有两个:一是颁布环境立法;二是制定共同农业政策。

(1)立法 欧盟在农业环境立法方面主要制定了《硝酸盐施用指令》《饮用水指令》和《农药立法》等。在《硝酸盐施用指令》中,明确规定了该法的目标是为了减少由农业生产活动产生的硝酸盐对水体的污染并预防污染的进一步恶化;其中内容上详尽规定了在农田尺度上控制牲畜的密度,制定了禁肥期、在坡地上施肥的方法,建立了缓冲带、确定了肥料的存蓄期、合理的肥料施用比例、施肥限额,还要求记录一定年限的施肥情况。目前,欧盟的所有成员国都已经实施了这项指令。为了配合《硝酸盐施用指令》的执行,1991 年又颁布了《有机法案》,鼓励有机农业,不用化肥和农药,进而减少氮、磷元素的排放;同年颁布的《农业面源硝酸盐污染控制指令》进一步提出加强土壤经营管理,确立每公顷土壤施用 170 千克硝酸肥料为最高限值,它要求成员国按指令中规定的标准识别出脆弱区(水中硝酸盐超过 50 毫克/升水体为富营养化)。1993 年欧盟开展农村发展计划,发展有机农业,制定了环境安全的良好农业措施体系,针对农田化肥和有机肥的施肥量和施肥时间、有机肥的质量标准以及牧场的有机废物排放和处理建立了严格的标准。目前开始制定国家减少氨挥发排放的标准。主要以农场为单元实施面源污染的控制措施。

为了保持流域水体具有良好的质量、数量和生态状况,《饮用水指令》中对水体中含有的营养物和农药残余的普通标准作了规定,同时还规定了特殊情况下的更严格标准,对于地下水中硝酸盐、农药及其他一些污染物的临界指标,提供了污染物浓度变化趋势的鉴定标准,制定了间接排放限额。2004 年又提出了《关于堆肥和生物废弃物指令》,其目的也是为了控制潜在的污染,并鼓励使用被批准的复合肥料(胡中华,2012)。

(2)补贴制度 共同农业政策源于欧盟的前身欧共体 1962 年签订的"建立农产品统一市场折中协议",并几经修改后延续至今,保护生态环境是其重要内容之一。1992 年 6 月,欧盟对共同农业政策进行了麦克萨里改革,环境

保护问题成为这次改革的中心内容之一。麦克萨里改革中涉及环境保护的部分主要包括以下内容：一是鼓励农户的农业生产由集约经营型向粗放经营型转变，以便更好地保护自然环境和农村环境；二是鼓励农民实行以 5 ～ 12 年为周期的土地休耕制，降低农业生产对环境的损害。与这次欧盟共同农业政策改革相配合，欧盟在 1992 年 7 月发布了有关与自然环境保护和农村环境保护要求相一致的农业生产方法第 2078/92 号条例。该条例决定建立以"农业环境行动"为名称的综合性欧盟国家补贴项目，取代以前的补贴制度。该条例规定当农户采取了以下具有环境友好特征的生产活动时可以获得的国家补贴：大范围降低污染物质（化肥和有机肥料、农药、除草剂）；降低因数量过多而产生环境破坏的牲畜的数量；采用保护或者恢复乡村环境多样性和质量的农业经验；为保护环境、防治自然灾难或者火灾，养护废弃的耕地和林地；为保护环境对耕种土地进行长期休耕（休耕时间为 20 年）。欧盟在 2003 年对共同农业政策进行了进一步的改革。在共同农业政策的这次改革中，规定所有收到直接支付的农户都需要遵守欧盟 1782/2003 号和 796/2004 号有关交叉达标的规定。相关的交叉达标规定主要包括两方面的内容，一是法定管理要求，这些要求是指有关环境保护、食品安全、动植物健康和动物福利方面的 18 个法定标准；二是为保持良好的农业生态环境，农户具有保护土壤有机质和有机结构、避免生物栖息地生态环境恶化和治理水环境的水土保持义务。交叉达标中的标准是农业环境保护措施的"基准"和"参考水平"，当农户的农业生产获得无法满足交叉达标的全部条件时，农户需要支付未满足交叉达标中相关标准的成本。欧盟实施的交叉达标，成功地将环境保护需求融合到共同农业政策中，确保了欧盟农业的可持续发展（杨增旭，2011）。

（3）鼓励公共参与　为促进公众参与包括水资源、土地资源管理在内的环境管理，欧洲制定了一系列政策措施，其中以《奥尔胡斯协定》（The Arhus Convention）和《关于公众获得环境信息的指导方针》（The Directive on Public Access to Environmental Information）这两份政策文件最有影响。《奥尔胡斯协定》对环境管理公众参与行为做了界定：为保证公众参与流域管理计划的制定和更新，必须提供有关计划的相关信息，报告其实施进度，以便在最终决定采取措施之前使公众得到参与。该协定为环境管理的公共参与确立了 3 个支柱。从中央到地方的各级政府机构都有为促进这些权利的实施做出努力的义务。2003 年，欧盟又出台了新的政策，明确了公众参与获得成效的 3 个重要条件，即参与的公众和利益相关人必须来自各个不同层面，代表不同群体的不同利益；向公众提供的信息应该包括计划和政策制定及实施的全部过程；要以通俗易懂的形式、多种有效渠道向公众提供相关信息。欧盟于 2003 年制定了《关于公众获得环境信息的指导方针》。该方针于 2005 年起正式生效，对所有欧盟成员国具有相同的约束力。它进一步细化了欧盟关于环境信息公开的现有政策及原则，与《奥尔胡斯协定》类似，该文件主要包括以下 5 个特征：明确指出了获得环境信息是公民的一项权利，政府应积极向公众及时发布有关的环境信息；对环境信息定义涵盖的范围更加广泛，公共管理机构的定义也更加细致；缩短公共机构提供项目信息的期限；详细阐述了公共机构拒绝提供环境信息时的各种状况；确定了公众就环境信息提出质疑的程序。根据上述方针政策的要求，欧盟各国已经或正在制定和修订相关规定，达到更好的控制污染的目的（刘娟，2012）。

2. 欧盟各国肥料面源污染控制的政策制度体系建设情况

（1）德国肥料面源污染控制的政策制度体系建设　从战后至今，德国的农业经历了从提高产量满足温饱到现代农业的发展，农用化肥在德国农业发展中功不可没，但同时也带来了严重的环境问题。例如，德国从 1950 年开始大量使用无菌氮肥，一直持续到 20 世纪 80 年代末，期间无机氮肥使用量增加了 6 倍。德国农业补贴根据各时期农业发展的目标经历了价格补贴和直接补贴阶段，目前开始转向对环境保护、食品安全、动物健康的补贴。

政策上，德国的农业有一套较完善的法律法规，一般农产品种植必须遵循的法律法规就有 8 个，即《种子法》《物种保护法》《肥料使用法》《自然资源保护法》《土地资源保护法》《植物保护法》《垃圾处理法》《水资源管理条例》。对于有机农业，除上述法规外，德国根据欧盟规定分别于 1991 年和 1994 年公布了种植业和养殖业的生态农业管理规定。经过多年的讨论，《德国肥料条例》于 1996 年 1 月开始实行，它是按《欧盟硝酸盐法令》的要求制定的，《条例》规定了有机肥料的最大用量（以 N 计），耕地不超过 170 千克 /（公顷·年），草地不超过 210 千克 /（公顷·年），同时还限制有机肥料的施用时间，即每年的 11 月 15 日至次年的 1 月 15 日养分最易流失的这段时间内禁止施用有机肥料，在土壤渍水、结冰和积雪期间禁止施用有机肥料。《德国肥料条例》还允许各州根据自己的实际情况对施肥时间进行更严格的限制。2002 年又公布了有机农业法案，对有机农业制定了更严格的标准和规定（王洁，2009）。德国还颁布了"施肥令"，规定了化肥、农家肥的正确使用方法，农民要严格遵守，否则要受到惩罚。

德国在农业地区进行了大量的技术实验，陆续完成了农田施用化肥的规定，并形成了规范的施肥技术标准，同时，农民从事氮肥用量减少 20% ～ 50% 的生态农业模式和综合农业模式经营，每亩（1 亩 ≈ 667 米 ^{2}，全书同）能够得到 80 ～ 1 500 马克的补贴。目前德国联邦政府农业部在欧盟和各州政府的投资之外，每年拿出近 40 亿欧元，占其年度财政预算总额的 66%，用于支持其农业环境政策的落实，控制农业面源污染，提高农产品质量。

（2）荷兰肥料面源污染控制的政策制度体系建设　荷兰是欧洲化肥养分投入最多的国家之一，1995—1999 年立法规定农田容许施用的厩肥量（以 P 计）

限额为：粮食作物 55 千克 / 公顷、草地 76 千克 / 公顷，2000 年以后为：粮食作物 31 ～ 33 千克 / 公顷、草地 48 千克 / 公顷。从 1998 年开始使用 MINAS（Mineral Accounting System）系统控制化肥的使用。该系统本质上是一个养分标准，其控制对象不是氮、磷等养分的投入，而是养分的剩余（或流失）。在这个系统之下，每个农民的养分投入和产出情况都被记录下来，如果其养分剩余（或流失）在规定的标准之内，则无需交税；如果流失量超过标准，则必须缴纳一定的费用，且收费标准随着养分流失量的增加而增加。例如，1998 年耕地磷（以 P_2O_5 计）的允许流失量为 40 千克 / 公顷，若流失量在 50 千克 / 公顷以内，则超过部分收费 5 荷兰盾 /（千克·公顷）。若流失量大于 50 千克 / 公顷，则收费额是前者的 4 倍。随着免税的标准越来越严，超出标准的税率也越来越高。尽管监测数据显示荷兰地下水的养分浓度在 1992—2000 年有所下降，但是这项政策仍然由于其高昂的执行费用以及对环境质量贡献的不确定性受到质疑。该项政策 2006 年 1 月被废除（金书秦，2009）。

（3）英国肥料面源污染控制的政策制度体系建设　英国的主要问题是饮用水的硝酸盐污染，许多地区的地下水尤其是当含水层是灰岩和砂岩时硝酸根含量超过 50 毫克 / 升这一现象较为普遍。在经过深入的科学调查以后，英国于 1989 年划定了 10 个面积在 500 ～ 4 000 公顷的地下水集水流域为硝酸盐敏感区，在这些敏感区设置了禁止施肥的封闭期。英国关于施用化肥的规定是：农田在 9 月 1 日至次年 2 月 1 日期间禁止施用，草地在 9 月 15 日至次年 2 月 1 日期间禁止施用。关于施用有机肥的规定是：秋季休闲的农田在 8 月 1 日至 11 月 1 日期间禁止施用，草地和秋季仍然耕种的农田在 9 月 1 日至 11 月 1 日期间禁止施用。对于氮的限制施用量是：氮肥的施用量不能超过作物的吸收量，有机肥的最高施用量氮为 250 千克 / 公顷，耕作 4 年以上的农田应减为 170 千克 / 公顷。对肥料施用方法的要求是：土壤在水涝及冻结状态下不能施用氮肥，在陡坡地不能施用氮肥，在靠近河道的 10 米内不能施用氮肥，要均匀和准确定量施用肥料。此外，施肥规定还要求农户至少保存 5 年中种植作物、饲养动物和施用氮肥及有机肥的记录。此外，英国颁布的"控制公害法"则将污染物排放行为视为犯罪，并实行严厉的"污染者负担"制度。

（4）法国肥料面源污染控制的政策制度体系建设　法国农业部和环境部共同成立了一个特别委员会来处理氮、磷对水体的污染问题，并将 400 万公顷的土地划为易受硝酸盐污染区，区内要求更严格的平衡施肥，为减少肥料损失，针对不同作物制定了详细的肥料禁用时间。例如，春季作物在 7 月 15 日至次年 2 月 15 日禁止施用化肥，7 月 1 日至 8 月 31 日禁止施用有机肥；秋季作物在 9 月 1 日至次年 1 月 15 日禁止施用化肥；牧草在 10 月 1 日至次年 1 月 31 日禁止施用化肥等。

（5）匈牙利肥料面源污染控制的政策制度体系建设　匈牙利 1986 年开始实施化肥税，最初的税率是：0.25 欧元 / 千克氮，0.15 欧元 / 千克磷。该税率逐年增长，到 1994 年该国加入欧盟而被废除。该税收实施以来肥料的使用量约以 3% 的速度逐年下降，但相应的是化肥的价格以约 10% 的速度上涨，较大地增加了农民的生产成本。尽管如此，研究表明，该政策对于环境质量改善的直接效果仍然非常有限，并且化肥上涨的成本被没有能力转变为有机农户的粮农所承担，对于化肥公司基本没有影响。

（6）丹麦肥料面源污染控制的政策制度体系建设　丹麦 1998 年引入氮税，对任何氮含量超过 2% 的肥料征收 0.67 欧元 / 千克氮的税，该税税率一直未变。该税率虽然相比匈牙利的高得多，但丹麦的税收减免非常普遍，因此该项税收对于农民没有实质上的约束，主要是针对家庭少量的肥料使用行为，如花园的施肥，对于环境质量的改善几乎没有贡献。

（7）爱尔兰肥料面源污染控制的政策制度体系建设　爱尔兰和大多数欧洲国家不同，在爱尔兰，人们关注得更多的是农田中磷的流失。爱尔兰拥有比其他欧洲国家更优质的水质，但近年来水体富营养化现象日趋严重，而来自农业的磷是其主要限制因素。从 1950—1991 年的 40 年间，爱尔兰农田土壤磷增加了 5 倍，每年的磷投入比输出高 46 000 吨。加强农田养分管理被认为是减少磷流失的关键，在水污染严重地区，地方政府被赋权要求农民制定养分管理计划，进行测土施肥以确定适当的磷投入。

（8）瑞典肥料面源污染控制的政策制度体系建设　瑞典是对化肥生产和化肥进口课税的少数几个欧洲国家之一，其目的就是为了减少化肥用量对减轻养分流失对环境的污染，这一政策虽然对特定作物的经济效益有一定影响，但对减少化肥消费的确有效。目前对氮肥的税率是 18 瑞典克朗 /（千克·年）。此外，为保证磷肥质量，避免重金属污染，还对镉（Cd）含量超过 5 克 / 吨的磷肥课以 30 瑞典克朗 / 克的税 (高超、张桃林，1999)。

三、日本肥料面源污染控制的政策制度体系建设

亚洲许多国家也在实践中积极寻求并总结出适合自身的比较可行的农业面源污染防治措施和法律法规。其中以日本最为完善，以下是日本在肥料面源污染防控政策制度体系建设中的具体做法。

1992 年日本农林水产省在其发布的《新的食物·农业·农村政策方向》(以下统称《新政策》) 中首次提出了"环境保全型农业"的概念，开始致力于农业污染的防治。所谓环境保全型农业，是指"充分发挥农业所具有的物质循环机能，在谋求生产率提高的同时，顾及减轻环境负荷的可持续农业"，日本在肥料面源污染防控方面的政策体系建设主要包括以下几个方面（李曼丽，2009；刘娟，2012）。

1. 立法

随着环境保全型农业的提出，一系列促进环境保全型农业的法律法规也相继出台。法律法规细致量化和可操作性是其在防治农业面源污染方面的一大特色。与农业面源污染调控相关的法律法规有《食物、农业、农村基本法》《农业污染防治法》《可持续农业法》《堆肥品质管理法》与《水质污染防治法》等。1999年日本正式颁布实施被命名为《食物、农业、农村基本法》的新农业基本法。新农业基本法的着眼点不仅是农业劳动者，也不仅是农业。特别强调要发挥农业及农村在保护国土、涵养水源、保护自然环境、形成良好自然景观等方面所具有的多方面的功能。

1999年的《可持续农业法》出台，促进"高持续性生产方式"的采纳。所谓"高持续性生产方式"是指对维持和增进土壤性质决定的耕地生产能力等有益的农业生产方式，包括对改善土壤性质效果好的堆肥等有机质的施用技术、对减少化学肥料用量效果好的肥料施用技术和病虫害防治技术。同时，针对可持续农业生产方式规定了三大类12项技术，配合相关标准实现对农业生产的安全控制。日本政府正式通过十分详细周到的法规与标准的制定有效指导了农业生产并维护了土壤环境，对农业面源污染起到了很好的防治效果。

2000年10月修订的《肥料管理法》规定原料中含有污泥的堆肥必须作为普通肥料登记，而在此之前，这类堆肥大多作为特殊肥料看待，销售时不需要成分标识，因而有以特殊肥料的名义对污泥进行不当处理的行为。《堆肥品质法》规定，堆肥属于特殊肥料，应受到严格的管理，要求特殊肥料生产厂商及销售商在从事此项事业前，至少提前两周向所在的都道府县知事提交书面报告，包括厂商名称、地址、肥料名称、生产条件等。另外，对堆肥的主要成分、原料品质必须明确标出。在审批合格后若发生变化，从变化发生起，两周内报所在的都道府县知事，都道府县要向农林水产省提交特殊肥料的种类和上述各项具体内容。

2. 税收优惠

对于环境保全型农业者可以享受金融、税收方面的优惠政策，包括农业改良资金偿还期限的延长（由10年延长到12年）和农业机械设备的税收优惠（第一年的折旧率为30%或免除7%的税额，往后两三年内还可以酌情减免税收）。在设施农业建设上，政府或协会提供50%的资金扶持。此外，对有一定规模生产和技术水平高、经营效益好的环保型农户，政府和有关部门可以作为农民技术培训基地、有机食品示范基地、生态农业观光旅游基地，以提高为社会服务的综合功能。

3. 财政补贴

在此基础上，日本部分地区开始实施环境直接补贴措施。日本滋贺县为缓解境内琵琶湖水质的恶化，减少来源于农业的水质污染，向消费者提供更加安全的农产品，于 2003 年 4 月开始实行《滋贺县环境友好农业推进条例》，在全国首先实施环境直接补贴制度，对环境友好农产品实行直接补贴。补贴单价通过对环境友好农业与常规农业的产量、销售价格、生产成本进行调查比较而得。

4. 鼓励公众参与

日本公众参与环保的程度很高，体现在以下 4 个方面：公众非常关心环境立法，政府、企业、环保专家和公众 4 个阶层共同关心和参与环保法律法规的制定与修改；日本公众已经有这样一种意识：环境资源是属于社会民众的公共财产。在日本，人人都自觉维护公共环境，自觉遵守公共场所不吸烟、不乱扔杂物等环保要求；广泛多渠道的环保教育。日本中小学普遍开设了环保课程，并且每年都会组织学生参加环境保护方面的社会实践。日本的生活社区大都建有环保宣传教育展室，主要用来吸引和接待社会公众的参观和在环保方面的学习；政府会及时把与人身健康密切相关的一切污染物质的新的发现或研究结果向民众公布，让公众对此有清晰的认知。

四、发达国家肥料面源污染防控的政策经验总结

发达国家的经验显示，治理肥料面源污染既要重视技术的作用，更要注意发挥软环境的作用。针对肥料面源污染，外国制定的各种对策措施实用性强、管控效果明显，我国可结合自身实际，科学吸收借鉴，以全面提高农业综合生产能力为目标，制定科学合理的政策措施，引导农民按照"高产、优质、高效、生态、安全"的要求进行生产生活，全面推进生态土肥建设。发达国家肥料面源污染防控的政策经验主要包括建立完备的法律法规、构建高效的管控机构、运用合理的市场型措施、加强教育发挥公众作用等（刘娟，2012）。

1. 建立完备的法律法规

按照美国、欧盟、日本等国的先进经验，有效控制肥料面源污染的首要办法是制定一系列相关的法律法规。法律法规是欧美各国管理和控制肥料面源污染的重要依据，是调解各种矛盾的准则，也是各种污染控制计划的支撑。

2. 构建高效的管控机构

纵观各国肥料面源污染的防控措施，分析研究可知，专门的管控部门、高效的协调机制是管控肥料面源污染的基础，制定的法规制度只有依靠高效的监督、管理机构，才能发挥作用。如美国不仅在环保署设立专门的管理机构，还在相关部门设立了相应的管理机构，通过国会建构了协调机制，这种机制也被引入到欧盟等其他发达国家。

3. 运用合理的市场型措施

各种管控措施都有其适应性，从各国经验看，发达国家对肥料面源污染的

控制管理往往包含多种措施,具体包括命令控制型、市场型以及公共参与机制型。大面积严重的污染事故通常采用命令控制型措施,必须尽快减小甚至消除污染的影响。对影响小而面积广的污染往往采取市场型措施。市场型政策因其人性化的设计备受青睐,常常能够在实际应用中起到事半功倍的效果。为此欧美许多国家都把经济作为控制面源污染的重要工具。市场型措施的另一个特点是多样和复杂,它的设计需要建立在对污染行为充分了解的基础上。

4. 加强教育发挥公众作用

欧美日等国通过教育、培训、参与等多种措施来增强公众的环保意识,以充分发挥公众在控制肥料面源污染时的作用。控治和管理肥料面源污染是一项治理难度大、技术性强、成效周期长且需要全社会广泛参与的系统性工程。

第三节　国外肥料面源污染
防治技术应用情况

发达国家控制农业面源污染主要采取源头控制的对策,其核心特征是依靠农业科技,普遍使用的技术包括农田最佳养分管理技术、测土配方技术、缓控释肥技术、信息技术等。

一、农田最佳养分管理技术应用情况

发达国家在农业面源污染控制上,鼓励农民自愿采用环境友好的替代技术,推动农民采用新的替代技术,在重要的水源保护区和流域,制定和执行限定性农业生产技术标准,减少农田、畜禽养殖业和农村地区的氮、磷径流和淋溶。目前农田最佳养分管理技术被欧美国家广泛采用,这一技术简单易行便于操作,不用进行化学测试,成本低廉,可有效提高肥料利用率,降低养分过剩对环境的不良影响。

在农业面源污染研究领域,美国处于领先地位,其中佐治亚州(Georgia)、弗吉尼亚州(Virginia)、切萨皮克海湾(Chesapeake Bay)等都开展了本州(海湾)地区的农业面源污染专题研究。在这些专题研究的基础之上,美国环境保护总署、美国农业部等还开展了全国性的农业面源污染控制管理策略方面的专题研究。其中最常用的就是最佳管理实践(Best Management Practices,BMPs),在美国农业面源污染的控制中,BMPs起到了不可替代的作用。多数业内人士认为,BMPs是服务于一个特定功能的单个或一系列的实践活动(U.S. Environmental Protection Agency,2000)。最佳管理实践包括养分管理、耕作管理和景观管理 3 个层次，这 3 个层次以养分管理为核心，在不同的空间尺度上相互配合，最大效率保证了物质的循环利用，以减少养分损失，获得良好的环境效益。就农业面源污染的控制而言，主要包括农业生产上的技术管理措施、对降雨径流水的工程性治理措施以及经济层面的保障措施。

养分管理是通过对作物施肥的种类、数量、比例、施肥时间和地点等进行的综合管理措施，主要包括：

①肥料的施用必须要符合作物的生长需要，例如作物主要的生长期以及所需肥料（氮、磷、钾）的数量。

②可以在冬季种植二茬作物，以利用多余的肥料。

③进行土壤测试，以确定需要哪些养分或土壤改良剂，同时对作物所需肥料进行定量，使施用肥料的效果最大化。

④校正施肥装置，保证正确和精确的施肥数量。

⑤避免在冻结的土地上施用粪肥或化学肥料。

⑥选用缓释性肥料，以避免渗漏到地下水和迁移到地表水。

⑦协调好灌溉时间，以最大程度地减小养分通过径流进入地表水体或渗漏到地下水。

⑧储存肥料时，要在不透水的地板上，并在上部加盖。

这些措施的目的在于保证作物产量最大化的同时，最小化施肥，并最大限度地降低养分对地表水和地下水的污染风险。目前，主要精力集中在使进入地表水和地下水的氮素和磷素浓度最小化。

农作物精确管理是养分管理的重要内容之一，其核心是针对区域内土壤的氮素、磷素和钾素实施养分平衡管理，提高化肥被农作物的吸收利用率，最大限度地切断导致水体富营养化的氮源和磷源，以及氮源和磷源与其流失入水体路径的联系，从而使最少比例的化肥残留量污染环境。农作物精确管理技术主要包含两项内容：诊断技术和应用技术。诊断技术（如测土技术）是在一个较小的地域水平上获得该地域土壤含有氮素、磷素、钾素的数据，并分析其空间差异性；应用技术（如可变控制技术）是基于诊断的数据，在农业生产中利用计算机技术的辅助，精确施用化肥，以适应土壤营养成分的变化。

美国农业部主要是借助于教育、技术和经费资助，以鼓励农户自愿参与的方式来推广最佳管理实践。1996 年，美国农业部建立了环境质量激励计划，以向自愿参与最佳管理实践的农户提供最高达其实施成本 30% 的经费资助，并鼓励农户向具有信用资质的技术服务供应商寻求技术支持，以此在全美范围内推广实施最佳管理实践。参与全部环境质量激励计划的农民在 6 年间获得的资助金额总数一般不超过 30 万美元，而参与环境质量激励计划并带来特殊环境效应的农户，美国农业部 6 年间的资助金额总数最大可达到 45 万美元。

2010 年，美国共有 1 300 万英亩的耕地实施了最佳管理实践，美国农业部共资助了 8.4 亿美元。

二、测土配方技术应用情况

美国测土配方施肥工作开展较早，在 20 世纪 60 年代就已经建立了比较完善的测土施肥体系，技术普及率和到位率很高，逐步形成了完善的样品采集、处理、分析化验、数据处理等全过程操作规范，采用了一系列先进的技术手段，速度快、效率高、服务能力强。每个州（省）都有测土委员会，县与乡建有基层实验室。测土委员会由州农学院与农业试验场有关专家组成，负责相关研究、校验与方法制定。县、乡基层实验室按州一级工作委员会所制定的方法与指标开展土样分析工作并根据指标决定各种养分的施用量。大部分基层实验室均配备一名既懂测土施肥又熟悉当地作物耕地栽培的农技师作为实验室和农场的联系人。艾奥瓦州作为美国重要的农业生产基地，测土配方施肥工作已经开展了几十年，完善了 Mehlich3 联合浸提和常规方法并存的批量化快速测试体系，建立了不同测试方法、不同作物的施肥指标体系，形成了一套完整的技术路线和方法。

艾奥瓦州针对小麦、玉米、大豆、苜蓿等主要作物，建立了 Mehlich-P、Brayl-P、Olsen-P、乙酸铵 -K 等不同测试方法下土壤磷、钾养分丰缺和推荐施肥指标。磷、钾的推荐施肥根据多年多点试验结果,将土壤磷、钾养分含量划分为极低、低、中等、高、极高 5 个等级，针对养分等级，提出不同推荐施肥量。对于养分含量处于低和极低的土壤，磷钾施肥量根据多年田间肥效试验结果进行推荐；对于养分含量适中的土壤，磷钾施肥量根据作物收获带走的平均养分量进行推荐。测土一般用于当季肥料推荐，对大部分作物，至少 2～4 年要进行一次测土。在没有测土的年份，也要每年对施肥方案进行调整：对于养分含量水平低和极低的土壤，第一季按照推荐量进行施肥后，第二季可参考高一级养分水平土壤的推荐施肥量进行施肥，但不能超过三季，就应重新测土；对于养分含量水平适中的土壤,每年均可将作物收获带走的养分量作为推荐用量。鼓励制定多年施肥推荐方案，特别是在轮作制度下，要求对整个轮作制度的施肥统一考虑（杜森，2009）。

目前，美国配方施肥技术覆盖面积达到80% 以上，40% 的玉米采用土壤或植株测试推荐施肥技术，大部分州都制定了测试技术规范并在大面积土壤调查的基础上启动了全国范围内的养分综合管理研究，精准施肥已经从试验研究走向应用，有23% 的农场采用了精准施肥技术。

英国农业部出版了《作物推荐施肥指南》用于分区和分类指导，并每隔几年组织专家更新一次。日本则在开展 4 次耕田调查和大量试验的基础上，建立了全国的作物施肥指标体系，制定了《作物施肥指导手册》，并研究开发了配方施肥专家系统。

德国等国家也重视测土施肥，以提高肥料利用率、节约生产成本、改善作物品质并减少化肥对生态环境的污染（张福锁，2011）。

三、信息技术应用情况

目前，信息技术在面源污染中的应用主要包括野外实地监测、遥感技术、人工模拟试验、3S技术和计算机模拟等。

1. 肥料面源污染监测技术

面源污染研究的关键是能否获取必要的基本数据（包括背景资料和降雨径流监测数据）。在早期的研究工作中，几乎所有资料都依赖于野外实地监测。但是，由于面源污染是一种间歇发生的，随机性、突发性和不确定性很强的复杂过程。所以，基础数据收集工作的劳动强度大、效率低、周期长、费用高，而且往往由于数据资料缺乏或可靠性差等缺点，影响污染负荷的估算精度。当前，野外实地监测在多数情况下仅是作为一种辅助手段，主要用于各类模型的验证和模型参数的校正，该种方法具体包括综合试验场法、源类型划分法等。遥感技术则具有视野广、分辨率高、多时相、多波段等优势，可为研究提供准确、可靠的背景资料，但不能独立完成全部基础数据的搜集任务，还需要地面监测工作的支持。

2. 模型技术

目前，计算机模拟就是建立数学模拟模型，利用计算机对面源污染进行时间和空间序列上的模拟。在面源污染研究中，对定量控制和过程的要求较为严格，从客观上促进了面源污染模型的发展。随着模型的不断完善，模型模拟研究已成为面源污染研究最重要的方法，一般有4个方面的模拟：一是水文模拟，利用实验方法、水文预测模型或流域水文模型确定降雨和径流关系；二是土壤流失模拟，这是面源污染的重要环节；三是污染物化学转化过程模拟；四是面源污染物进入水体对水质影响模型，通过模型推算面源污染负荷量（赵顺华，2007）。

3. 3S技术的应用

而计算机和信息技术的发展，以GIS为核心的3s技术的发展却为解决面源污染防控数据获取提供了可能，并在面源污染研究领域得到了应用，取得了飞速的发展。例如，Smar应用GIS评价了氮肥对德克萨斯州地下水潜在污染；摩尔斯（Morse）等将GIS与AGNPS模型结合评价了流域氮污染，绘制了氮污染风险等级图；恩格尔（Engel）发展了GRASS和AGNPS及CWSWERS的界面，模拟土壤侵蚀及营养元素在农业流域中的损失等。

4. 确定面源污染的元素示踪技术

雷恩（Rahn）等人在1995年提出了一种确定非点源污染的元素示踪技术，这一技术利用各种面源污染的固有特征，在水中选择若干元素进行示踪的分配。

这一方法能直接反映水体受某些面源污染物的污染状况，而且能确定某些面源污染物来自各个不同面源的贡献。

5. 面源污染防控系统

（1）推荐施肥专家系统　国外发达国家 20 世纪 70 年代初就开始应用计算机进行推荐施肥服务，而且发展很快。例如，美国威斯康星大学植物营养诊断与推荐施肥系统，考虑了 11 项土壤肥力参数的 12 ～ 13 项植物测定数据，对施肥作诊断；美国奥本大学的推荐施肥系统有 52 类作物的施肥诊断标准；1994 年美国密执安大学建立的计算机推荐施肥系统，对有机肥的处理可估计多年，而且可以人机对话方式解答一些施肥技术问题，具有一定人工智能。

（2）面源污染管理与风险评价系统　面源污染负荷估算相关的流域开发方向、面源污染管理模型和面源污染风险评价成为该时期应用模型研究的最新突破点。GRASS/GIS、ARC/INFO 与 WEEP、AGNPS、USLE 的结合被进一步用于面源污染危险区域识别。显示多种面源污染输出结果、绘制水源防护区范围和设计地表水检测等众多方面。计算机软件的开发，如混合专家系统、多语种面源污染模型软件的研制为面源污染的研究、削减和控制提供了新的技术手段，有关面源污染模型的应用和检验在世界范围得到了普遍开展（方利平，2007）。

四、缓控释肥技术应用情况

国外的缓 / 控释肥料的研究起步比较早，主要是美国、日本、德国、英国、荷兰等发达国家。美国是世界上最早开始研究缓 / 控释肥料的国家，以包硫尿素（SCU）为主，此外还有包硫氯化钾（SCK）、包硫磷酸二胺（SCP）等。目前在美国市场上被广泛使用的是改进了的包硫尿素——在普通包硫尿素表面包了一层烯烃聚合物。美国普遍使用的 SCU 典型配方组成为：尿素 77.5% ～ 79.5%，硫黄 16% ～ 71.8%，密封剂 2.0% ～ 72.1%，防结块剂 2.3% ～ 72.5%，总氮量为 36%。现在美国的缓 / 控释肥料很多是与速效肥料掺混使用，为了防止掺混时包膜发生破裂，开发了耐磨控释肥；为了减轻聚合物对环境的污染，又相继开发出了生物降解膜缓 / 控释肥料（梁帮，2013）。

1. 缓 / 控释肥料的质量评价方法

缓 / 控释肥料作为一种新型的肥料，科学测定其养分释放的速率是鉴定其优劣的重要指标之一。可是由于缓 / 控释肥料的制造工艺和控释机理，以及具体环境因素的不同，国内外目前尚没有完善统一的测定方法和评价标准。因此降低成本将是缓 / 控释肥逐步应用于农业生产的关键。由于缓 / 控释肥料的研究主要是解决促释与缓释这两个双向控释方面的问题，所以在降低价格方面也应该从这两个方面进行着手处理，即从材料上，筛选出成本低、性能优良的养分控释材料；从工艺上解决养分控释材料的包膜及配件工艺流程。

日本是研究和应用缓／控肥料技术较先进的国家，以高分子包膜肥料为主。1975 年研制生产的硫黄包膜肥料，应用于水稻、玉米、西瓜等取得了良好的效果。20 世纪 80 年代初由窒素公司研制出的热塑型树脂聚烯烃包膜肥料 Nutricote，与美国的 Osmocote 至今仍为国际知名品牌。另外现在日本多家企业也相继研制出了具有本国特色的热塑型及热固型树脂包膜肥料，其养分释放具有精确的控制和缓释的双重效果，目前在水稻、花卉、蔬菜作物上得到了广泛的应用。

欧洲各国则侧重于微溶性含氮化合物缓／控释肥的研究。德国的研究重点以聚合物包膜材料来生产包膜肥料，它可以控制释放，能够较好地匹配作物对养分的需求；英国的缓／控释肥料研究主要是在磷酸盐玻璃中引入钾、钙、镁等金属离子形成玻璃态控释肥。这种肥料有一个不释放养分的诱导期，适合幼树苗生物生长；西班牙的缓／控释肥料是通过用松树木质素纸浆废液包膜尿素制得；荷兰则是开发出了一种用菊粉、甘油、马铃薯淀粉与肥料捏合制成生物降解的包裹肥料。

2. 缓／控释肥料基础性释放特性的研究

对于同一种的缓／控释肥料，由于受到营养特性、土壤的性质、肥料性质、温度等环境条件的影响，其释放特性也将会有很大的不同。因此加强在具体的环境条件下，对缓／控释肥料的影响的研究，重视产品配套施用技术的开发，逐步积累理论数据，对于缓控释肥料的应用有至关重要的价值。

3. 残留的包膜对环境的影响

尽管包膜肥料相对传统肥料而言可以减少其使用量，从而可以减轻对环境的污染。但是对于残留包膜是否会造成环境污染也应当成为当前肥料生产和使用中需要考虑的问题。如果一些肥料的包膜材料在土壤中很难分解，那么长期使用这种包膜肥料难免会对土壤结构和理化性质造成不良影响。鉴于这一点，包膜材料应当选择降解度高、没有毒害、改良土壤等缓／控释材料，从而有效避免二次污染。

五、其他防控技术应用情况

1. 粪便处理技术

国外对畜禽粪便的开发研究始于 20 世纪 40 年代初，在 50 年代以前，各国的大量小型畜禽养殖场中，畜禽粪便都以传统的固态粪方式进行收集储存，并作为肥料施入地内。60 年代以后，由于大型畜禽饲养场的建立，为了实现机械化和高效率，大量采用了水力清除的方法而形成了大容量的液态粪。大大增加了施入农田的运输负荷。畜禽养殖污染问题在国际上亦引起普遍的关注。许多国家迅速采取措施加以干预和限制，并通过立法进行规范化管理。到 60 年代中后期养殖场的畜禽粪便无害化处理技术已基本成熟。先进国家推行畜禽养殖清洁生产技术，特别是清粪工艺改为干清粪方式，效果较好。

2. 有效微生物群技术

日本比嘉照夫教授等于 20 世纪 80 年代初期研制出来的一种新型的复合微生物制剂，简称有效微生物群技术（EM）。这一技术是由光合细菌、乳酸菌、酵母菌、放线菌等 10 个属 80 多种微生物复合培养而成的多功能菌群，且是一种厌氧性与亲氧性兼而有之的特殊菌群。通过独特的培养技术，将这些性质不同（好氧、厌氧）的微生物有机地整合在一起，各微生物之间形成互生共长的依存关系，形成一个有机整体，发挥"有益分解"作用、"抗氧化"作用。EM 投放到环境中，会形成优势菌群，引导环境中的微生物向有益方向活动，并抑制腐败菌、病原菌的增殖，从而起到改善环境、改良土壤、净化水质、抑制腐败、消除臭味等多方面的作用。10 多年来的试验和应用研究表明：EM 在促进植物生长、提高畜禽抗病能力、去除粪便恶臭、改善生态环境等方面都表现出良好作用。已在日本、美国、法国、巴西、泰国、印度尼西亚、中国台湾等 90 多个国家和地区推广和应用。我国北京、上海、江苏、浙江、江西等地已作了大量应用试验。大量的应用试验数据表明，无论从其功能效果和应用范围都大大超过现有的同类微生物产品，有希望成为今后发展生态农业生产的一项非常重要的基础技术而获得广泛应用。

3. 新型肥料技术

使用硝化抑制剂、控释肥料以及利用植物、地形等减少非点源污染。硝化抑制剂可以减少铵态氮肥在土壤中的转化过程中氧化氮（N_2O）的释放和硝酸根离子（NO_3^-）的流失。控释肥料通过协调养分释放与作物需要，减少硝酸根离子的淋洗和反硝化损失来提高氮肥利用率。热带草场会分泌一些能抑制土壤中硝化作用的物质，使施过氮肥的土壤中氧化氮和硝酸盐减少，对此可加以利用。另外，可以通过不同土地利用方式的交叉组合控制非点源污染。例如，在旱地的氧化条件下，铵态氮通过土壤微生物作用氧化为硝态氮的过程中会产生硝酸根离子的淋失和氧化氮释放，从而导致氮肥损失和地下水污染，但是如果产生的硝酸根离子和氧化氮进入稻田中，在还原条件下则会进行反硝化而生成氮，所以将旱地和水田组合成为一个系统可以减少非点源污染。

4. 微生物技术

由澳大利亚珀斯生物遗传实验室研制的 SC27 土壤微生物增肥剂（以下简称 SC27），含有 27 种高活性的土壤微生物，包括磷细菌、固氮细菌、硝化细菌和纤维素降解细菌及刺激作物生长的各种微生物。该肥料近年来在美国、加拿大、新西兰等国广泛使用，反应良好。使用 SC27 可以提高化肥肥效，减少化肥用量，改良土壤环境，防治面源污染。

第四节　国内肥料面源污染防控
与治理研究进展

近年来，国内学者对于肥料面源污染防控相关问题的研究日益充分，成果显著，总结起来，相关的研究集中在国内肥料面源污染情况、影响因素、施肥的影响、农户施肥行为、污染模型、政策研究等方面。

一、国内肥料面源污染情况

鉴于化肥在作物增产中发挥着重要的作用，加上我国"温饱工程"的压力，使得一直以来增施化肥这一手段受到政府的支持和农民的拥护。政府对化肥生产企业给予政策扶植和补贴，企业在利润刺激下扩大生产，而广大的农户则为了追求高产不考虑具体的土壤、气候和作物的营养特性，长期过量或者不合理地使用化肥。历史资料显示：我国在新中国成立之前是基本不施用化肥的，作物吸取养分的来源主要靠有机物。从 20 世纪 70 年代以来，我国农业生产中的化肥投入逐年迅速增加，1967—1986 年我国的化肥施用量增加了 5.2 倍，而同期国外化肥的施用量仅增加了 1.6 倍；1986—2002 年又从 1 930.6 万吨增加到 4 321.5 万吨，至此，我国已一跃成为世界上施用化肥量最多的国家。2002 年全世界化肥总用量为 1.42 亿吨，我国为 4 339.5 万吨，约占世界总用量的 31%，居世界之首（中国农业年鉴编辑委员会）。而此过程中，氮、磷、钾比例却严重失调，1990 年度三者之间的比例为 1∶0.28∶0.09，而当时的世界平均水平为 1∶0.5∶0.5，截至 2005 年，我国氮、磷、钾的比例为 1∶0.45∶0.17，相比之下，虽然三者的结构有所调整，但仍是呈现出无机肥过多、有机肥过少的趋势。

这种不合理的肥料结构使各类要素的利用率低，造成资源浪费，综合我国部分地区主要作物的田间原位观测结果，对我国农田中化肥氮在当季作物收获时的去向做出了初步估计，化肥氮的损失中对环境质量有影响的各种形态的氮素重量约为其施用量的 19.1%。据此估算，2002 年我国农田化肥氮（2 471 万吨）通过损失进入环境、影响环境质量的数量达到 471.8 万吨；其中通过淋洗和径流损失分别为 123.5 万吨和 49.4 万吨；分别有 27.2 万吨氮以氧化剂（N_2O）形态、271.7 万吨氮以氨气（NH_3）形态进入大气。这些氮导致地表水的富营养化、地下水的硝酸盐富集以及大气污染等。在每年进入长江和黄河的氮素中，分别有 92% 和 88% 来自农业，特别是化肥氮约占 50%。硝态氮和磷进入主要河流后，还导致近海水体的富营养化。同时，地下水中硝酸盐含量也随着氮肥使用量的增加而升高，导致部分地区地下水和饮用水的硝酸盐污染。地下水硝酸盐污染在城郊的集约化蔬菜种植区尤为严重。根据中国农业科学院在北方 5 省 20 个县集约化蔬菜种植区的调查，在 800 多个调查点中，45% 的地下水 NO_3^--N 含量超过 11.3 毫克 / 升、20% 超过 20 毫克 / 升、个别地区超过 70 毫克 / 升。结合各地的实践结果，我国每年农田氮肥的损失率在 33.3% ～ 73.6%，大量的施用还造成土壤酸化、地力下降，减弱了土地的生产能力。同时，这些化肥营养元素通过降雨、灌溉和地下径流流入水体，导致地下水中的氮、磷物质含量过高，形成江河湖泊的富营养化，各类藻类大量繁殖的结果是水体的溶解量急剧下降，使水体严重缺氧，造成水体生物的大量死亡，成为重要的农业面源污染（东雷、陈声明，2005）。

二、国内肥料面源污染影响因素相关研究

国内许多学者从宏观视野研究了农业面源污染问题。农业面源污染与社会经济因子存在联系：某一区域的农业生态环境状况与该区域的人口增长、经济发展、土地利用、城市化发展之间存在着较好的对应关系。同时部分学者的研究表明经济水平决定人的生产生活方式，社会经济因素通过社会经济活动，影响土地利用方式、农业生产方式及管理水平、产业结构、居民环保意识等。随着行为经济学的发展，基于环境视角的农户经济行为研究也在增多，这种研究多是通过问卷形式了解农户经济行为与生态环境的关系，进而得出影响农业面源污染的农户经济行为，在此基础上提出管制措施。诸培新、曲福田将农户土地投入分为长期投入和短期投入行为，并进行实证分析，发现调查区域农户对土壤侵蚀缺乏足够重视、相关的宣传和技术推广服务薄弱、资金的缺乏等因素是制约该区域农户土壤保持的主要因素。冯孝杰详细分析了农户的各种经济行为对农业面源污染的影响，同时利用环境经济学模型研究了农业面源污染形成的经济机理。其研究表明，中国农户经营行为对农业面源污染有着重要影响，农业面源污染负荷分为 3 个部分：来源于生产经营私人利润最大化与社会福利最大化背离的贡献；来源于农户的经营决策机制的贡献；来源于政策、制度、技术水平和社会人口压力等因素的贡献（李曼丽，2009）。

关于肥料面源污染影响因素研究的有：翟文侠、黄贤金分别用不同的样本或资料对农户的土地利用或水土保持行为进行了研究，发现农户水土保持行为目标是经济效益最大化和风险最小化，其影响因素既包括内在因素也包括外在因素。内在因素有家庭结构、受教育水平、家庭收入、经营规模等；外在因素包括政策、自然条件、社会服务机构等综合制约。农户水土保持行为内在动机是以经济效益为基础，在外在政策因素的影响下，特别是中西部地区水土保持主要是以劳动投入为主，农户在进行水土保持过程中得到经济收益较小，农村水土保持行为主要表现为非经济特性（翟文侠、黄贤金，2005）。张红宇等对中

国农户化肥农药农膜购买和施用行为进行了系统的研究，认为农户购买和施用化肥农药农膜的行为要涉及很多有关社会关系方面的内容，购买和施用者的决策、购买和施用行为无一不受到周边环境和人的影响。通过农户调研，对2001年1 474个农户购买和施用化肥农药农膜进行了研究。研究结果表明农产品价格是影响农户购买和施用化肥农药农膜最重要的因素，两者之间存在一定的正相关关系，且收入来源的多样化对农户购买和施用化肥农药农膜产生收入效应和替代效应；农户主要依靠自己和周围农户的经验和知识来判断化肥农药农膜施用量的多少。张欣等认为，农户生产正是由于具有双重生产目标，再加上农户兼业化趋势，其经济行为对农业生态环境产生了负面影响，并且不同的经济行为对农业生态产生不同的效果。

一是在解决温饱和致富欲望的驱动下，许多农户只重视眼前利益，忽视长期利益，对自然资源和生物资源只取不予或者多取少予的掠夺式经营行为普遍存在，致使农业生态环境遭到破坏。

二是农户的兼业行为使农业出现了粗放经营的现象，农户对农业生产投入的时间精力减少，对其承包地重用轻养，滥施农药、化肥，致使土壤板结，地力下降（张欣等，2005）。

三、关于施肥的影响研究

关于施肥的影响研究，主要包括施肥对农作物产量和质量的影响、肥量与利用率或效益之间的关系和施肥对环境影响研究3个方面。

1. 施肥对农作物产量和质量的影响研究

随着粮食安全概念的提出，国内学者开始关注施肥对农作物产量的影响，主要是运用年鉴或农田数据来测算不同区域或国家层面化肥施用量对农作物产量的影响，其中以粮食作物为主。

（1）分析新疆农作物施肥量对粮食产量的影响　如赵明燕、熊黑钢、陈西玫根据新疆（新疆维吾尔自治区全书简称新疆）奇台县1989—2005年粮食单产和化肥施用量的数据，分析得出奇台县的单位面积化肥施用量受粮食作物及化肥价格影响较大，化肥施用量变动呈抛物线状，氮、磷、钾施用结构合理，而施肥量与粮食单产正相关，当化肥施用量达到170千克/公顷时，增施肥效果不明显，应防止过量施肥现象（赵明燕等，2009）。

（2）从国家层面分析施肥量对粮食产量影响　张利痒、彭辉、靳兴初以1952—2006年30个省份5个不同时期面板数据为基础，运用变截距双对数模型分析得出化肥施用量的正增产效果保持到近期才不明显，其增产弹性先增大后减少，单位面积化肥施用量带来的实际粮食增产在减少（张利痒等，2008）。

（3）从不同省份分析施肥量对粮食产量的影响　国内学者分别分析了松嫩

平原、黄淮海平原、黑龙江、江苏省、广东省、天津市等地区化肥施用量与粮食产量之间的关系，得出化肥施用对粮食增产有一定的促进作用，但施肥过程中存在结构失衡、不合理施肥、化肥利用率低等现象。

2. 施肥量与利用率或效益之间关系研究

国内学者还比较关注施肥量与利用率或效益之间的关系。包括单一肥料利用率与施肥量关系、粮食生产中化肥最佳投入量、化肥施用的经济效益、最佳管控措施、化肥施用快速增长的经济学诱因等研究内容。

刘小虎、邢岩、赵斌等利用农田试验数据测算得出单一肥料利用率与施肥量呈递减函数关系，不同土壤的肥料利用率和实际养分量存在极限（刘小虎等，2012）。向平安、胡忠安通过生产函数模型和边际效益原理，测算了洞庭湖区农户在兼顾经济效益和农业生产条件下，粮食生产中化肥最佳投入量，结果表明农户2002年粮食生产中化肥实际施用量已超过农户最优经济施肥量（向平安、胡忠安，2006）。张云芳、曹文志测算了粮食产量最大、农户收益最大、净经济效益最大情况下化肥最佳施用量，从而提出最佳管控措施（张云芳、曹文志，2009）。通过李洁的分析得出长三角地区1980—2005年化肥施用快速增长的经济学诱因，土地密集型农作物化肥施用快速增长的原因是土地机会成本增长幅度远高于化肥价格增长而产生的化肥替代土地，而劳动密集型农作物化肥施用快速增长的原因是劳动力机会成本的快速增长而引起的化肥替代劳动力，此外农产品价格也会产生一定影响（李洁，2008）。

3. 施肥对环境影响研究

过量施肥会对农村生态环境、水质、土壤等造成一定程度的破坏。长期施用化肥土壤理化性状、有机质含量、营养元素、生物活性的变化，以及重金属和硝酸盐所引起的土壤污染必须引起高度重视（张北赢等，2010）。长期施肥会对有机碳和剖面硝态氮累积及土壤理化性状产生一定程度的影响（郭胜利等，2003）。化肥施用所产生的氮、磷污染物向水环境流失量的发展趋势以及化肥流失对水体富营养化中 NH_3-N 贡献率已达到40%（王玉梅等，2009）。化肥施用会造成地力受损、营养元素失衡、土壤板结、保水能力下降、地表和地下水超标、硝酸盐和亚硝酸盐含量超标等问题（尉元明等，2004）。

四、关于农户施肥行为研究

关于农户施肥行为研究主要体现在国内学者关于施肥技术采纳意愿的研究，粮食作物化肥施用量的影响因素和降低化肥施用量的意愿分析，化肥施用技术效率的研究，风险规避、化肥购买行为研究等几个方面。

1. 关于施肥技术采纳意愿的研究

国内学者关于施肥技术采纳意愿的研究以测土配方肥采纳意愿为主，大多运用数学模型分析影响因素的显著性。包括通过构建 Logistic 模型分析农户采纳测土配方肥的因素，运用 Probit 模型分类型分析 3 种类型农户对测土配方肥的采纳行为，运用 Probit 分析培训次数、配方卡发放、示范户、所在乡培训总人数、科学施肥能力、化肥购买地点等对农户选择配方肥采纳的影响，运用 Tobit 模型分析年龄、农业收入、科学施肥能力、农技培训、配方卡发放等对配方肥施用比例的影响，运用二项 Logitic 模型分析家庭特征、外部环境、新技术认知、农技培训、信息获取、受教育程度、耕地面积、贷款难易程度、合作组织参与度、年龄对农户技术采用行为的影响。

2. 粮食作物化肥施用量的影响因素和降低化肥施用量的意愿分析

包括运用双对数模型分析影响小麦和玉米作物化肥施用量的影响因素，运用多元选择模型分析得出农户个体特征、文化程度、农作物价格、化肥价格、农业政策等对农户施肥量决策的影响，运用一般线性模型分析农户施肥量决策受到耕地质量、离家距离、灌溉条件、租用状况、农技培训、种粮收益、农产品出售状况等因素影响，通过 Logistic 二元选择模型分析粮食作物农户降低氮肥施用量的意愿，农户家庭收入、文化程度、是否过量施肥、环境污染认识、农技推广、有机肥施用、风险态度等因素影响农户意愿；通过实地调查数据交叉分析得出农户施肥量与农户受教育程度、家庭收入等因素有关，利用因子分析方法得出种植规模、农业收入、化肥市场距离、土地产权预期、个体特征等因素对农户施肥行为有影响。

3. 化肥施用技术效率的研究

主要是从国家层面选择多年连续数据测算不同地区不同农作物化肥施用技术效率，并在此基础上提出影响施肥技术效率的因素。包括运用 Tobit 模型分析得出农户收入、种植规模、农技培训、化肥价格是决定施肥技术效率的因素，运用 Frontier4.1 测算我国玉米技术效率损失等。

4. 风险规避、化肥购买行为等对施肥行为的影响

包括通过以广州地区农户化肥实地调查数据为基础，分析得出农户化肥质量真伪、化肥施用效果、化肥可溶性、品牌信任度、促销方式等对农户购买化肥行为有重要影响；通过 Probit 模型分析得出农户家庭兼业化程度、性别、受教育程度、土地租用、种植年限、农技培训是过量施肥风险认知及规避能力的影响因素；种植结构对施肥量、肥料配比产生很大影响，蔬菜和林果种植面积扩大时，单位面积施肥量会提高，而农户施肥时提高磷肥、钾肥比例会大大降低粮食作物施肥量；以及通过定性和定量分析，从农户社会学人口特征、所处地区两方面对农户施肥进行深入研究等。

五、国内肥料面源污染模型研究

随着非点源污染的问题逐步得到重视，适合中国流域特点的非点源模型的研究也逐步繁荣起来。其中与肥料面源污染防治相关的模型研究主要有：王建中等根据农田土壤氮素流失过程建立了基于次降雨事件的坡面氮素迁移模型并进行了应用研究（王建中，2008）。薛金凤等在官厅水库流域利用人工降雨模拟试验开展颗粒态氮磷负荷模型研究（薛金凤等，2005）。马骥、蔡晓羽以河北省和山东省的3个农业县8个村200个农户的调查资料为依据，通过建立计量模型对农户在种植粮食作物是降低氮肥施用量的意愿及其影响因素进行分析。研究表明农户降低氮肥施用意愿的因素除了家庭收入、农业劳动力文化程度等基本的特征变量外，还主要由农户对化肥施用是否过量和化肥施用是否有污染的认识、是否接受过农业推广站提供的施肥指导、是否施用有机肥以及农户对待风险的态度等多方面因素的影响。从农户行为和农业生态环境的关系来看，农户的经营目标、经营行为会对农业生态环境造成负面影响（马骥、蔡晓羽，2009）。何浩然、张林秀通过采用统计分析和构建计量经济模型的方法分析农户的施肥行为，以寻求农户层面降低农业面源污染有效途径。研究结构表明，非农就业对化肥施用量产生一定的促进作用，而有机肥与化肥在农业生产关系中的替代关系并不十分明显。相反，农业技术培训与农户化肥施用水平呈现正相关关系，化肥施用水平在不同地区之间有较大差异，与各地经济发展水平也有正相关关系（何浩然、张林秀，2006）。

六、国内政策研究情况

国内对肥料面源污染防治政策的研究隐藏于农业面源污染防治政策研究的大环境中，更多的研究者分析了肥料面源污染治理政策的成本效益及肥料面源污染治理政策的效果问题。张蔚文等采用政策情景模拟，利用线性规划模型研究了太湖流域的平湖市农户对4种备选政策（氮肥税、禁令、自愿方法和补贴）在减少氮流失方面的政策效果。研究结果表明，4种政策减少化肥面源污染的效果依次为补贴、禁令、自愿方法和氮肥税，分别减少氮流失9.81%、26.8%、14.4% 和79.95%。但该研究并没有涉及不同环境政策的生态系统服务价值的评估和农户对政府不同的环境政策的意愿评价。总体上来说，农业面源污染治理政策选择的研究尚处于探索阶段（张蔚文，2006）。刘雪认为，在控制农药、化肥、农膜等污染物时，应当由政府以命令和控制等非市场的手段及时干预；通过征收化肥使用的附加费，对施用有机肥实行补贴等方式减少化肥的施用量，以有机肥代替无机肥；制定农膜回收政策规章，并结合奖惩制度予以加强，同时应加强国家在税收、资金等方面的优惠政策。冯孝杰在分析三峡地区农业面源污染的基础上，认为在经济调控手段中，税费手段应该对农产品区别对待才能取得较好效果。对农业废弃物及生活垃圾以押金退还手段进行调控可以取得极佳社会环境效益（冯孝杰等，2005）。向平安对洞庭湖地区实地调查后发现，考虑到社会福利的因素，在湖区征收一定范围的氮肥税利大于弊。政策研究还包括农业面源污染与经济发展水平的关系研究。部分学者注意到造成农业面源污染的各因素与经济发展的各种关联影响（刘娟，2012）。

第五节　国内肥料面源污染防控政策制度体系建设

2008 年《水污染防治法》第四章第四节（共 5 条）专门规定了"农业和农村水污染防治"，其中有三条一款是关于农业面源污染防治的。除该法中专节对农业面源污染防治做出规定外，我国其他一些不同位阶的法律性文件中的一些规定也不同程度地涉及了肥料面源污染防治，尽管立法者制定这些规定的初衷并不是为了防治肥料面源污染，但如果执行这些规定，可能会在一定程度上产生肥料面源污染防治的一些效果。为了力求全面、系统地展现我国肥料面源污染防治的法律规定的全貌，本书将这类法律规定梳理如下。

一、法律层面

1989 年《环境保护法》对化肥使用进行了原则性的规定：为加强对农业环境的保护，应合理利用化肥；1999 年《海洋环境保护法》第 28 条规定海水养殖应当科学确定养殖密度，并应当合理投饵、施肥，正确使用药物，防止造成海洋环境的污染。第 37 条规定沿海农田、林场应当执行国家农药安全使用的规定和标准施用化学农药，合理使用化肥和植物生长调节剂。在 2002 年修订的《中华人民共和国农业法》中明确提出加强农业化学品和畜禽养殖废弃物等面源污染管理。2003 年《中华人民共和国清洁生产促进法》要求农业生产者科学施用化肥、农药、农膜和饲料添加剂，防止农业环境污染。2004 年《中华人民共和国渔业法》规定养殖生产应科学确定养殖密度，合理投饵、施肥、施用药物。2006 年《中华人民共和国农产品质量安全法》规定农业生产者应当合理施用化肥、农药、农膜等化工产品，县级以上政府农业行政主管部门应当建立健全农业投入品安全使用制度。2008 年《中华人民共和国循环经济促进法》规定县级以上政府及其行业主管部门应当鼓励和支持农业生产者节水、节肥、节药；国家鼓励和支持农业生产者和相关企业对农作物秸秆、畜禽粪便、废农膜等进行综合利用。

二、法规层面

2004 年正式实施的《中华人民共和国肥料管理条例》，明确了国家实行肥料产品登记制度，即生产和进口的肥料应当进行登记。国务院农业行政主管部门负责全国肥料登记管理工作，省、自治区、直辖市人民政府农业行政主管部门负责本辖区肥料登记管理工作。省级以上人民政府农业行政主管部门所属肥料机构办理肥料登记具体工作。其中，省、自治区、直辖市人民政府农业行政主管部门负责本辖区生产的氮肥、磷肥、钾肥、复合肥料，复混肥料、有机肥料，床土调酸剂等肥料产品的登记。国务院农业行政主管部门负责含微量元素肥料、含中量元素肥料、微生物肥料，土壤调理剂，进口肥料，省级未规定的其他肥料产品登记。肥料登记申请者应当是经工商行政主管部门登记注册的肥料生产者或具有合法证明的国外肥料生产者或其代理商。

《中华人民共和国肥料管理条例》对肥料生产、质量保证进行了要求，其中：

第二十条　生产要求：肥料生产企业应当按照肥料产品质量标准，技术规程进行生产，并对其生产的产品质量负责。生产记录应当完整、准确，所需的原料、辅料应当符合生产要求。

第二十一条　质量保证：肥料产品出厂前，应当经过质量检验，合格的产品应附具质量检验合格证明。不合格的产品不得出厂。

第二十二条　以畜禽粪便及城镇垃圾、污泥、工业废弃物为原料生产肥料的，企业应当将原料进行无害化处理，保证肥料产品符合国务院农业行政主管部门规定的农用标准。

第二十三条　肥料分装企业应当保证肥料产品质量，不能改变原肥料产品成分和含量。分装的肥料产品应当标明分装单位的名称和地址。

第三十四条（特例）　城市垃圾、工业废弃物、污泥等直接用作肥料的，应当符合国家规定的安全、卫生标准。

《中华人民共和国肥料管理条例》也对肥料污染处罚进行了规定：

第四十八条　违反本条例第二十二条和第三十四条规定的，造成农作物减产，土壤、环境污染的，县级以上农业行政主管部门组织有关专家鉴定其受损原因和程度，由责任者负责土壤、环境污染的治理，并对直接受害者的经济损失予以赔偿。构成犯罪的，依法追究刑事责任。

三、规章及其他规范性文件

2008 年财政部、国家税务总局《关于有机肥产品免征增值税的通知》规定自 2008 年 6 月 1 日起，生产销售和批发、零售有机肥产品免征增值税。2010 农业部、财政部联合发出《2010 年全国测土配方施肥补贴项目实施指导意见》，

2010 年农业部印发《全国测土配方施肥技术普及示范县（场）创建工作方案》，对全国测土配方施肥工作的要求、目标、工作任务、实施步骤、主要措施做了规定。2011 年 12 月，农业部颁发了《关于加快推进农业清洁生产的意见》，规定了农业清洁生产的源头预防措施，过程控制措施和农业面源污染治理措施。另外，我国还有一系列针对某种类型的化肥的国家标准，如尿素国家标准、复泥肥料国家标准和微生物肥料行业标准、绿色产品生产肥料施用规则等肥料行业标准，以及关于农药残留限量的国家标准。2013 年，国务院下发的《国务院办公厅关于加强农产品质量安全监管工作的通知》（国办发〔2013〕106 号文件）中明确提出要求："要落实监管任务。要加强对农产品生产经营的服务指导和监督检查，督促生产经营者认真执行安全间隔期（休药期）、生产档案记录等制度。加强检验检测和行政执法，推动农产品收购、储存、运输企业建立健全农产品进货查验、质量追溯和召回等制度。加强农业投入品使用指导，统筹推进审批、生产、经营管理，提高准入门槛，畅通经营主渠道。加强宣传和科普教育，普及农产品质量安全法律法规和科学知识，提高生产经营者和消费者的质量安全意识。各级农业部门要加强农产品种植养殖环节质量安全监管，切实担负起农产品从种植养殖环节到进入批发、零售市场或生产加工企业前的质量安全监管职责。"

第六节　国内防控技术应用情况

国内肥料面源污染防控已有很多成熟的技术，如测土配方施肥技术、水肥一体化技术、缓控释肥技术、有机肥技术、秸秆还田技术以及信息技术等。

一、测土肥配方施肥技术应用情况及效果

根据新时期国家粮食安全的新形势新要求，农业部、财政部于 2005 年做出了在全国范围内开展测土配方施肥技术推广工作的重大决策，目前，项目县（场、单位）达到 2 498 个，基本覆盖所有农业县（场），实现了从无到有，由小到大、由试点到全覆盖，测土配方施肥技术推广面积达到了 12 亿亩（1 亩 ≈ 667 米^2，全书同）以上，惠及了全国 2/3 的农户。多年的实践证明，测土配方施肥作为中央强农惠农政策的一个组成部分，作为农业部门近年来着力推进的一项重点工作，为促进粮食稳定增产、农业节本增效和农民持续增收做出了贡献（叶贞琴，2012）。

农业部在试点示范的基础上，决定采取整建制推进的方式，深入开展测土配方施肥。通过强化行政推动，统筹各方力量，突出关键环节，因地制宜把成熟的技术服务模式、工作机制和组织方式，由点到面扩展，实现整村、整乡、整县等整建制推进，将测土配方施肥技术落实到作物、落实到地块、落实到乡村农户。

从 2010 年开始，农业部在全国组织开展测土配方施肥普及行动，并在 100 个示范县探索整建制推进的有效模式和工作机制。各地在整建制推进测土配方施肥试点中，吸引了一批大中型化肥企业生产供应配方肥，为技术熟化、物化提供了载体，逐步实现了企业和农民均受益的良性循环，测土配方施肥技术覆盖率、入户率和到位率明显提高，整建制推进的模式和机制初步确立。

1. 全面开展取土化验，基本摸清了我国耕地土壤家底

各地利用测土数据开展耕地地力评价。建立了县域耕地资源管理信息系统，初步摸清了 1 857 个项目县（场）14 亿亩耕地土壤养分状况，特别是发现了土壤酸化、耕层变浅、磷素养分富集和耕地养分失衡等重大共性问题。这是继 1979 年全国第二次土壤普查后，首次对全国耕地土壤进行全面体检，为因土种植、因土施肥提供了科学依据。

2. 广泛布置肥效试验，初步建立了主要农作物的施肥指标体系

各项目县（场、单位）每年在 1～2 种作物上安排 3414 田间肥效试验和校正试验，累计试验数达到 25 万多个。通过田间试验，初步摸清了土壤供肥量、肥料利用效率等基本参数，基本掌握了水稻、小麦、玉米、马铃薯等主要作物需肥规律，历史上第二次修正建立了土壤氮磷钾养分丰缺指标，首次建立了县域粮食作物施肥指标体系。

3. 精心组织技术指导，极大地促进了科学施肥技术应用

测土配方施肥作为农业生产的一项单项技术，几年时间内覆盖面之广、影响面之大，在我国农业技术推广历史上尚属首次。各地科学设计作物营养套餐，及时发布区域性肥料配方和科学施肥指导意见，采取配方卡上墙、示范片进村、培训班到田、触摸屏进店、配方肥下地等方式，指导农民确定合理的施肥数量、施肥结构、施肥时间和施肥方法。2011 年各地发放施肥建议卡 1.5 亿份，举办各类培训 8.7 万次，组织现场观摩 22 次，农民科学施肥意识明显增强。

测土配方施肥作为一项先进的科学施肥技术，应用效果非常明显，对促进粮食稳定增产、农业节本增效、农民持续增收和节能减排发挥了积极作用，主要体现在双增、双节、双优、双提 4 个方面。

1. 实现了作物产量和农民收入双增

据对农户抽样调查，应用测土配方施肥技术的田块，小麦、水稻、玉米亩均增产 3.7%、3.8%、5.9%，增收 30 元以上，蔬菜、果树等园艺作物亩均增收达 100 元以上。

2. 促进了生产成本和资源消耗双节

据统计，测土配方施肥示范区一般每亩减少不合理施肥量 1～2 千克（折纯），截至 2011 年，通过实施测土配方施肥，全国累计减少不合理施肥 700 多万吨（折纯）。据专家推算，相当于节约燃煤 1 820 万吨，减少二氧化碳排放量 4 730 万吨，同时减少氮、磷流失 6%～30%，有效减轻了面源污染。

3.加速了施肥结构和肥料产业结构双优

通过项目实施，基本摸清了我国氮磷钾肥农业需求，为防止氮肥、磷肥产能盲目扩张及合理配置钾肥资源发挥了积极作用，促进了肥料产业、施肥结构优化调整，配方施肥比例逐步上升，氮肥过快增长的势头得到了初步控制。

4.推动了科学施肥水平和肥料利用率双提

通过项目实施，农民重化肥、轻有机肥、偏施氮肥等传统观念正在发生变化。据抽样调查，在粮食作物测土配方施肥示范区，有70%左右农户采用了测土配方施肥技术。通过专家组对肥料利用率测算和验证试验分析，测土配方施肥示范区粮油作物氮、磷、钾肥相比，氮、磷、钾肥平均利用率分别提高6、4和1个百分点。

二、水肥一体化技术应用情况

水肥一体化技术是将灌溉与施肥融为一体的农业新技术，借助压力系统（或地形自然落差），将可溶性固体或液体肥料，按土壤养分含量和作物种类的需肥规律和特点，配兑成的肥液与灌溉水一起，通过可控管道系统供水、供肥，使水肥相融后，通过管道和滴头形成滴灌、均匀、定时、定量，浸润作物根系发育生长区域，使主要根系土壤始终保持疏松和适宜的含水量；同时根据不同蔬菜的需肥特点、土壤环境、养分含量状况以及蔬菜不同生长期需水、需肥规律情况进行不同生育期的需求设计，把水分、养分定时定量，按比例直接提供给作物。

北京市近年来开始在京郊果园、菜田和设施大棚中推广水肥一体化技术。通过实施"都市农业走廊综合节水示范工程""菜田、果园水肥一体化技术示范推广""重力滴灌施肥技术示范推广"等项目，全市共建立水肥一体化示范基地128个，面积达1 800公顷，示范推广滴灌施肥、重力滴灌施肥、微喷施肥、膜面集雨滴灌施肥和覆膜沟灌施肥等5套水肥一体化技术模式。对示范区的监测结果表明，采用水肥一体化技术后，与常规灌溉施肥相比，示范区蔬菜每亩年节水152米^3，节肥36千克，节本增收927元；果树每亩年节水86米^3，节肥26千克，节本增收605元。

北京市农林科学院植物营养与资源研究所研制的沼液滴管技术得到"十一五"国家科技支撑项目"沿湖地区农业面源污染阻控关键技术研究"的支持。该技术解决了有机蔬菜追肥难题，实现了水肥一体化，防止了因沼液随意排放造成的农业面源污染。该技术先后在京郊5个农业园区推广，特别是在有机蔬菜基地推广面积累计达2 000余亩，亩增收2 650元，取得了显著的经济效益、生态和社会效益。应用本技术后，沼气工程排放的大量沼液可经处理后通过灌溉施肥应用到蔬菜种植中，不但可以减轻因沼液排放造成的环境污染，还可以提高有机蔬菜的产量和品质，提高水肥的利用效率。

三、缓控释肥技术应用情况

我国缓控释肥研发比国外起步晚，但具有后发优势。目前，国内缓控释肥的试验室研发技术多，但缺乏中试研究，产业化水平较低，许多成果和技术难以应用于生产实践，产业化进程缓慢。随着国家缓控释肥工程技术研究中心的组建，将加快提升我国缓控释肥技术和产品的总体水平，缩小与国外的差距，与国外的同类研究进行竞争。我国从 20 世纪 70 年代开始研究缓控释肥料，发展过程可分为 3 个阶段。

（1）第一阶段从 20 世纪 70 年代初到 80 年代初 是缓控释肥料探索起步阶段，主要开展的工作是探索研究和开发长效碳铵等缓施肥料产品。1974 年，中国科学院南京土壤研究所以钙镁磷肥为包膜材料制出长效包膜碳铵，农田试验效果增产显著，但未形成规模生产。20 世纪 80 年代，缓控释肥料研究发展较快，国内开始尝试开展有机高分子聚合物包膜肥料的研制工作，国内已有多家研究单位具备试制包膜肥料的实验设备。

（2）第二阶段从 20 世纪 80 年代到 2000 年 是缓控释肥料探索发展阶段，缓控释肥开始出现小规模产业化，主要产品包括郑州大学研制的 Luxecote 包裹型缓控释肥料和北京市农林科学院研制的热塑性树脂包衣缓控释肥料等。1993 年，山东农业大学经多年的研究和开发，已完成了热塑性树脂、热固性树脂、硫包膜、硫加树脂包膜等包膜缓控释肥的小试和中试，在养分释放控制、肥效等方面与日本相当，并优于美国的公司。随着缓控释肥技术研究的深入，其产业化进程也得到了快速发展，涌现出了一批缓控释肥制造企业，这些缓控释肥企业和科研机构的协作及和谐共进使我国缓控释肥的研发、推广取得了较大的进展。

（3）第三阶段是 2000 年以后 是缓控释肥料快速发展阶段。"十五"期间科技部将环境友好型缓控释肥料研究列入 863 计划，《国家中长期科学和技术发展规划纲要（2006—2020 年）》与中央"一号文件"分别将缓控释肥料作为我国农业发展的重要方向。全国农业技术推广服务中心也将缓控释肥推广作为科学施肥技术的重要工作，并于 2008 年 2 月向各省、市、自治区发出了《关于做好缓控释肥料示范推广工作的通知》，督促各地要结合当地实际，制定有效、可行的缓控释肥释范推广方案，扎实推进此项工作的全面开展。肥料企业积极性提高，树脂包衣缓释肥料、包裹型缓释肥料、硫包衣缓释肥料、脲醛类缓释肥料以及添加生化抑制剂的稳定性肥料等大宗缓释肥料产品陆续开展研究，并初步实现了一定规模的产业化。其他如具有中国特色的非树脂包衣缓控释肥料等也在研究和发展。到 2009 年，全国缓控释肥料产能已经接近 250 万吨，产量 70 万吨，其中肥料包裹肥料 5 万吨，树脂包衣 5 万吨，硫包衣 30 万吨，生化抑制剂 20 万吨，脲醛类肥料 10 万吨。中国目前缓控释肥料消费量已经占到世界的

1/3，逐渐成为世界上缓控释肥料生产和使用的重要国家之一。全国农业技术推广服务中心在 2008—2009 年开展了缓控释肥试验，试验示范结果显示，缓控释肥在节肥、增产、增效等方面效果十分显著。与农民习惯施肥相比，缓控释肥在所有作物上全部增产，平均增幅达 10%，最高达到 40% 以上，经济效益也得到显著提高，平均每亩增收达 120 元左右；在测土配方施肥技术原理下，合理施用缓控释肥的增产效果和经济效益比一般的测土配方施肥有进一步的提高，这说明推广缓控释肥是测土配方施肥工作发展的一个重要方向。全国农业技术推广服务中心决定从 2010 年起加大缓控肥推广力度，在全国 20 个省推广缓控释肥。2010 年，缓控释肥示范推广主要以小麦、玉米、水稻等粮食作物为主，还包括棉花、花生等多种作物上示范推广。

四、有机肥技术应用情况

为有效协调和解决洱海流域农田面源污染控制与农业生产节本增效、畜牧业发展、城镇建设、用地养地的关系，农田面源污染控制确立了以洱海水污染防治为中心，在农产品产量基本持平或略增，氮素化肥施用量减少 10% ～ 15%，磷素化肥施用量减少 15% ～ 20%，农排水中总氮、总磷有明显减少的目标，通过 1996—2004 年的连续试验研究和示范验证，探索出了控磷减氮，增施有机肥技术模式，供湖泊治理借鉴。

该模式依据作物目标产量，生物肥、有机肥的供肥特性，土壤供肥能力来减少化肥施用量，从而减少氮、磷流失入海的量。例如，水稻田应用土壤磷素活化剂代替过磷酸钙作中层肥施用，在土壤有机质含量 40 ～ 60 克 / 千克，碱解氮含量 150 ～ 200 毫克 / 千克，速效磷含量 ≥ 20 毫克 / 千克，速效钾含量 40 ～ 60 毫克 / 千克，pH 值 5.5 ～ 6.5 的区域，可较常规施肥减少氮肥用量 10%，农排水中总氮较常规施肥削减 10.2% ～ 13.24%，总磷削减 18.74% ～ 19.55%；土壤有机质含量 60 ～ 70 克 / 千克，碱解氮含量 200 ～ 250 毫克 / 千克，速效磷含量 20 ～ 30 毫克 / 千克，速效钾含量 60 ～ 80 毫克 / 千克，pH 值 6.5 ～ 7.5 的区域，可较常规施肥减少氮肥用量 20%，农排水中总氮、总磷较常规施肥分别削减 13.88% ～ 14.12% 和 23.57% ～ 24.66%；土壤有机质 ≥ 70 克 / 千克，碱解氮含量 ≥ 250 毫克 / 千克，速效磷含量 ≥ 30 毫克 / 千克，速效钾含量 ≥ 80 毫克 / 千克，pH 值为 7.5 的区域，可减少氮肥用量 30%，农排水中总氮、总磷较常规施肥分别减少 14.56% ～ 15.7% 和 24.03% ～ 25.69%。该技术措施已在洱海流域大面积推广应用，2005 年推广面积达 2 万公顷（倪喜云、杨苏树、罗兴华，2005）。

此外，我国对畜禽废弃物的利用也取得了较好的效果，畜禽废弃物利用主要有肥料化、饲料化和能源化利用 3 个方面。其中农业废弃物肥料化的主要方向有：畜禽粪便开发研制的生态型肥料和土壤修复剂等技术；不同原料好氧堆肥关键技术研究；畜禽粪便高温堆肥产品的复混肥生产技术研究。目前国内用畜禽粪便作肥料，采用的方法有厌氧发酵法、快速烘干法、微波法、膨化法、充氧动态发酵法。随着我国有机食品和绿色食品的发展，有机肥料的需求量不断增加，用畜禽粪便制作有机肥具有一定的市场前景。但用畜禽粪便生产有机肥作为资源化利用所占的比例极低，据对上海市有机肥生产的调查，上海市商品有机肥的产量仅占畜禽粪便总量的 2% ～ 3%。

　　上海从 20 世纪 90 年代初开始，将畜禽粪便污染治理列入市政府为民办实事工程，到 1999 年上半年累计建畜禽粪便治理工程项目 123 个，投资 6 533 万元。畜禽粪便污染治理与村镇发展规划、郊县河道综合整治、生态示范区建设、郊县模范城区建设相结合的原则，制定了 4 年近期规划和 3 年中远期规划，从1999—2005 年，用 7 年的时间完成畜禽基地治理项目 487 家。采用的治理实用技术有：畜禽场棚舍改造、废物干湿分离、雨污分流、废液冲洗水处理技术、化粪池厌氧消化处理、曝气复氧处理、氧化塘（沟）、人工湿地、生物菌处理。综合利用技术有：堆肥沤制发酵还田利用、好氧发酵制有机肥、制作动物饲料。广东省现有规模化畜禽养殖场 3 209 家，仅有 219 家企业采取了工程处理措施，畜禽粪便大多直接卖给农户，造成二次污染。广东省生态环境与土壤所和广东省农业环境综合治理重点实验室推出了一套低成本、易操作的堆肥处理系统与工艺。适用于广东省规模化畜禽养殖场的固体废物处置，其提出的清洁生产思路更可以系统地控制规模化养殖场的污染问题。江苏省农业科学院土壤肥料研究所从 1997 年开始进行畜禽粪便生物处理与优质有机肥生产技术的攻关研究，针对中、小养殖规模企业粪便的无害化处理及商品有机肥生产制造，研究建立了以生物除臭与生物干燥技术为核心的技术体系，处理后的产物无不良气味，养分损失少，肥效好，使用安全。北京市规模养殖场和养殖小区有 2 400 个，每年畜禽粪便排泄量 767 万吨，采用发酵等方法得到无害化处理的仅 22 万吨，不到总量的 3%。全市建有 15 家有机肥厂和十几处能源环保示范点。目前，北京市畜禽粪便的处理方式主要有粪尿撒施、好氧发酵制肥、厌氧发酵制沼气等。

　　利用沼气发酵制造的有机肥的养分含量比任何一种堆沤方法制取的有机肥都高。沼液和沼渣是发展生态农业不可缺少的有机肥料，其中氮、磷、钾的回收率高达 90% 以上。评价沼肥肥效价值，关键是要了解投入沼气池发酵的有机物主要养分（氮、磷、钾等）的保存率及传统堆沤造肥方法中主要养分的保存率。人畜粪便投入沼气发酵全氮保存率为 114%，氨态氮增加 20% 以上，磷、钾等养分没有明显损失。沼气发酵全氮保存率比敞口池沤肥保存率 68% 增加 46个百分点，敞口池沤肥中磷、钾保存率仅为 63.36% 和 66.67%。据此推算，每口沼气池每年所产沼肥与敞口池堆肥相比可增值 200 元左右。沼气发酵是在厌氧条件下进行的，虽然微生物代谢过程也需要消耗一定的养分，但其数量很少，而且在微生物的作用下，还能分解一些植物不易吸收利用的养分（如脂肪类、难溶性物质等），吸收固定游离氮，合成富含多种养分的可溶性活性物质。长期施用沼肥不仅节约大量的农业投入，还有利于活化土壤，增加土壤的团粒结构和保水保肥，达到提高农作物单产的目的（姚亮、刘中礼，2005）。

近年来，我国政府高度重视农业的可持续发展，加大对农业的投入和农村面源污染的治理，仅农村沼气建设国债项目，国家对每一建池农户的投入就高达 800～1 200 元，极大地调动了我国农村农民建沼气池的积极性。紧密围绕"建设生态环境，改善农村生产生活条件，优化农村能源结构，促进农业增效、农民增收和生态良性循环"这一主题，大力发展沼气建设已取得显著成效。到 2004 年我国已经拥有户用沼气池 1 280 多万户，生产沼气 47.7 亿米^3，处理禽畜粪便 840 多万吨，处理农业废弃物 3 600 多万吨。

五、秸秆还田技术应用情况

秸秆还田是目前主要的利用方法之一，是指将农作物秸秆通过机械方式覆盖或翻盖在土壤层下，进行保墒、腐化生肥的技术，包括整株还田、留高茬、覆盖还田、根茬粉碎还田、机翻粉碎还田、堆沤肥还田技术等（朱虹等，2010）。

1. 秸秆直接还田技术规程情况

秸秆还田属于保护性耕作，秸秆还田技术是以微生物和化学技术为核心的秸秆快速腐熟还田技术，保护土壤，提高土壤的肥力，减少化学施肥，促进增产，从而达到有效绿色生态农作生产。秸秆还田后，土壤中氮、磷、钾养分都有所增加，尤其是速效钾的增加最明显，土壤活性有机质也有一定的增加，对改善土壤结构有重要作用，秸秆覆盖和翻压对土壤有良好的保墒作用并可抑制杂草生长。

江苏 17 个县、市秸秆还田试验示范结果表明，秸秆直接还田 3 年后，土壤理化性状均有所改善，其中增幅最大的速效钾，其平均含量由 79.5 毫克 / 千克增加到 90.2 毫克 / 千克，而钾素对提高稻麦产量和改善品质的影响极大。秸秆还田不但可以改善土壤的理化性状，还能提高土壤活性有机质的含量及土壤碳库管理指数。试验结果表明，连续三年麦秸还田，土壤微生物数量增加 20%，近秸秆土壤呼吸强度较 10 厘米外土壤高 99%～139%，接触酶、转化酶、尿酶的活性分别提高 33%、47%、17%。

2. 秸秆制造有机肥、秸秆养畜过腹还田技术应用情况

秸秆富含有机质，消化秸秆为主的有机肥工厂化生产，可将大量的农作物秸秆集中起来，利用高效微生物发酵，生产出优质的商品有机肥。

秸秆经过禽畜过腹消化后的排泄物，经过了动物体内微生物作用，是很好的土壤有机质肥料，可以用作动物饲料的秸秆，可先进行禽畜过腹后返回土壤增肥。

3. 机械化秸秆还田设备应用情况

秸秆还田设备包括旱作秸秆粉碎还田机、水田秸秆还田机、反转秸秆还田机、埋茬（草）耕整机以及复式秸秆还田作业机等。以水田秸秆还田机为例，主要以埋草和整地为主，当前该种机型结构类型较多，主要有普通旋耕机直接改装型和专用机型。前者通过在挡土板后加装一级刮平装置，将旋耕刀换装为异形专用刀或在旋耕机刀座上直接安装辅助埋草、起浆装置，即可实现秸秆还田机功能。异形专用刀主要有燕尾形、刀盘形、Y形、飞机形等，这类机型的特点是结构简单，通用性好，便于组织生产和管理。后者采用普通旋耕机机架，改变刀具在刀轴上的排列，增加刀具数量，使用标准旋耕刀（专用刀）和（或）装配辅助起浆、压草装置，同时适当增加转速以实现碎土、起浆、埋茬（草）等功能。旱地秸秆还田反转机型即刀轴旋转方向与拖拉机前进时车轮转动方向相反，采用旋耕机刀轴排列方式，使用刀具数量少，结构较普通旋耕机紧凑，由于刀轴的反向旋转，土壤被抛向拖拉机前进方向，利于埋草和土壤多次粉碎，作业效果好于正转机型。

4. 秸秆循环利用技术应用情况

生物质化工是当前世界各国政府和科技界十分关注的研究方向，该技术可通过热解、液化、气化等多种化学、化工手段制取氢气、制取燃料乙醇、燃料甲醇、生物柴油、生物油、生物质醋液等多种生物质化学产品，还可以合成各种聚合物及平台化合物等。秸秆综合利用的生物质化学产品有着极高的运用前景。例如，附产物生物质醋液是一种含有酸类、醇类、酯类、醛类、酮类、酚类等多种化学成分的液体产物，可用于家畜饲养的消毒、杀菌液、除臭剂或用于农药、助剂、促进作物生长的叶面肥，在有机作物中效果明显。长期连作的蔬菜用地线虫为害十分严重，试验表明用适当比例的秸秆醋液浇灌有较好效果；秸秆炭和秸秆醋液同时使用，既可以长期保持土壤的有机质，又能调节土壤微生物生存环境和修复土壤，是一个实现农业持续发展的好方法。尽管目前关键技术尚未突破，经济上过不了关，仍有较多问题未能很好地解决，但生物质的化学利用是一个值得全社会共同关注的研究方向。

六、信息技术应用情况

目前，信息技术在面源污染防控中的成熟应用主要在于科学施肥和肥料监管两个方面。

1. 测土配方施肥信息化

测土配方施肥项目运用地理信息系统和全球卫星定位系统等信息技术，进行GPS定位采取土样，建成了测土配方施肥数据汇总平台，形成了不同层次、不同区域的测土配方施肥数据库；开发应用了县域耕地资源管理信息系统，对

1 200 个项目县的土壤养分状况进行了评价；开发推广了测土配方施肥专家咨询系统，在肥料经销网点设置触摸屏向农民提供科学施肥指导服务；在江苏、湖北、广东等省开发示范了数字化、智能化配肥供肥系统，农户持农业部门发放的测土配方施肥 IC 卡，到乡村智能化配肥供肥网点，根据作物种类、面积和配方信息，即可获得智能化现场混配的定量配方肥，做到施肥配方科学、施肥结构合理、施肥数量准确，满足了农民一家一户个性化施肥需要，促进了测土配方施肥工作的顺利开展，提高了科学施肥管理服务水平（《中国农业农村信息化发展报告》，2010）。

2. 专家系统

我国的施肥专家系统研究与应用始于 20 世纪 80 年代中期，起步虽然较晚，但步子大、发展快。中国科学院人工智能所提出的砂礓黑土小麦施肥专家系统；福建省农业科学院研制的土壤识别与优化施肥系统；国家"七五"科技攻关黄淮海平原计算机优化施肥推荐和咨询系统；江苏扬州市土肥站研制的土壤肥料信息管理系统以及中国农业大学植物营养系研究的综合推荐施肥系统等。这些专家系统不同程度地利用了土壤普查成果、历年肥效试验信息，把配方施肥技术引向深入（田有国、任意，2003）。

3. 肥料管理系统建设

土肥信息化技术在肥料管理中的应用主要体现在肥料管理系统的建设，主要包括肥料登记、肥料执法，肥料信息服务等功能。基于 GIS 和 GPS 技术，建立肥料管理信息系统，将肥料经销企业基本信息、违法违规情况、质量抽检结果等信息通过系统进行公布，使肥料监管信息上下相通、左右相连，实现企业信用查询、信用评价、违法公示、信息发布、工作指导与交流的网上快捷沟通。通过系统建设，使肥料执法机构能够实现对肥料生产经营企业网络化、信息化管理，开展实时监管；消费者也可以通过肥料信息管理系统，获得消费指南。

4. 基于 3S 的肥料面源防控系统

地理信息系统（GIS）是在计算机软硬件支持下，把各种地理信息按照空间分布及属性，以一定的格式输入、存储、检索、更新、显示、制图、综合分析和应用的技术系统，能集成、存储、检索、操作和分析地理数据，生成并输出各种地理信息，其分层处理数据的功能极大地预测和管理决策。基于地理方便了面源污染的模拟、信息系统利用 GIS 工具可做出各影响因子以及面源污染可能性的空间分布图，并能根据相关研究工作需要改变各数据图层的内容和数据层的迭加方式，对不同条件下的污染状况进行识别和管理。国内面向面源污染的 GIS 应用研究相对较少，但最近几年也有相关报道。面源污染研究所需的数据传统上都是靠搜集现有资料或野外实测获得，卫星遥感技术（RS）和全球定位系统（GPS）的发展则提供了崭新的数据获取方式，通过卫星图片可以大大提高其准确度和精密度。我国科学家在这方面也作了一些具体研究，今后的努力方向应该是"3S"技术，以提高数据的精确度，特别是要研究如何通过遥感影像精确提取水环境信息（唐浩等，2011）。

第七节　近年来肥料面源污染防控项目

为了有效开展肥料面源污染防控工作，在国家科技支撑计划项目、国家重大污染控制项目、科技攻关重大项目中，均有肥料面源污染防控相关的项目，通过项目的实施，一方面取得了一定的研究成果，另一方面也取得了良好的污染防控实效。

一、国家科技支撑计划项目

1. 沿湖地区农业面源污染防控与综合治理技术研究

北京市农林科学院承担的科技部"十一五"科技支撑计划重点项目"沿湖地区农业面源污染防控与综合治理技术研究"，包括密云水库、官厅水库、兴凯湖、白洋淀、南四湖、巢湖、太湖、鄱阳湖、丹江口水库、三峡水库、洞庭湖和滇池12个不同程度污染代表性的湖库，以沿湖库周边代表性流域为对象，重点开展农业面源污染源头控制技术研发及其治理技术研究、集成示范。

通过对沿湖地区高集约农田土壤氮磷养分流失控制、农田养分减量化、农药绿色替代与精准减量关键技术、农业废弃物无害化与资源化、沿湖地区污染防控型农业结构调控、沿湖农业面源污染控制技术集成与综合控制模式等技术的研究与示范，有效减少实施区氮磷径流流失45%、旱地土壤硝酸盐淋失20%；减少农药投入40%以上；畜禽粪便利用率达85%。

针对12个湖库区农业面源污染特点，研发了农田肥、药替代与流失防控、种植源污染物生态拦截阻控、养殖源污染物防治和资源化利用技术等农业面源污染防控共性关键技术；从源头减量到过程调控的农田氮磷流失防控技术，集成缓控释肥施用技术、氮磷养分优化技术、氮磷高效利用低污染作物布局及种植技术等；以畜禽养殖为主的农业废弃污染物流失防控规模化和分散式资源化利用关键技术，集成耐低温沼气化技术、太阳能辅助农田固废无害化资源利用技术、除臭保氮堆肥技术等。

2. 沿滇池周边农业面源污染防控与综合治理技术研究

云南省农业科学院承担的"十一五"国家科技支撑计划农业领域"沿滇池周边农业面源污染防控与综合治理技术研究"项目针对沿滇池周边农业面源污染的不同特点，选择滇池周边湖盆地和沿湖山地两个类型区，通过对湖盆地和沿湖山地农业面源污染源—流—汇全过程和关键点控制，实现对沿滇池周边农业面源污染的分散控制和就地削减，为滇池全流域水环境好转提供技术支撑。

通过 3 年技术攻关，课题组研发氮磷高效利用品种的应用和配置优化技术、节水控污技术、水肥循环利用技术、太阳能增效脱毒除臭农田固废处理技术等农业面源污染防控及治理关键技术 11 项，制定沿滇池周边不同类型农业面源污染防控与综合治理技术规范 16 个；研发出适宜于滇池沿湖地区使用的环境友好型肥料 3 种，环境安全型农药 3 种。示范区农业废弃物资源化和无害化处理利用率达到 80% 以上，农业综合效益增加 10% 以上，经济、社会和生态效益显著。

3. 沿鄱阳湖地区农业面源污染防控与综合治理技术研究

江西省农业科学院承担的国家"十一五"科技支撑计划"沿鄱阳湖地区农业面源污染防控与综合治理技术研究"项目针对沿鄱阳湖区农田化肥农药用量较高、旱地水土流失较严重、养殖业快速发展等带来的农业面源污染日趋严重的现状，开展关键技术研究。

预计课题完成后，核心试验区内氮磷肥投入量可降低 20%，化学农药投入量减少 40% 以上，畜禽粪便减少排放 60% 以上；技术示范区内氮磷肥投入量降低 10%，农业面源径流氮磷损失量减少 30%，对保护鄱阳湖一湖清水，加快推进鄱阳湖生态经济区建设将发挥重要的科技支撑作用。

二、国家重大污染控制项目

1. 滇池流域面源污染控制技术

2000 年开始，国家科技部和云南省政府共同立项，清华大学、中国农业科学院、北京大学与云南省环境科学研究院等联合攻关开展了"滇池流域面源污染控制技术的研究与示范"。该项目取得了多项重要研究成果和技术创新。有关废弃物处理和肥料相关的技术如下。

开发出了农村固体废物无害化处理成套技术，包括加速木质纤维素降解的专性高效菌剂、集中式蔬菜废物、花卉秸秆和养殖废物的共堆肥技术、农业固体废物有机－无机复合肥技术、分散式农户型双室固体废物堆沤肥技术等。在木质纤维素降解菌剂开发和多种农业固体废物共堆肥方面，形成重要技术创新。

开发了适合滇池流域面源污染控制的精准化施肥成套技术，包括区域性农田养分管理技术、养分平衡窗技术、PDA 智能化施肥技术产品、经济实用型滴灌施肥技术等 9 项技术，从而建立了一批适合流域农村和农民经济、技术条件，操作简单，可大幅度减少流域集约化种植的蔬菜、花卉农田氮磷化学肥料的投入量，达到施肥用量和比例合理、肥效高、缓效和保护耕地的目的。其中，区域性养分管理技术、养分平衡窗技术和施肥通等均有重要技术创新。精准化平衡施肥体系在示范区的应用推广，不仅减少了有机和无机肥料的浪费，给农民带来直接收益，并且大大减少了因过量、不均衡施肥而造成的环境污染。如果削减量按现有氮、磷化肥用量的 50% 计算，则减少 250～350 千克 /（公顷·年）的潜在氮、磷负荷量、直接减少 750～1 050 元 / 公顷的化肥投入。示范工程的运行已获得可观的环境效益和经济效益，在滇池流域具有广阔的推广应用前景（陈吉宁等，2004）。

2.河网区面源污染控制成套技术

2002 年科技部启动"863"重大专项课题"河网区面源污染控制成套技术"研究。太湖河网区农村面源污染控制技术是其主要成果。

项目主要研究了包括农田化肥、农药、地表径流的控制技术在内的多项技术以及农村面源污染的管理技术与模式，并建立农村面源污染控制的示范工程，探讨河网区面源污染控制的技术集成方案、管理对策以及工程长效运行的机制等，为河网区面源污染的控制提供相关技术与方案。项目针对农村生态环境现状，开发了农田地表径流的生态拦截技术；村镇地表径流污水控制的前置库技术等。这些技术具有较高的污染物去除率、较强的脱氮除磷效果，建设成本低，运行费用低，易于长效管理，具有创新性和推广应用价值。所研发的农村面源污染控制技术已在江苏省宜兴市大浦镇 24 千米 ^{2} 范围内进行了试验与示范，建立了一批面源污染控制的示范工程，工程运行良好，达到了相应的技术经济指标，取得了明显的社会、生态和环境效益。

3.受农业面源污染入湖河流污染控制与生态修复技术及工程示范

中国农业科学院农业环境与可持续发展研究所主持的"'十一五'国家水污染与控制重大专项"湖泊主题巢湖项目"受农业面源污染入湖河流污染控制与生态修复技术及工程示范"围绕巢湖入湖河流——小柘皋河流域的面源污染问题开展研究与工程示范。

小柘皋河流域农村生活污水未经处理直接排入小柘皋河，农村生产与生活固体废弃物处理和资源化利用率低，农田小农户经营耕作及肥药施用量较高。针对该地区农业面源污染的特点，分别开展了适于巢湖流域的农村集中式和联户型生活污水处理等技术模式的研发与集成，固体废弃物资源化利用技术研发，主要农作物优化施肥、减量化施肥和缓释肥的应用技术研发等研究。通过研究突破了"生活污水三级塘生物生态强化处理技术"和"巢湖地区大田作物氮磷减量控制栽培技术"2 项关键技术，研制了草坪定植板、生物腐植酸缓释肥、固体废弃物腐熟菌剂和固定化脱氮微生物 4 个原创性产品。这些关键技术和产品在小柘皋河流域得到了示范和应用，其中生活污水建设了 4 个示范点，示范处理规模 435 米 ^{3}/天，涉及人口 7 000 人；固体废弃物累计建立了 4 000 亩农作物的秸秆还田示范工程，肥药控制累计建立了 7 750 亩的水稻、油菜和小麦等作物的肥药流失示范工程，形成了巢湖地区大田作物氮磷减量控制栽培技术，并编制了安徽省地方标准发布的环巢湖地区油菜氮磷减量控制栽培技术规程和环巢湖地区水稻氮磷减量控制栽培技术规程 2 个技术规程。课题共申请专利 7 项，获得软件登记证书 2 个，发表科技论文 33 篇，其中《科学引文索引》（SCI）收录 6 篇，出版《生物资源与农业面源污染防治》专著 1 部。

三、科技攻关重大项目

国家"十五"科技攻关重大项目"生态农业技术体系研究与示范"的长江中下游面源污染控制试验示范工作，在江苏省常熟市太湖段实施以来，农业部课题组围绕氮肥、农药污染控制两大重点，在稻麦氮肥精确施用、氮肥损失途径与阻控技术、农药剂型研制与高效用药使用等方面获得准确数据。

该课题确立了水稻优质高效生产中氮肥的精确用量为：小麦亩产在 350～400 千克水平时，作物的需氮量为 2.7～3.0 千克，太湖地区稻茬优质高产小麦的适宜氮肥用量为每亩 13.5～15 千克，比常规亩施肥量减少 5 千克；针对水稻螟虫、灰飞虱、条纹叶枯病与纹枯病等重大病虫害，组建了稻田农药污染控制技术模式。在项目推广示范过程中，课题组把推荐施肥与精确用药技术进行模式化、简便易行化的有机组合，在不影响水稻正常生长的情况下，达到了节本增效、降低污染的目的，推荐施肥比常规施肥节氮 6 千克／亩，推荐施药比常规用药减少了 2 次。目前，长江中下游面源污染控制试验示范区已经辐射到 1.5 万亩，实现了亩减少氮肥用量 4～6 千克，节氮 25% 左右，减少农药用量 30% 左右的目标。

四、其他项目

1. 北京农村面源污染控制技术研究与工程示范

北京市农林科学院植物营养与资源研究所主持完成的"北京农村面源污染控制技术研究与工程示范"项目，首次以北京市行政区域为对象，开展了京郊地区农业面源污染成因分析及治理对策、面源污染发生控制机理研究和控制农村面源污染技术应用与集成，经过 6 年（2002—2007 年）研究和技术工程示范，取得了重要研究成果。

研发有效控制农村面源污染关键技术，创制出环境友好肥料为核心的新产品（获得授权实用新型专利 2 项、发明专利 2 项）；构建了农村面源污染控制技术体系，集成作物病虫害生物、物理防治，环境友好肥料施用，农业废弃物资源化利用等技术，从源头控制、过程调节、末端治理 3 个层面形成完整的农村面源污染控制技术体系，建立有效控制农村面源污染的基本模式。

坚持区域连片原则，打破行政区划，以代表性种植业、养殖业合作组织为重点实施对象，扶持带动周边的辐射推广模式在确定重点面源污染防治区域延庆区 520 千米^2 范围及大兴、密云等郊区主要农业生产区示范推广，取得良好效果：建设生物质集中气化站 23 处，年产气能力达 561 万米^3；推广生物质气化炉 8 239 台；延庆区秸秆利用率达 75%。推广缓控释友好施肥技术 62 万亩，作物病虫害生物物理综合防治技术 53 万亩。建成秸秆加工点 34 个，建成年处理 3 万吨畜禽粪便处理厂 1 座。粮田基本实现留茬免耕；并对万余人进行了培训，建成水、土、气的环境监测网络体系。示范区化肥利用率提高了 20 个百分点，化学农药用量减少 40%；农产品硝酸盐含量降低 10% ～ 20%，农药检测合格率 99.9%，粮果菜产量分别增加 14.5%、12.8%、16.5%。延庆区 9 个乡镇推广累计增加经济效益 1.8 多亿元。延庆区大气二级和好于二级天数不断增加，2006 年天数占全年的 76%，连续四年位居全市第一。延庆区农村地区环境质量和农业土壤质量状况稳定。目前初步形成了农村循环经济的雏形模式，农业废弃物得到无害化处理，能源获得资源化高效利用，生态环境有了明显改善，取得良好的经济效益和社会效益。

2. 主要农区农业面源污染监测预警与氮磷投入阈值研究

2010 年，由中国农业科学院农业资源与农业区划研究所牵头主持的公益性行业（农业）科研专项"主要农区农业面源污染监测预警与氮磷投入阈值研究"项目启动。项目期 4 年。至今取得主要进展如下。

①初步建立了由 43 个田间原位监测试验组成的、覆盖我国主要农区的农业面源污染监测网络，定量研究了主要种植制度、主要土壤类型条件下农业面源污染的发生规律以及施肥、耕作、灌溉等农艺措施的影响作用机制。

②在我国主要农区布置了 300 余个地膜残留试验点，开展了地膜残留污染现状调查与影响因子研究。

③在我国主要农区布置了水稻、小麦、玉米、蔬菜四大作物氮磷投入阈值试验点 90 余个。

④建立了农业面源污染数据采集系统和项目管理平台，初步完成了农业面源污染时空动态数据库的构建。

⑤开展了农业面源污染监测技术规范研究。

3. 农业面源污染防控关键技术研究与示范项目

"农业面源污染防控关键技术研究与示范项目"2012 年在京启动。该项目由北京市科学技术委员会组织，以北京市农林科学院为牵头单位，联合 3 家中央单位科研院所和 8 家地方科研院所等 23 家科研单位联合协同攻关实施，涉及 18 个省市自治区。

华北集约化农区、南方平原及南方丘陵山地农区、东北规模集约化农区，不仅是我国重要粮食／经济作物生产基地和畜禽养殖基地，也是我国农业面源污染高风险发生区域。项目围绕上述区域农业面源污染防控的重大科技需求，以农业面源污染高发区域和主要作物种植模式和养殖模式为重点,在保障区域粮食安全前提下,以有效提升区域水质量安全、有效降低农业面源污染物的排放为目标,重点开展农业面源污染动态监测全程阻控减排技术研究以及华北平原、南方平原、东北平原、南方丘陵山地等面源污染高发区开展防控关键技术研发及组装集成,形成农业面源污染防控模式和经济有效农业面源污染综合防控管理技术体系,建设区域特色示范应用基地。

第四章

肥料面源污染防控策略与关键技术

肥料面源污染防控是一项系统性的、长期性的艰苦工程，其成功与否，既取决于我们对面源污染防控的重视程度，也决定于正确的策略选择与合理的技术应用。本章首先分析了当前肥料面源污染防治过程中经常使用的成功策略及其详细内容，然后重点分析了当前肥料面源污染防治过程中的一些关键技术。

第一节　概　述

"策略"就是为了实现某一个目标，预先根据可能出现的问题制定的若干对应的方案，并且在实现目标的过程中，根据形势的发展和变化制定出新的方案，或者根据形势的发展和变化来选择相应的方案，最终实现目标。肥料面源污染防治是一项系统工程，肥料面源污染防治的实施需要以科学的世界观和方法论作指导，制定符合农业发展的可行的实施策略。肥料面源污染防控主要策略包括命令型控制策略、标准化型控制策略、经济型控制策略、功能布局型控制策略、技术应用型控制策略、教育培训型控制策略和监管型控制策略等。

技术应用策略是肥料面源污染防治策略的重要组成部分，也是预防、控制、治理肥料面源污染的具体手段。根据不同地区、不同污染原因、不同污染程度，选择适当的技术是土肥工作者必须正视的问题。当前肥料面源污染防治中使用的技术主要有最佳养分管理技术、测土配方技术、水肥一体化技术、缓控释肥技术、绿色肥料技术、新型种植技术、秸秆还田技术、保护性耕作技术、土壤修复技术以及信息技术等。

第二节　肥料面源污染防控主要策略

当前肥料面源污染防控中经常使用的策略包括命令型控制策略、标准化型控制策略、经济型控制策略、功能布局型控制策略、技术应用型控制策略、教育培训型控制策略和监管型控制策略等。

一、命令型控制策略

命令型控制策略通过国家行政命令、法律法规等对污染物产生数量、生产成本投入、选择技术、污染物排放地点、排放时间以及排放行为等进行规范，是一种建立在污染物、污染者、污染物产生、排放信息、污染者削减成本信息、削减费用函数等详细信息基础之上的强制执行手段。它要求或规定生产者按指定的方式进行生产经营，不遵守法规或标准的人会受到处罚，是一种非自愿参与、强制性的政策工具。命令控制型措施的主要优点在于政策效果的确定性，而且见效速度快。如果法规和行政污染指标等能够得到切实实施，这种措施很有可能是改善环境质量最有效率的政策工具。正是由于这一优点，命令控制型工具在政策选择中至今仍然占有统治地位，市场化工具的应用很少且通常只是作为直接管制方法的补充。在污染控制之初，尤其是针对大的、集中性强的污染源和污染物时，如排放规律性强、排放相对集中的工业污染源时，命令控制型措施表现出良好的污染控制效果，对改善环境做出了很大的贡献。命令控制型措施也有以下不足之处。

①它对所有生产者采取统一的标准，生产者不能根据他们的成本核算自由决定参与程度，可能是所有政策工具中最缺乏弹性的。

②命令控制型措施的实施需要有效的监管和执法措施，直接成本高。

③如果执法不严、违法不究或处罚标准太低，一个潜在的违法者可能会对受罚的风险和守法的费用进行成本－效益比较，结果往往会做出不利于环境保护的选择。

二、标准化型控制策略

标准化型控制策略就是在肥料生产、肥料使用等过程中建立相关的标准规范，并根据标准规范限定肥料的生产和使用，从而减少或降低肥料使用过程中造成的面源污染。我国目前使用的标准化策略主要包括无公害绿色有机、生态农产品生产基地认证标准和无公害、绿色有机农产品生产标准。

1. 无公害绿色有机、生态农产品生产基地认证

无公害、绿色、有机、生态农产品生产基地认证需要对区域范围、生产规模、主要栽培形式、种植品种，无公害农产品生产计划、产地环境说明、基地涉及人口、村户数及其他有关情况，基地自然气候、植被，生态环境、周边污染源，基地农业生产状况、技术水平、种植布局、土质状况及分布、灌溉水取水水层、井数等、茬次安排、肥料(农肥、化肥)、农药使用情况、农民组织情况、无公害农资供应情况、技术、产销服务组织建设、质量控制措施、农民掌握无公害生产技术情况、执行标准、经济状况等情况进行详细了解。通过国家和地方行政

鼓励地区发展清洁农业生产，通过无公害、绿色、有机、生态农产品生产基地认证提高农产品市场竞争力，为生产者拓宽创收渠道，同时降低农田化肥、农药投入以及农业生产对周边环境的污染。

2. 无公害、绿色有机农产品生产标准制定

国际上，无公害绿色、有机、生态农产品对产品中农药残留、硝酸盐含量等指标有明确规定，反馈到农业生产活动本身。为保障产品质量，对生产过程农药、化肥投入会产生限制和约束作用，我国农业部发布了绿色食品行业标准（NY/T），该标准是绿色食品生产企业必须遵照执行的标准。绿色食品标准以全程质量控制为核心，由以下 6 个部分构成。

（1）绿色食品产地环境质量标准　制定这项标准的目的，一是强调绿色食品必须产自良好的生态环境地域，以保证绿色食品最终产品的无污染、安全性；二是促进对绿色食品产地环境的保护和改善。绿色食品产地环境质量标准规定了产地的空气质量标准、农田灌溉水质标准、渔业水质标准、畜禽养殖用水标准和土壤环境质量标准的各项指标以及浓度限值、监测和评价方法。提出了绿色食品产地土壤肥力分级和土壤质量综合评价方法。

（2）绿色食品生产技术标准　绿色食品生产技术标准是绿色食品标准体系的核心，它包括绿色食品生产资料使用准则和绿色食品生产技术操作规程两个部分。绿色食品生产资料使用准则是对生产绿色食品过程中物质投入的一个原则性规定，它包括生产绿色食品的农药、肥料、食品添加剂、饲料添加剂、兽药和水产养殖药的使用准则，对允许、限制和禁止使用的生产资料及其使用方法、使用剂量等做出了明确规定。绿色食品生产技术操作规程是以上述准则为依据，按作物种类、畜牧种类和不同农业区域的生产特性分别制定的，用于指导绿色食品生产活动，规范绿色食品生产技术的技术规定，包括农产品种植、畜禽饲养、水产养殖等技术操作规程。

（3）绿色食品产品标准　此项标准是衡量绿色食品最终产品质量的指标尺度。其卫生品质要求高于国家现行标准，主要表现在对农药残留和重金属的检测项目种类多、指标严。而且，使用的主要原料必须是来自绿色食品产地的、按绿色食品生产技术操作规程生产出来的产品。

（4）绿色食品包装标签标准　此项标准规定了进行绿色食品产品包装时应遵循的原则，包装材料选用的范围、种类，包装上的标识内容等。要求产品包装从原料、产品制造、使用、回收和废弃的整个过程都应有利于食品安全和环境保护，包括包装材料的安全、牢固性，节省资源、能源，减少或避免废弃物产生，易回收循环利用，可降解等具体要求和内容。绿色食品产品标签，除要求符合国家《食品标签通用标准》外，还要求符合《中国绿色食品商标标志设计使用规范手册》规定。

（5）绿色食品贮藏、运输标准　此项标准对绿色食品贮运的条件、方法、时间做出规定。以保证绿色食品在贮运过程中不遭受污染、不改变品质，并有利于环保、节能。

（6）绿色食品其他相关标准　绿色食品其他相关标准包括绿色食品生产资料认定标准、绿色食品生产基地认定标准等。

三、经济型控制策略

政府控制农业面源污染的经济措施主要有两种：一种是奖励性的措施，即把农业面源污染的控制纳入政府的"绿色支出"；另一种则是惩罚性的措施，坚持"谁污染、谁治理"的原则，通过税收、排污费等经济杠杆控制农业区农业面源污染源的排放。

1. 奖励性经济措施

（1）农业面源污染控制补偿的理论基础　农业面源污染控制补偿的理论基础是以承认农业生态环境相对独立的地位参与价值创造为前提的，是建立在庇古税理论基础上的农业生产外部成本内部化手段，为保护农业环境开展的公共产品建设，对生态资本投入与效益产出直接偏差实行校正的生态服务价值补偿。农业面源污染生态补偿机制由补偿主体、补偿客体、补偿标准、补偿范围、补偿方式和补偿时间构成。补偿主体主要有国家、社会、区域内和区域间；补偿客体由直接参与面源污染控制工作并产生正外部性效益或者由于面源污染控制导致利益受损的地方政府、单位或个人担当；在同一补偿机制中由于受益者和污染控制执行者不唯一，可以有多个补偿主体、补偿客体的存在。由于地区间农业生产水平、面源污染物种类、污染途径和程度不同，无法将补偿标准、补偿范围和补偿时间量化明确；但在具体补偿标准计算中，应采用经营成本法和收益法结合的方法，且应遵循补偿客体可接受补偿和补偿主体能够承担补偿支出的原则。补偿时间的确定应以确保补偿行为结束后，农业生产者经济净收益能够达到或超过补偿发生前水平为原则。补偿方式可以为政策、实物、资金、技术和智力等。补偿手段主要有行政手段干预、法律法规约束、经济手段调节（税费改革，市场价格调节，经济奖励）和荣誉激励等。在具体补偿途径中，应多种补偿方式、多种手段结合运用。

（2）补贴措施　在奖励性措施中，补贴是主要的措施。补贴是国家根据经济发展规律的客观要求和一定时期的政策需要，通过财政转移的形式直接或间接地对农民实行财政补助，以达到经济稳定协调发展和社会安定的目的。按照WTO《农业协定》的口径，补贴主要分为黄箱补贴和绿箱补贴。黄箱补贴是国家对农产品的直接价格干预和补贴，包括种子、肥料、灌溉等农业投入品补贴、农产品营销贷款补贴、固定直接补贴、休耕补贴和反周期补贴等。绿箱补贴主要包括一般农业服务，如农业科研、病虫害控制、培训、推广和咨询服务、检验服务、农产品市场促销服务、农业基础设施建设等；粮食安全储备补贴；粮食援助补贴；与生产不挂钩的收入补贴；收入保险计划；自然灾害救济补贴；农业生产者退休或转业补贴；农业资源储备补贴；农业结构调整投资补贴；农业环境保护补贴和地区援助补贴等。

绿箱补贴和黄箱补贴中涉及肥料面源污染防治的主要计划和项目包括：农业科研，如提供科技三项费用、实施国家攀登计划农业科学项目等；培训服务，主要是实施绿色证书计划；基础设施服务，进行高产高效农业示范区建设；退耕还林补贴；价格支持措施，即粮棉保护价收购；投入品补贴，主要包括化肥差价补贴、农药差价补贴、农用塑料薄膜差价补贴和其他农业生产资料差价补贴等。农业财政投资，通过国家预算拨款和引导预算外资金的流向、流量，以实现巩固和壮大社会主义经济基础，调节农业产业结构的目的。我国的农业财政投资，主要有农业基本建设投资、农业科技三项费用、支援农村生产支出和农村水利气象等部门的事业费和其他费用这几部分构成。我国农业财政投资的重点主要是改善农业生产条件的投资及农业科研和科技推广投资。前者主要包括农田水利基础设施等，后者主要包括支持建立健全农业社会化服务、农业支持保护体系建设、支持农产品品牌和农业产业化工程、支持农村基础设施和生态环境建设等。其中农田水利基础设施建设和农村生态环境建设的科技支持都对农业面源污染的防治有促进作用。

（3）税收措施　税收措施是在税制建设过程中对农业面源污染的控制持鼓励态度，如在增值税、耕地占用税等税种中采用相关优惠政策。在我国现行税制中，停止执行对部分进口农药免征进口环节增值税的政策，2004年对国产农药免征生产环节增值税的政策停止执行，对农业机耕、排灌、病虫害防治、植保及相关技术培训业务免征营业税等。

（4）农业财政信用　农业财政信用是国家筹集和使用财政资金的一种再分配手段，通过发放低息长期贷款，政府补贴利息差额，并实行担保，对因各种原因收不回来的贷款，政府承担损失，贷款主要用于农民购买各种现代化技术设备和其他生产资料。

2. 惩罚性经济措施

在农业生产中，如果税收价格远高于污染控制成本，污染制造者（农民）就会选择降低污染而不是缴税。通过这种价格作用，减少成本高的生产行为，选择成本低的农业生产方式，就可以达到低成本控制农业生产污染产生的目的。

从发达国家的实践来看，有些发达国家采取化肥税的形式来控制农业生产的化肥投入（如挪威、丹麦、匈牙利、荷兰等），但实行的效果并不理想。而美国的绿色农业补贴采取正向激励机制鼓励农民的环保行为起到了很好作用。目前我国农业面源污染控制还没有明确的经济激励措施。相反，为追求农业的增长，反而通过化肥限价政策（2009年已撤销）和农资补贴政策从供给和需求两个方面都对农民使用化肥给予激励，农民倾向大量使用化肥而疏于精耕细作（金书秦，2009）。

3. 面源污染的不同补偿途径

农业面源控制补偿途径研究表明，不同污染物和不同污染类型区应采用不同的补偿途径。化肥污染的补偿途径主要有规划生态敏感区和种植区、替代生产技术支持、替代产品输入支持等；畜禽养殖污染控制补偿主要应通过实施禁养区和养殖区规划、畜禽粪便无害化处理和资源化利用技术支持、鼓励兴建大中型生态养殖场等；作物秸秆污染的控制补偿可主要通过实施秸秆还田技术、能源化利用开发支持。不同类型区农业面源污染控制补偿途径分析表明：水源涵养地和江河源头区应实施充分补偿或完全补偿，并规划农业生产生态敏感区，适宜种、养区，鼓励和支持在水源地和江河源头区周边建设人工湿地、植被缓冲带和生物篱笆带，发展替代产业（如生态旅游）降低地区农业生产污染风险；粮食主产区在实施化肥、农药、作物秸秆、废弃农膜污染控制补偿的同时，应对生产者实施安全生产智力补偿；河网水域区污染补偿途径应重点放在规划生态敏感区和适宜种、养区，支持肥效释放相对较慢的控释肥、缓效肥、微生物肥等代替传统化肥输入，低毒、低残留、高效农药代替传统高残留农药输入，鼓励在水域周边建设人工湿地等；农村生活区污染控制在实施污水处理补偿和生活垃圾处理补偿同时，应通过多种渠道加强地方环保教育，提高农民环境保护意识；城乡结合部在污染控制上，应从生产者、替代技术，替代辅助能投入三方面着手，鼓励农民成立多种形式的农民协会、鼓励多户联合兴建大中型生态养殖场和规模化生产区等开展农业生产污染控制补偿（曲环，2007）。

四、功能布局型控制策略

功能布局型策略就是通过农业功能区的设置、农业种植结构的调整以及畜牧业与种植业协调等方式，合理使用肥料，从而在农业发展基础上控制肥料面源污染。

1. 规划肥料施用生态敏感区和可种植区

对不同地区肥料施用污染水平进行划分，在此基础上将某些农业面源污染发生敏感区划分为农业环境重点保护区，肥料、农药施用敏感区，畜禽养殖敏感区，并对地区农业生产方式、辅助投入等进行规范，并对生态敏感区（如城市饮用水源地周围、水源涵养地、大江大河源头等）可适于种植作物包括菜、果、花、粮、绿肥等，肥料可施用种类、施肥结构、施肥数量等进行明确规定。

2. 调整农业种植结构，扩大发展绿色产业

解决化肥污染的最佳途径在于调整农业种植结构，减少农作物的播种面积，

发展绿色产业，为绿化提供植树造林和景观建设的苗木、花卉。农业种植内部结构调整要根据不同农作物的化肥用量，本着将化肥污染控制在最低限度的原则，采用"源头控制"的措施降低化肥用量。从节约水资源，减轻化肥污染的角度出发，种植结构调整应首先减少粗放经营的蔬菜种植面积，扩大发展设施农业蔬菜种植，提供精品、高质量蔬菜产品的同时，减少面源污染；其次应减少主要粮食作物小麦的种植，适当增加耐旱、抗病虫经济作物的种植面积。通过合理调整农业种植结构，可以达到降低整个地区的化肥总用量的目的（宋秀杰等，2010）。

3. 畜牧业与种植业良性互动

畜牧业与种植业良性互动要坚持种养结合，合理规划布局。以发展生态、循环、有机畜牧业为方向，深化果畜结合、菜畜结合、粮畜结合，实现果畜、菜畜良性互动，构建养殖业与种植业优势互补、资源共享、良性互动的可持续生态系统。

五、技术应用型控制策略

技术应用型控制策略就是使用各类肥料技术、计算机网络技术，开展肥料面源污染调控，从而实现肥料面源污染控制的目标。从肥料面源污染处理角度分析，相关的技术可以分为预防技术、治理技术和辅助技术 3 类。核心技术的分析和介绍详见本章第三节肥料面源污染防控关键技术。

1. 预防技术

（1）减量化技术　土肥减量化发展模式是指利用现代农业先进技术，最大程度地减少能源、化肥、农药等要素的投入，并在作物的整个生命周期内注入低碳发展理念的新型农业发展模式。减量化技术主要如下。

①推行测土配方和平衡施肥技术，降低化肥的施用量，从而减少化肥对地下水和土壤的侵染，改善土质。

②实施氮磷减量与限量控制技术，逐步减少化肥依赖。在保证产量的前提下，适当减少氮肥的生产量和施用量，采用有机肥替代部分氮肥。

③推行新型肥料技术。近年来，缓控释肥的推广应用表明，缓控释肥在低碳方面成效显著。缓控释肥可根据作物养分需求控制养分释放，改变了化肥因溶解过快、养分流失而难以满足作物各生育阶段对养分不同需求的缺点，可以大大提高肥料的利用率、保护环境、节约能源、简化农作物生产技术、帮助农民节本增收。

④发展绿肥种植技术。绿肥是清洁的有机肥源，不存在化肥和畜禽粪便中重金属残留物问题，可以活化和富集深层土壤养分到表层，提高肥料利用率，减少化肥用量，实现节能减排；另外，绿肥种植和还田还可以改善土壤结构，大幅增加土壤有机质含量；同时恢复和发展多种绿肥种植方式以治理裸露农田，有

效阻止因风蚀与水蚀导致的土壤质量退化与土壤有机碳损失。

⑤绿色肥料技术。绿色肥料又称环境友好型肥料或环境协调型肥料，即利用现代高新技术来设计和生产能够最大限度减少肥料对人类健康危害、减轻环境污染而又能维持相对高的农产品产量和品质的肥料品种，它必须满足最少资源和能源消耗、最轻环境污染且具有最大的养分可循环利用（赵永志等，2012）。绿色肥料技术的提出要求有关科研单位和生产部门在进行肥料生产与设计的同时，必须做出有利于环境、有利于维持生态平衡的技术选择。

⑥生态种植技术。生态种植是指在保护、改善农业生态环境的前提下，遵循生态学、生态经济学规律，运用系统工程方法和现代科学技术，集约化经营的农业发展模式。生态种植是一个生态经济复合系统，将种植生态系统同种植经济系统综合统一起来，以取得最大的生态经济整体效益。这也是农、林、牧、副、渔各业综合起来的大农业，又是农业生产、加工、销售综合起来，适应市场经济发展的现代农业。

（2）循环技术 循环技术就是以循环经济理论为指导，以农业可持续发展为目标，将传统"资源—产品—废弃物"的线性生产方式转变为"资源—产品—废弃物—再生资源"的一类技术。典型的有秸秆还田循环利用模式、秸秆造肥循环模式等。

2. 治理类技术

土壤修复是指利用物理、化学和生物的方法转移、吸收、降解和转化土壤中的污染物，使其浓度降低到可接受水平，或将有毒有害的污染物转化为无害的物质。从根本上说，污染土壤修复的技术原理可包括改变污染物在土壤中的存在形态或同土壤的结合方式，降低其在环境中的可迁移性与生物可利用性；降低土壤中有害物质的浓度。

3. 辅助技术

辅助技术主要包括土壤诊断技术，土、肥、作物检测技术、农业自动化技术和计算机网络技术等。

（1）土壤诊断技术 土壤特性的空间变异是指在一定区域内，同一时间，不同点的土壤特性存在着的明显差异性。目前在国内外开展的精准农业实践，正是基于田间信息的空间变异性，精细准确地调整各项管理措施和各项物质投入的量，获得最大的经济效益。开展土壤特性的空间变异性的研究是开展精准农业实践必要的基础研究。土壤特性的变异包括静态变异（如土壤质地和有机质含量）和动态变异（如土壤的温度和湿度）。但土壤物化特性的变异更为重要，它是影响作物产量变化的主要因素。

（2）土、肥、作物检测技术 土壤、植物、肥料检测是土肥工作的重要环节，也是制定养分配方、开展土壤污染预警、肥料监管的重要依据。土肥检测技术和方法是实现土壤、肥料、作物检测的基础技术和方法，也是实现数字土肥"数字准"的关键技术，从检测对象上分，土肥检测技术可以分为土壤检测技术、肥料检测技术和作物检测技术，同时三者不同的检测内容也存在不同的检测方法。土肥检测技术是数字土肥建设的基础性技术。

（3）农业自动化技术 农业自动化技术就是通过计算机对来自于农业生产系统中的信息进行及时采集和处理，以及根据处理结果控制系统中的某些设备、装置或环境，从而实现农业生产过程中的自动检测、记录、统计、监视、报警和自动启停等。农业自动化技术实现土肥业务工作在农田现场的自动信息采集，农田设施、设备的自动控制，主要包括传感技术、自动控制技术等。

（4）信息技术 信息技术的发展促进了数字土肥的建设与发展，通过分析国内外数字土肥的建设情况，我们不难发现，数字土肥的建设不是一两项信息技术的简单应用，而是集网络技术、硬件技术、软件技术、信息管理技术、安全运维技术、农业自动化技术和土肥专业技术等技术于一体的综合技术应用。而数字土肥的相关技术必然为肥料的面源污染调控系统建设提供技术支撑。

六、教育培训型控制策略

教育培训策略就是通过适当的土肥技术教育、培训、推广以及奖励措施，教育、引导农民正确使用土肥技术、合理使用肥料，从而最大程度减轻农户施肥过程产生的肥料面源污染。教育培训策略主要包括大众教育、技术宣传、技术培训以及荣誉激励等内容。

1. 大众教育

发达国家在面源污染控制过程中，注重自下而上的管理体制，注重农民的参与，积极发挥农民合作社等组织的作用，广泛开展各类指导教育，提供决策支持服务。而我国主要依据各类行政规章和至上而下的行政管理，不注重发挥农户的作用，环境教育及科技支撑尚处普及和发展阶段。农业面源污染调控的最终目的是引导微观层面的农户自觉调整自身的生产行为，采取对环境友好的农业生产行为。与发达国家相比，我国的大众教育还有很大差距。

2. 技术宣传

土肥技术宣传的目的多种渠道推广农业技术知识，促进农业生产科学化管理，提高农业现代化水平。土肥宣传工作包括以下3个方面。

①加强土肥技术宣传，重点做好测土配方施肥技术推广，做到科学施肥，科学种田。

②加强秸秆综合利用宣传，尤其是在夏收秋收期间，加强秸秆禁烧和综合利用的宣传，减少资源浪费和保护环境。

③加强土肥专业化服务组织的宣传，力争在各镇各村均建立专业化服务机构。

3. 技术培训

土肥技术培训是提高农民科学施肥意识、普及土肥技术的重要手段。农民是土肥技术的最终使用者，迫切需要向农民传授科学施肥方法和模式；同时还要加强对各级技术人员、肥料生产企业、肥料经销商的系统培训，逐步建立技术人员和肥料经销持证上岗制度。一般来说，国家农业技术推广服务中心将适时组织省级土壤监测人员进行有关数据处理方面的培训。省级土壤监测主持部门（土肥站、测试中心、农技中心）不定期地组织市、县和农民监测员进行有关土壤监测技术规程方面的培训（《全国耕地土壤监测管理办法》，2004）。土肥技术培训有多种形式，主要包括专题培训、以会代训和外出培训等。

4. 施肥推荐

施肥推荐就是在田间试验的基础上，摸清土壤养分校正系数、土壤供肥量、农作物需肥规律和肥料利用率等基本参数，建立不同施肥分区，主要作物的氮、磷、钾肥料效应模式和施肥指标体系为基础，再由专家分区域、分作物根据土壤养分测试数据、作物需肥规律、土壤供肥特点和肥料效应，在合理配施有机肥的基础上，提出氮、磷、钾及中、微量元素等肥料配方。

配方选定一般由农业专家和专业科技人员完成。农业专家和专业科技人员在分析研究有关技术数据资料的基础上，科学确定肥料配方。各地的农业技术推广中心、土肥站负责本地的肥料配方。首先要由农户提供地块种植的作物及其规划的产量指标，农业科技人员根据一定产量指标的农作物需肥量、土壤的供肥量以及不同肥料的当季利用率，选定肥料配比和施肥量。这个肥料配方应按测试地块落实到户。按户、按作物开方，以便农户按方买肥，对症下药。

配方落实到农户田间是提高和普及测土配方施肥技术的最关键环节。目前，不同的地区有不同的模式，其中最主要的也是最有市场前景的运作模式就是市场化运作、工厂化加工、网络化经营。这种模式适应我国农村农民科技水平低、土地经营规模小、技物分离的现状。

5. 荣誉激励

荣誉激励是指通过对在农业面源污染控制工作中做出突出贡献的单位、个人或集体给予荣誉称号或挂靠行政虚职，通过精神奖励和社会知名度扩大，可以达到以下3个目的。

①激励本人、单位、集体以更高的热情投入到农业面源污染控制工作中。

②通过宣传，将成功污染控制经验介绍到别的地区，扩大肥料面源污染控制面积，增强控制效果。

③荣誉激励可以产生"领袖效应"，带动更多的人参与到肥料面源污染控制工作中。目前，我国在很多领域都实施荣誉激励手段，如"劳动能手""劳动模范""优秀科技工作者""先进个人""诚信单位"等，取得了良好的宣传效应和

促进生产发展效果，因此肥料面源污染控制工作中也可以尝试通过荣誉激励提高地方和个人参与肥料面源污染控制工作积极性，共同规范农业生产活动。

七、监管型控制策略

化肥污染属于非点源污染，污染现象是由众多污染者共同造成的，在管理上往往很难划分污染者的责任；同样的行为造成的污染程度存在空间差异，但是现有的政策标准都是统一执行的，造成管理上存在困难。监管控制策略就是要依据相关法律、法规，从源头控制，加强肥料管理，以减少肥料带来的污染。

1. 肥料登记

依据《中华人民共和国肥料管理条例》，国家实行肥料产品登记制度。生产和进口的肥料应当进行登记。国务院农业行政主管部门负责全国肥料登记管理工作，省、自治区、直辖市人民政府农业行政主管部门负责本辖区肥料登记管理工作。省级以上人民政府农业行政主管部门所属肥料机构办理肥料登记具体工作。其中，省，自治区、直辖市人民政府农业行政主管部门负责本辖区生产的氮肥、磷肥、钾肥、复合肥料，复混肥料、有机肥料，床土调酸剂等肥料产品的登记。国务院农业行政主管部门负责含微量元素肥料、含中量元素肥料、微生物肥料，土壤调理剂，进口肥料，省级未规定的其他肥料产品登记。肥料登记申请者应当是经工商行政主管部门登记注册的肥料生产者或具有合法证明的国外肥料生产者或其代理商。

2. 肥料执法监督

依据《中华人民共和国肥料管理条例》，县级以上人民政府农业行政主管部门应当配备一定数量的肥料执法人员。肥料执法人员应具有相应的专业学历并从事肥料工作 3 年以上，经培训考核合格，取得执法证，持证上岗。

省级以上人民政府农业行政主管部门负责制定肥料监督抽查计划并组织实施，向社会公告监督抽查结果。县级以上人民政府农业行政主管部门根据肥料监督抽查计划对本辖区内的肥料生产者、销售者、使用者实施监督抽查，肥料生产者、销售者、使用者不得拒绝。依法实施监督抽查时，肥料执法人员应当出示证件，不得向被抽查者收取费用。

第三节　肥料面源污染防控关键技术

目前，肥料面源污染防控经常使用的技术包括最佳养分管理技术、测土配方施肥技术、水肥一体化技术、缓控释肥技术、新型肥料技术、新型种植技术、秸秆还田技术、保护性耕作技术、土壤修复技术以及信息技术等。

一、最佳养分管理技术

由于养分在土壤中的积累增加了农业排水中磷的流失潜力，对水环境造成了威胁。所以人们普遍认为必须加强土壤养分管理。相关的土壤管理技术主要涉及土壤本身养分水平以及从土壤向环境养分迁移的控制、对氮素流失的控制。首先是提高氮肥的利用率，采用无机氮作为推荐施肥指标的诊断依据，同时深施也可提高氮素的利用率。另外，减少氮素损失途径。这都可避免土壤中氮的过量积累；控制磷流失主要是：磷源控制、磷素地表流失控制、土内流失控制以及水力的控制技术。

1. 养分资源综合管理

（1）养分资源综合管理的基本原理 养分资源综合管理的基础是实现每个田块水平下的合理施肥。在田块水平上，以协调作物高产与环境保护为核心目标，以高产优质作物的生长发育规律、养分需求规律和品质形成规律为依据，以养分平衡为主要原理，在充分考虑土壤和环境养分供应的同时，针对不同养分资源的特征实施不同的管理策略，实现作物养分需求与养分资源供应的同步（贾晓红等，2010）。即对根层土壤养分进行有效调控以达到如下目标。

①保证根层土壤养分的有效供应以满足作物高产对养分的需求。

②避免根层土壤养分的过量累积，以减少养分向环境的迁移。

采用平衡供应方法，将根层土壤养分浓度控制在"既能满足作物的养分需求，又不至于造成养分大量损失"的合理范围内。对于一个区域，如乡镇、区、市，种植的每种作物均可根据土壤类型、土壤测试数据、作物需肥规律等因素划分为几个养分管理类型区。同一类型区，可以采取相对一致的养分资源管理技术及指标体系。

（2）氮素养分资源的综合管理 为了便于技术推广，田块水平的氮素养分资源管理策略主要是根据农业部测土配方施肥技术而实现的，即针对土壤氮素和氮肥效应"易变"的特点及农业生产中作物氮素吸收和氮素供应难以同步的现状，从根层养分调控原理出发，根据高产作物氮素吸收特征，提出了氮素实时监控技术。氮素实时监控技术的要点如下。

①根据高产作物不同生育阶段的氮素需求量确定作物根层氮素供应强度。

②作物根层深度随根系有效吸收层次的变化而变化，并受到施肥调控措施的影响。

③通过土壤和植株速测技术对根层土壤氮素供应强度进行实时动态监控。

④通过外部肥料氮肥投入将作物根层的氮素供应强度始终调控在合理的范围内。

通过"线性+平台"模型的应用可以将一定区域内某一作物的施肥总量控

制在一定范围内，并提出施肥指标体系。但是，由于土壤氮素强烈的时空变异，以及像蔬菜等作物经常性的灌溉施肥，必须对作物不同生育阶段的氮素供应进行精细调控，实现少量多次的原则。从蔬菜氮素养分吸收特点看，一般作物前期养分吸收慢，吸收量少，养分的大量吸收主要在开花结果后，施肥策略制定必须考虑蔬菜的生长特点和养分吸收规律，在充分利用土壤和环境氮素的基础上，以施肥为控制手段，使氮素养分的供应与作物需求同步，达到协调作物高产与环境保护的目的。

对于果树等具有典型贮藏营养特点的氮素推荐，由于对果树贮藏营养特点了解得不多，因此应用实时监控技术存在一定的困难，必须根据目标产量和通过试验条件下的合理施肥数量以及土壤临界指标等原理实行长期的氮素营养恒量监控技术。据此实现作物根系氮素吸收与土壤、环境氮素供应和外部肥料氮肥投入在时间上的同步和空间上的耦合，最大限度地协调作物高产与环境保护的关系。

（3）磷钾素养分资源的综合管理　与氮肥不同，磷、钾肥施入土壤后相对稳定，因此可以基于养分丰缺指标采用恒量监控技术，主要包括如下内容。

①以保障作物持续稳定高产又不造成环境风险或资源浪费为目标，确定根层土壤有效磷和有效钾的合理范围。保障持续、稳定的作物高产需要的土壤肥力，这是根层土壤有效磷和有效钾应达到的下限；土壤有效磷和有效钾不应高到对环境造成风险（水体富营养化）或养分资源利用效率太低，这是根层土壤有效磷和有效钾应控制的上限。

②通过长期定位试验和养分平衡来调控磷和钾肥料用量。通过长期定位试验发现，磷、钾肥具有长期的后效，且土壤有效磷和有效钾的变化主要是由土壤——作物系统磷、钾收支平衡决定的，因此必须利用长期定位试验来进行根层土壤有效磷、有效钾的定量化调控研究。

对照土壤有效磷、有效钾的标准确定作物是否施磷钾以及施肥数量，土壤磷钾水平较低时，施磷钾目标为获得期望产量与增加土壤磷钾库；土壤磷钾水平较高时，施磷钾仅仅是为了达到更好的产量水平，磷钾施用数量也较少。土壤磷钾达到极高水平时，可以不施用磷钾肥。果树、蔬菜和粮食作物在磷钾养分供应策略上基本一致，只是指标上和施用时期等方面存在一定的区别。

（4）微量元素养分资源的综合管理　微量元素也是作物生长必需的营养元素，但作物微量元素需求量不大，土壤一般能满足作物生长需要。但当土壤中微量元素低于作物生长临界值时，施用微肥也会有不同程度的增产作用。微肥的施用条件比较严格，供应不足会抑制作物生长，施用过量会污染土壤，且造成营养元素间的比例失调，补施微肥要有针对性。微量元素养分综合管理的原则是"缺什么补什么"，即当土壤中微量元素含量低于临界时，可每隔两年底施一次微肥。微肥用量少，可先将微肥掺到有机肥中混合均匀后，随着有机肥施用一同施入。对于粮食作物，如果不使用有机肥时，可采取微肥拌种使用，或选择含有微量元素的复合肥。

二、测土肥配方施肥技术

1. 测土配方施肥的基本概念

测土配方施肥是以土壤测试和肥料田间试验为基础，根据作物的需肥规律、土壤供肥性能和肥料效应，在合理施用有机肥料的基础上，提出氮、磷、钾及中、微量元素的施用数量、施肥时期和施肥方法。通俗地讲就是在农业科技人员的指导下科学施用配方肥料。测土配方施肥技术的核心是调节和解决作物需肥与土壤供肥之间的矛盾，有针对性地补充作物所需的营养元素，作物缺什么元素补什么元素，需要多少补多少，实现各种养分的平衡供应，满足作物的需要，达到提高肥料利用率和减少肥料用量、提高作物产量、改善作物品质、节支增收的目的。

2. 测土配方施肥的基本原理

测土配方施肥是以养分归还（补偿）学说、最小养分律、同等重要律、不可代替律、肥料效应报酬递减律和因子综合作用律等理论为依据，以确定不同养分的施肥总量和配比为主要内容。为了充分发挥肥料的最大增产效益，施肥必须与选用良种、肥水管理、种植密度、耕作制度和气候变化等影响肥效的诸因素结合，形成一套完整的施肥技术体系。

测土配方施肥的基本原理富有 3 个方面的基本内涵。

测土：摸清土壤的养分状况，掌握土壤的供肥性能。

配方：根据土壤缺什么元素，确定补充什么元素，其核心是根据土壤、作物状况和产量要求，确定施用肥料的配方、品种和数量。

施肥：按照上述配方，合理安排基肥和追肥比例，规定施用时间和方法，以发挥肥料的最大增产作用。

（1）养分归还（补偿）学说 土壤虽然是个巨大的"养分库"，但不能把它看作是取之不尽、用之不竭的，每年种植农作物带走了大量的土壤养分，作物产量的形成有 40% ～ 80% 的养分来自土壤。为保证土壤有足够的养分供应容量和强度，保持土壤养分的携出与输入间的平衡，必须通过施肥这一措施把作物吸收的养分"归还"土壤，确保土壤肥力。

（2）最小养分律（水桶定律） 作物生长发育需要吸收各种养分，但严重影响作物生长，限制作物产量的是土壤中那种相对含量最小的养分因素，也就是最缺的那种养分（最小养分）。如果忽视这个最小养分，即使继续增加其他养分，作物产量也难以再提高。只有增加最小养分的量，产量才能相应提高。经济合理的施肥方案，是将作物所缺的各种养分同时按作物所需比例相应提高，作物才会高产。

（3）同等重要律 对农作物来讲，不论大量元素还是微量元素，都是同样重要缺一不可的，即缺少某一种微量元素，尽管它的需要量很少，仍会影响某种生理功能而导致减产。例如，玉米缺锌导致植株矮小而出现花白苗，水稻苗期缺锌造成僵苗，棉花缺硼使得蕾而不花。微量元素与大量元素同等重要，不能因为需要量少而忽略。

（4）不可代替律 作物需要的各营养元素，在作物内都有一定功效，相互之间不能替代。例如，缺磷不能氮代替，缺钾不能用氮、磷配合代替。缺少什么营养元素，就必须施用含有该元素的肥料进行补充。

（5）报酬递减律 从一定土地上所得的报酬，随着向该土地投入的劳动和资本量的增大而有所增加，但达到一定水平后，随着投入的单位劳动和资本量的增加，报酬的增加却在逐步减少。当施肥量超过适量时，作物产量与施肥量之间的关系就不再是曲线模式，而呈抛物线模式了，单位施肥量的增产会呈递减趋势。

（6）因子综合作用律 作物产量高低是由影响作物生长发育诸因子综合作用的结果，但其中必有一个起主导作用的限制因子，产量在一定程度上受该限制因子的制约，可用函数式来表达作物产量与环境因子的关系：

$Y = f(N、W、T、G、L)$

式中 Y——农作物产量；

N——养分；

W——水分；

T——温度；

G——二氧化碳（CO_2）浓度；

L——光照。

为了充分发挥肥料的增产作用和提高肥料的经济效益，一方面，施肥措施必须与其他农业技术措施密切配合，发挥生产体系的综合功能；另一方面，各种养分之间的配合作用，也是提高肥效不可忽视的问题。

3. 测土配方施肥的基本原则

（1）氮磷钾相配合 氮、磷、钾相配合是测土配方施肥的重要内容。随着产量的不断提高，在土壤高强度消耗养分的情况下，必须强调氮、磷、钾相互配合，并补充必要的微量元素，才能获得高产稳产。

（2）有机与无机相结合 实施测土配方施肥必须以有机肥料为基础，增施有机肥料可以增加土壤有机质含量，改善土壤理化性状，提高土壤保水保肥能力，增强土壤微生物的活性，促进化肥利用率的提高。因此，必须坚持多种形式的有机肥料投入，才能够培肥地力，实现农业可持续发展。

（3）大量、中量、微量元素配合 各种营养元素的配合是配方施肥的重要内容，随着产量的不断提高，在耕地高度集约利用的情况下，必须进一步强调氮、磷、钾肥的相互配合，并补充必要的中量、微量元素，才能获得高产稳产。

（4）用地与养地相结合，投入与产出平衡　要使作物－土壤－肥料形成物质和能量的良性循环，必须坚持用养结合，投入产出相平衡。破坏或消耗了土壤肥力，就意味着降低了农业再生产的能力。

4. 测土配方施肥的基本方法

基于田块的肥料配方设计首先确定氮、磷、钾养分的用量，然后确定相应的肥料组合，通过提供配方肥料或发放配肥通知单，指导农民使用。肥料用量的确定方法主要包括土壤与植物测试推荐施肥方法、肥料效应函数法、土壤养分丰缺指标法和养分平衡法。

（1）土壤与植物测试推荐施肥方法　该技术综合了目标产量法、养分丰缺指标法和作物营养诊断法的优点。对于大田作物，在综合考虑有机肥、作物秸秆应用和管理措施的基础上，根据氮、磷、钾和中、微量元素养分的不同特征，采取不同的养分优化调控与管理策略。其中，氮肥推荐根据土壤供氮状况和作物需氮量，进行实时动态监测和精确调控，包括基肥和追肥的调控；磷、钾肥通过土壤测试和养分平衡进行监控；中、微量元素采用因缺补缺的矫正施肥策略。该技术包括氮素实时监控、磷钾养分恒量监控和中、微量元素养分矫正施肥技术。

①氮素实时监控施肥技术。根据不同土壤、不同作物、不同目标产量确定作物需氮量，以需氮量的 30% ～ 60% 作为基肥用量。具体基施比例根据土壤全氮含量，同时参照当地丰缺指标来确定。一般在全氮含量偏低时，采用需氮量的 50% ～ 60% 作为基肥；在全氮含量居中时，采用需氮量的 40% ～ 50% 作为基肥；在全氮含量偏高时，采用需氮量的 30% ～ 40% 作为基肥。30% ～ 60% 基肥比例可根据上述方法确定，并通过"3414"田间试验进行校验，建立当地不同作物的施肥指标体系。有条件的地区可在播种前对 0 ～ 20 厘米土壤无机氮（或硝态氮）进行监测，调节基肥用量。

$$基肥用量（千克／亩）= \frac{（目标产量需氮量－土壤无机氮）×（30\% ～ 60\%）}{肥料中养分含量 × 肥料当季利用率}$$

其中：土壤无机氮（千克／亩）＝土壤无机氮测试值（毫克／千克）×0.15×校正系数

氮肥追肥用量推荐以作物关键生育期的营养状况诊断或土壤硝态氮的测试为依据，这是实现氮肥准确推荐的关键环节，也是控制过量施氮或施氮不足、提高氮肥利用率和减少损失的重要措施。测试项目主要是土壤全氮含量、土壤硝态氮含量或小麦拔节期茎基部硝酸盐浓度、玉米最新展开叶叶脉中部硝酸盐浓度，水稻采用叶色卡或叶绿素仪进行叶色诊断。

②磷钾养分恒量监控施肥技术。根据土壤有（速）效磷、钾含量水平，以

土壤有（速）效磷、钾养分不成为实现目标产量的限制因子为前提，通过土壤测试和养分平衡监控，使土壤有（速）效磷、钾含量保持在一定范围内。对于磷肥，基本思路是根据土壤有效磷测试结果和养分丰缺指标进行分级，当有效磷水平处在中等偏上时，可以将目标产量需要量（只包括带出田块的收获物）的 100% ～ 110% 作为当季磷肥用量；随着有效磷含量的增加，需要减少磷肥用量，直至不施；随着有效磷的降低，需要适当增加磷肥用量，在极缺磷的土壤上，可以施到需要量的 150% ～ 200%。在 2 ～ 3 年后再次测土时，根据土壤有效磷和产量的变化再对磷肥用量进行调整。钾肥首先需要确定施用钾肥是否有效，再参照上面方法确定钾肥用量，但需要考虑有机肥和秸秆还田带入的钾量。一般大田作物磷、钾肥料全部做基肥。

③中微量元素养分矫正施肥技术。中、微量元素养分的含量变幅大，作物对其需要量也各不相同。主要与土壤特性 (尤其是母质)、作物种类和产量水平等有关。矫正施肥就是通过土壤测试，评价土壤中、微量元素养分的丰缺状况，进行有针对性的因缺补缺的施肥。

（2）肥料效应函数法　根据"3414"方案田间试验结果建立当地主要作物的肥料效应函数，直接获得某一区域、某种作物的氮、磷、钾肥料的最佳施用量，为肥料配方和施肥推荐提供依据。

（3）土壤养分丰缺指标法　通过土壤养分测试结果和田间肥效试验结果，建立不同作物、不同区域的土壤养分丰缺指标，提供肥料配方。

土壤养分丰缺指标田间试验也可采用"3414"部分实施方案。"3414"方案中的处理 1 为空白对照（CK），处理 6 为全肥区（NPK），处理 2、4、8 为缺素区（即 PK、NK 和 NP）。收获后计算产量，用缺素区产量占全肥区产量百分数即相对产量的高低来表达土壤养分的丰缺情况。相对产量低于 50% 的土壤养分为极低；相对产量 50% ～ 60%（不含）为低，60% ～ 70%（不含）为较低，70% ～ 80%（不含）为中，80% ～ 90%（不含）为较高，90%（含）以上为高，从而确定适用于某一区域、某种作物的土壤养分丰缺指标及对应的肥料施用数量。对该区域其他田块，通过土壤养分测试，就可以了解土壤养分的丰缺状况，提出相应的推荐施肥量。

（4）养分平衡法

①基本原理与计算方法。根据作物目标产量需肥量与土壤供肥量之差估算施肥量，计算公式为：

$$施肥量（千克 / 亩）= \frac{目标产量所需养分总量 - 土壤供肥量}{肥料中养分含量 \times 肥料当季利用率}$$

养分平衡法涉及目标产量、作物需肥量、土壤供肥量、肥料利用率和肥料中有效养分含量五大参数。土壤供肥量即为"3414"方案中处理 1 的作物养分吸收量。目标产量确定后因土壤供肥量的确定方法不同，形成了地力差减法和土壤有效养分校正系数法两种。

地力差减法是根据作物目标产量与基础产量之差来计算施肥量的一种方法。其计算公式为：

$$施肥量（千克/亩）= \frac{（目标产量－基础产量）\times 单位经济产量养分吸收量}{肥料中养分含量 \times 肥料利用率}$$

基础产量即为"3414"方案中处理1的产量。

土壤有效养分校正系数法是通过测定土壤有效养分含量来计算施肥量。其计算公式为：

$$施肥量（千克/亩）= \frac{作物单位产量养分吸收量 \times 目标产量}{肥料中养分含量 \times 肥料利用率} -$$
$$\frac{土壤测试值 \times 0.15 \times 土壤有效养分校正系数}{肥料中养分含量 \times 肥料利用率}$$

②有关参数的确定

A. 目标产量　目标产量可采用平均单产法来确定。平均单产法是利用施肥区前三年平均单产和年递增率为基础确定目标产量，其计算公式是：

目标产量（千克/亩）=（1＋递增率）× 前3年平均单产（千克/亩）

一般粮食作物的递增率为10%～15%，露地蔬菜为20%，设施蔬菜为30%。

B. 作物需肥量　通过对正常成熟的农作物全株养分的分析，测定各种作物百千克经济产量所需养分量，乘以目标常量即可获得作物需肥量。

$$\frac{作物目标产量}{所需养分量（千克）} = \frac{目标产量（千克）}{100} \times 百千克产量所需养分量（千克）$$

C. 土壤供肥量　土壤供肥量可以通过测定基础产量、土壤有效养分校正系数两种方法估算：

通过基础产量估算（处理1产量）：不施肥区作物所吸收的养分量作为土壤供肥量。

$$土壤供肥量（千克）= \frac{不施养分区农作物产量（千克）}{100} \times 百千克产量所需养分量（千克）$$

通过土壤有效养分校正系数估算：将土壤有效养分测定值乘一个校正系数，以表达土壤"真实"供肥量。该系数称为土壤有效养分校正系数。

$$土壤有效养分校正系数（\%）= \frac{缺素区作物地上部分吸收该元素量（千克/亩）}{该元素土壤测定值（毫克/千克）\times 0.15}$$

D. 肥料利用率　一般通过差减法来计算：利用施肥区作物吸收的养分量减

去不施肥区农作物吸收的养分量，其差值视为肥料供应的养分量，再除以所用肥料养分量就是肥料利用率。

$$肥料利用率（\%）=\frac{施肥区农作物吸收养分量（千克/亩）-缺素区农作物吸收量养分量（千克/亩）}{该元素土壤测定值（毫克/千克）\times0.15}\times100$$

上述公式以计算氮肥利用率为例来进一步说明。

施肥区（NPK区）农作物吸收养分量（千克/亩）："3414"方案中处理6的作物总吸氮量。

缺氮区（PK区）农作物吸收养分量（千克/亩）："3414"方案中处理2的作物总吸氮量。

肥料施用量（千克/亩）：施用的氮肥肥料用量。

肥料中养分含量（%）：施用的氮肥肥料所标明的含氮量。

如果同时使用了不同品种的氮肥，应计算所用的不同氮肥品种的总氮量。

E.肥料养分含量　供施肥料包括无机肥料与有机肥料。无机肥料、商品有机肥料含量按其标明量，不明养分含量的有机肥料养分含量可参照当地不同类型有机肥养分平均含量获得。

5.测土配方施肥的基本内容

测土配方施肥技术包括"测土、配方、配肥、供应、施肥指导"5个核心环节和"野外调查、田间试验、土壤测试、配方设计、校正试验、配方加工、示范推广、宣传培训、数据库建设、效果评价、技术创新"11项重点内容。

6.测土配方施肥的核心环节

（1）测土　在广泛的资料收集整理、深入的野外调查和典型农户调查，掌握耕地立地条件、土壤理化性质与施肥管理水平的基础上，按每100～200亩（丘陵山区30～80亩）农田确定取样单元及取样农户地块，采集有代表性的土样1个；对采集的土样进行有机质、全氮、水解氮、有效磷、缓效钾、速效钾及中、微量元素等养分的化验，为制定配方和田间肥料试验提供基础数据。

（2）配方　以开展田间肥料小区试验，摸清土壤养分校正系数、土壤供肥量、农作物需肥规律和肥料利用率等基本参数，建立不同施肥分区主要作物的氮、磷、钾肥料效应模式和以施肥指标体系为基础，再由专家分区域、分作物根据土壤养分测试数据、作物需肥规律、土壤供肥特点和肥料效应，在合理配施有机肥的基础上，提出氮、磷、钾及中、微量元素等肥料配方。

（3）配肥　依据施肥配方，以各种单质或复混肥料为原料，配制配方肥。目前推广上有两种方式：一是农民根据配方建议卡自行购买各种肥料，配合施用；二是由配肥企业按配方加工配方肥，农民直接购买施用。

（4）供应　供肥测土配方施肥最具活力的供肥运作模式是通过肥料招投标，以市场化运作、工厂化生产和网络化经营将优质肥料供应到户、到田。

（5）施肥　制定、发放测土配方施肥建议卡到户或供应配方肥到点，并建立测土配方施肥示范区，通过树立样榜田的形式来展示测土配方施肥技术效果，引导农民应用测土配方施肥技术。

7.配方肥料的合理施用

在养分需求与供应平衡的基础上，坚持有机肥料与无机肥料相结合；坚持大量元素与中量元素、微量元素相结合；坚持基肥与追肥相结合；坚持施肥与其他措施相结合。在确定肥料用量和肥料配方后，合理施肥的重点是选择肥料种类、确定施肥时期和施肥方法等。

（1）配方肥料种类　根据土壤性状、肥料特性、作物营养特性、肥料资源等综合因素确定肥料种类，可选用单质或复混肥料自行配制配方肥料，也可直接购买配方肥料。

（2）施肥时期　根据肥料性质和植物营养特性，适时施肥。植物生长旺盛和吸收养分的关键时期应重点施肥，有灌溉条件的地区应分期施肥。对作物不同时期的氮肥推荐量的确定，有条件区域应建立并采用实时监控技术。

（3）施肥方法　常用的施肥方式有撒施后耕翻、条施、穴施等。应根据作物种类、栽培方式、肥料性质等选择适宜施肥方法。例如，氮肥应深施覆土，施肥后灌水量不能过大，否则造成氮素淋洗损失；水溶性磷肥应集中施用，难溶性磷肥应分层施用或与有机肥料堆沤后施用；有机肥料要经腐熟后施用，并深翻入土。

8.县域施肥分区与肥料配方设计

在 GPS 定位土壤采样与土壤测试的基础上，综合考虑行政区划、土壤类型、土壤质地、气象资料、种植结构、作物需肥规律等因素，借助信息技术生成区域性土壤养分空间变异图和县域施肥分区图，优化设计不同分区的肥料配方。主要工作步骤如下。

（1）确定研究区域　一般以县级行政区域为施肥分区和肥料配方设计的研究单元。

（2）GPS 定位指导下的土壤样品采集　土壤样品采集要求使用 GPS 定位，采样点的空间分布应相对均匀，如每 100 亩采集一个土壤样品，先在土壤图上大致确定采样位置，然后在标记位置附近的一个采集地块上采集多点混合土样。

（3）土壤测试与土壤养分空间数据库的建立　将土壤测试数据和空间位置建立对应关系，形成空间数据库，以便能在 GIS 中进行分析。

（4）土壤养分分区图的制作　基于区域土壤养分分级指标，以 GIS 为操作平台，使用 Kriging 等方法进行土壤养分空间插值，制作土壤养分分区图。

（5）施肥分区和肥料配方的生成　针对土壤养分的空间分布特征，结合作物养分需求规律和施肥决策系统，生成县域施肥分区图和分区肥料配方。

（6）肥料配方的校验　在肥料配方区域内针对特定作物，进行肥料配方验证。

三、水肥一体化技术

1. 水肥一体化的概念

水肥一体化技术是将灌溉与施肥融为一体的农业新技术。水肥一体化是借助压力系统（或地形自然落差），将可溶性固体或液体肥料，按土壤养分含量和作物种类的需肥规律和特点，配兑成的肥液与灌溉水一起，通过可控管道系统供水、供肥，使水肥相融后，通过管道和滴头形成滴灌、均匀、定时、定量，浸润作物根系发育生长区域，使主要根系土壤始终保持疏松和适宜的含水量，同时根据不同蔬菜的需肥特点，土壤环境和养分含量状况，蔬菜不同生长期需水、需肥规律情况进行不同生育期的需求设计，把水分、养分定时定量，按比例直接提供给作物。压力灌溉有喷灌和微灌等形式，目前常用的是微灌与施肥的结合，且以滴灌、微喷与施肥的结合居多。微灌施肥系统由水源、首部枢纽、输配水管道、灌水器四部分组成。水源有：河流、水库、机井、池塘等；首部枢纽包括电机、水泵、过滤器、施肥器、控制和量测设备、保护装置；输配水管道包括主、干、支、毛管道及管道控制阀门；灌水器包括滴头或喷头、滴灌带等。

2. 水肥一体化的适用范围

水肥一体化适宜于有井、水库、蓄水池等固定水源，且水质好、符合微灌要求，并已建设或有条件建设微灌设施的区域推广应用。主要适用于设施农业栽培、果园栽培和棉花等大田经济作物栽培，以及经济效益较好的其他作物。

3. 水肥一体化的关键内容

水肥一体化主要包括设施设备、水分管理、养分管理、水肥耦合、维护保养等主要工作内容（中华人民共和国农业部，2013）。

（1）设施设备　通过综合分析当地土壤、地貌、气象、农作物布局、水源保障等因素，系统规划、设计和建设水肥一体化灌溉设备。灌溉设备应当满足当地农业生产及灌溉、施肥需要，保证灌溉系统安全可靠。根据应用作物、系统设备、实施面积等选择施肥设备，施肥设备主要包括压差式施肥罐、文丘里施肥器、施肥泵、施肥机、施肥池等。

根据地形、水源、作物分布和灌水器类型布设管线。在丘陵山地，干管要沿山脊或等高线进行布置。根据作物种类、种植方式、土壤类型和流量布置毛管及灌水器。条播密植作物的毛管沿作物种植平行方向布置；对于中壤土或黏壤土果园，每行布设一条滴灌管，对于沙壤土果园，每行布设两条滴灌管。对于冠幅和栽植行距较大、栽植不规则或根系稀少的果园，采取环绕式布置滴灌管。

安装完灌溉设备系统后，要开展管道水压试验、系统试运行和工程验收，灌水及施肥均匀系数达到 0.8 以上。

（2）水分管理　根据作物需水规律、土壤墒情、根系分布、土壤性状、设施条件和技术措施，制定灌溉制度，内容包括作物全生育期的灌水量、灌水次数、灌溉时间和每次灌水量等。灌溉系统技术参数和灌溉制度制定按相关标准执行。根据农作物根系状况确定湿润深度。蔬菜宜为 0.2 ~ 0.3 米，果树因品种、树龄不同，宜为 0.3 ~ 0.8 米。农作物灌溉上限控制田间持水量在 85% ~ 95%，下限控制在 55% ~ 65%。

（3）养分管理　选择溶解度高、溶解速度较快、腐蚀性小、与灌溉水相互作用小的肥料。不同肥料搭配使用，应充分考虑肥料品种之间相容性，避免相互作用产生沉淀或拮抗作用。混合后会产生沉淀的肥料要单独施用。推广应用水肥一体技术，优先施用能满足农作物不同生育期养分需求的水溶复合肥料。按照农作物目标产量、需肥规律、土壤养分含量和灌溉特点制定施肥制度。一般按目标产量和单位产量养分吸收量，计算农作物所需氮、磷、钾等养分吸收量；根据土壤养分、有机肥养分供应和在水肥一体化技术下肥料利用率计算总施肥量；根据作物不同生育期需肥规律，确定施肥次数、施肥时间和每次施肥量。

（4）水肥耦合　按照肥随水走、少量多次、分阶段拟合的原则，将作物总灌溉水量和施肥量在不同的生育阶段分配，制定灌溉施肥制度，包括基肥与追肥比例、不同生育期的灌溉施肥的次数、时间、灌水量、施肥量等，满足作物不同生育期水分和养分需要。充分发挥水肥一体化技术优势，适当增加追肥数量和次数，实现少量多次，提高养分利用率。在生产过程中应根据天气情况、土壤墒情、作物长势等，及时对灌溉施肥制度进行调整，保证水分、养分主要集中在作物主根区。

（5）维护保养　每次施肥时应先滴清水，待压力稳定后再施肥，施肥完成后再滴清水清洗管道。施肥过程中，应定时监测灌水器流出的水溶液浓度，避免肥害。要定期检查、及时维修系统设备，防止漏水。及时清洗过滤器，定期对离心过滤器集沙罐进行排沙。作物生育期第一次灌溉前和最后一次灌溉后应用清水冲洗系统。冬季来临前应进行系统排水，防止结冰爆管，做好易损部件保护。

4. 推广水肥一体化技术的意义

我国面临着严重的资源紧缺现状，而这也成了推动水肥一体化技术迅速推广的主要动力。我国是一个水资源紧缺的国家，这种紧缺不仅表现在区域尺度上，也表现在时间（季节）尺度上。区域水资源紧缺在西北地区表现突出，南方季节性干旱则推动了水肥一体化在南方地区的应用。能源紧缺促使人们更加关注化肥资源的利用效率，而肥料利用率太低则十分容易导致环境问题。农民传统的大水漫灌灌溉施肥方式不仅造成肥料的大量损失，而且破坏了生态环境。大量的养分渗到深层土壤而未被根系利用，造成地下水硝酸盐超标及水体富营养化。

采用滴灌系统施肥可为精确施肥提供条件，非常显著地提高施肥、灌溉效率，减少环境污染，降低生产成本，提高产量、品质，最终提高经济效益。滴灌施肥技术在全世界广为推广，深受欢迎。

通过滴灌系统施肥，一方面由于可溶性肥料随着滴灌水直接施入作物根系密集区，作物棵间空地上无任何肥料浪费；另一方面滴灌是以小流量滴水形式渗入根区，非常容易控制。水、肥均不会有深层淋洗浪费。滴灌施氮，肥效可达74%，而传统肥方法不会超过30%。在此基础上，水肥一体化可达成如下效果。

（1）节水 水肥一体化技术可减少水分的下渗和蒸发，提高水分利用率。在露天条件下，微灌施肥与大水漫灌相比，节水率达50%左右。保护地栽培条件下，滴灌施肥与畦灌相比，每亩大棚节水 80 ～ 120 米^3/ 季，节水率为30% ～ 40%。

（2）节肥 水肥一体化技术实现了平衡施肥和集中施肥，减少了肥料挥发和流失，以及养分过剩造成的损失，具有施肥简便、供肥及时、作物易于吸收、提高肥料利用率等优点。在作物产量相近或相同的情况下，水肥一体化与传统技术施肥相比节省化肥 40% ～ 50%。

（3）肥水均匀 全地埋式滴灌实现了每个滴孔出水均匀，通过该水肥一体化技术供水、供肥，不仅使整块土地同时均匀得到水、肥，而且能做到按照作物生长发育的需要供应水肥。

（4）改善微生态环境 保护地栽培采用水肥一体化技术。

①明显降低了棚内空气湿度。滴灌施肥与常规畦灌施肥相比，空气湿度可降低 8.5 ～ 15 个百分点。

②保持棚内温度。滴灌施肥比常规畦灌施肥减少了通风降湿而降低棚内温度的次数，棚内温度一般高 2 ～ 4℃，有利于作物生长。

③增强微生物活性。滴灌施肥与常规畦灌施肥技术相比地温可提高 2.7℃，有利于增强土壤微生物活性，促进作物对养分的吸收。

④有利于改善土壤物理性质。滴灌施肥克服了因灌溉造成的土壤板结，土壤容重降低，孔隙度增加。

⑤减少土壤养分淋失，减少地下水的污染。

（5）减轻病虫害发生 空气湿度的降低，在很大程度上抑制了作物病害的发生，减少了农药的投入和防治病害的劳力投入，微灌施肥每亩农药用量减少15% ～ 30%，节省劳力 15 ～ 20 个。

（6）增加产量，改善品质 水肥一体化技术可促进作物产量提高和产品质量的改善，果园一般增产 15% ～ 24%，设施栽培增产 17% ～ 28%。

（7）提高经济效益 水肥一体化技术经济效益包括增产、改善品质获得效益和节省投入的效益。果园一般亩节省投入 300～400 元，增产增收 300～600 元；设施栽培一般亩节省投入 400～700 元，其中，节水电 85～130 元，节肥 130～250元，节农药 80～100 元，节省劳力 150～200 元，增产增收 1 000～2 400 元。

5. 水溶性肥料的发展

灌溉施肥技术其实早在 20 世纪 80 年代初即引入中国，主要应用于温室的无土栽培和一些地区的果园生产。微灌设备在中国已有多年历史，而国内水溶肥市场的蓬勃发展始于 2007 年以后。

肥料的溶解性不好是影响水肥一体化技术推向深入的一个重要限制因素，因此，水肥一体化的体系就对所用肥料有了一定的要求，通常要求为水溶性好、没有残渣的水溶肥，包括水溶性好的液体或固体肥料。液体水溶肥包括液体氮肥、液体复混肥和液体螯合微肥。

目前我国农业部肥料登记部门专门在普通水溶肥的基础上提出专门针对灌溉施肥和叶面施肥而言的高端产品——完全水溶性肥料的登记标准。该标准对高浓度、完全水溶性肥料的生产提出了更高的要求，在原料的选择和生产工艺方面的要求比一般性水溶性肥料的要求更高。

完全水溶性肥料的特点是养分含量高，营养全面；杂质少；复合化，特别是与微量元素复合；多功能化，有腐植酸、氨基酸类水溶性肥料等；形态多样化，包括固态、液态、悬浮态等，常用于微滴灌系统。滴灌肥料以供应大量元素为主，即便是低温条件下仍能保持较好溶解性。

四、缓控释肥技术

缓控释肥是一种通过各种调控机制使肥料养分最初释放延缓。延长植物对其有效养分吸收利用的有效期，使养分按照设定的释放率和释放期缓慢或控制释放的肥料，具有提高化肥利用率、减少使用量与施肥次数、降低生产成本、减少环境污染、提高农作物产品品质等优点。试验表明，缓控释肥料一般可使肥料养分有效利用率提高 20% 以上。

1. 缓控释肥的概念及用途

控释肥料（controlled release fertilizers，CRFs）是以颗粒肥料（单质或复合肥）为核心，表面涂覆一层低水溶性的无机物质或有机聚合物，或者应用化学方法将肥料均匀地融入分解在聚合物中，形成多孔网络体系，并根据聚合物的降解情况而促进或延缓养分的释放，使养分的供应能力与作物生长发育的需肥要求相一致协调的一种新型肥料，其中包膜控释肥料是最大的一类。国际肥料发展中心（IFDC）编写的《肥料手册》中对缓释肥料的定义是肥料中的一种或多种养分在土壤溶液中具有微溶性，以使它们在作物整个生长期均有效，理想的这种肥料应当是肥料的养分释放速率与作物对养分的需求一致。

缓释肥料（slow release fertilizer，SRFs）是指肥料施入土壤后转变为植物有效态养分的释放速率远远小于速溶肥料，在土壤中能缓慢放出其养分，它对作物具有缓效性或长效性，它只能延缓肥料的释放速度，达不到完全控的目的。缓释肥料的高级形式为控释肥料，它使肥料释放养分的速度与作物需要养分的量一致，使肥料利用率达到最高，广义上来说控释肥料包括了缓释肥料。作为真正意义上的控释肥料是指能依据作物营养阶段性、连续性等营养特性，利用物理、化学、生物等手段调节和控释氮、磷、钾及必要的微量元素等养分供应强度与容量，能达到供肥缓急相济效果的长效、高效的植物营养复合体。因此，控释肥料是一类具有养分利用率高、省工省肥、环境友好等突出特征的新型肥料。控释肥料施入土壤后，不仅能更好地满足作物的需要，同时还要具有价格低廉，利于大规模的推广应用，使用过程中及使用之后不污染环境，确保农产品的安全等特点。国际肥料发展中心（IFDC）编写的《肥料手册》中对缓释肥料的定义为一种肥料所含的养分是化合物在土壤中释放速度缓慢或养分释放速度可以得到一定程度控制，以使肥料养分对作物的有效性延长。

目前，缓释肥料以包裹型为主，此外还有胶结型有机－无机缓释肥料和有机合成微溶型缓释氮肥等。

美国植物养分管理署（AAPFCO）和国际肥料工业协会（IFA）将尿素与醛类化合物的缩合产物生产的肥料（UF、IBDU、CDU 等）称为缓释肥料，包膜（Coating）和包裹肥料称为控释肥料，添加硝化抑制剂和脲酶抑制剂等肥料称为稳态肥料。

2. 缓控释肥的种类

缓控释肥料有多种，大体可分为以下三大类：一是包膜缓控释肥料。包膜缓控释肥料又分两种，无机物包膜肥料和有机聚合物包膜肥料。无机物包膜材料主要有硫黄、硅酸盐、石膏和磷酸等；有机聚合物包膜肥料包括天然高分子材料（如淀粉、纤维素、天然橡胶等）、合成高分子材料（包括聚乙烯、聚氯乙烯等）和半合成高分子材料（如乙基纤维素等）。二是包裹材料缓控释肥料。它是以一种或多种营养物质包裹另一种肥料而形成的复合体。常见的包裹材料有尿素、腐植酸、硫酸钾、硅藻土等。三是具有有限水溶性的合成型微溶态缓控释肥料。如脲醛肥料、异丁叉二脲、熔融含镁磷肥等。

（1）稳态肥料

①脲酶抑制剂：此种肥料应用脲酶抑制剂和硝化抑制剂，减缓尿素的水解和对铵态氮的硝化－反硝化作用，从而减少肥料氮素的损失。

脲酶是在土壤中催化尿素分解成二氧化碳和氨的酶，对尿素在土壤中的转化具有重要所用。20 世纪 60 年代人们开始重视筛选土壤脲酶抑制剂的工作，脲酶抑制剂是对土壤脲酶活性有抑制作用的化合物或元素。重金属离子和醌类物质的脲酶抑制作用机制相同，均能作用于脲酶蛋白中对酶促有重要作用的巯基（–SH）。磷胺类化合物的作用机制，是该类化合物与尿素分子有相似的结构，可与尿素竞争与脲酶的结合位点，而且其与脲酶的亲和力极高，这种结合使得脲酶减少了作用尿素的机会，达到抑制尿素水解的目的。脲酶抑制剂的品种有氢醌、N–丁基硫代磷酰胺铵、邻苯基磷酰二胺、硫代磷酰三胺等。

②硝化抑制剂：硝化抑制剂与氮肥混合施用，阻止铵的硝化和反硝化作用，减少氮素以硝态和气态氮形态损失，提高氮肥利用率。硝化抑制剂的作用机制主要是抑制硝化作用的第一阶段：NH_4^+ 氧化为 NO_2^- 的亚硝化细菌的活性，从而减少 NO_2^- 的累积，进而控制 NO_2^- 的形成，减少氮的损失。

国外 20 世纪 50 年代开始研制硝化抑制剂，硝化抑制剂主要分为有机和无机化合物两大类，主要产品有吡啶、嘧啶、硫啶、噻唑等的衍生物，以及六氯乙烷、双氰胺（DCD）等。

由于铵态氮肥本身也可以快速被植物吸收利用，它本身不能延缓肥料的养分释放更不能控制肥料的养分释放，因此也有人认为这类肥料不能称为缓控释肥料，常称之为稳定态氮肥或者长效肥料。

（2）化学合成类肥料

①脲醛类肥料：含氮、磷、钾合成微溶性化合物种类很多，含磷化合物有磷酸氢钙、脱氟磷钙、磷酸铵镁、偏磷酸钙等；含钾化合物有偏磷酸钾、聚磷酸钾、焦磷酸钙钾等。氮的缓释放农化意义最大。作为氮肥，含氮微溶性化合物如下。

脲甲醛（UF），尿素与甲醛的缩合物，含氮 35% ～ 40%。

异亚丁基二脲（IBDU），尿素与异丁醛的缩合物，含氮 31% ～ 32%。

亚丁烯基二脲（CDU），尿素与乙醛的环状缩合物，含氮 30% ～ 32%。

草酰胺（OA），亦称乙二酸二酰胺，可由草酰胺加热脱水生成，含氮 31%。

脒基脲，由氰氨化钙（石灰氮）制得双氰胺，在与硫酸或磷酸加热分解可分别制得：脒基硫脲（GUS），含氮 33%，硫 9.5%；脒基磷脲（GUP），含氮 28%，P_2O_5 35.5%。

UF、IBDU、CDU 已大量用作缓释肥料，磷酸铵镁作为缓释肥料在美国、英国均有销售。

A. 脲甲醛　脲甲醛缓释肥料在国际上是最早被研制的缓释肥料，是由尿素和甲醛在一定条件下化合而成的聚合物。

脲甲醛施入土壤后，主要在微生物作用下水解为甲醛和尿素，后者进一步分解为氨、二氧化碳等供作物吸收利用，而甲醛则留在土壤中，在它挥发或分解之前，对作物和微生物生长均有副作用。脲甲醛施入土壤后的矿化速率主要与 U/F（尿素和甲醛的摩尔比）、氮素活度指数、土壤温度及土壤 pH 等因数有关。当 U/F 为 1.2 ～ 1.5，土壤温度 ≥ 15℃、土壤呈酸性反应时，氮素活度指数增加，则分解加快。

脲甲醛常做基肥一次性施用，可以单独使用，也可以与其他肥料混合使用。以等氮量比较，对棉花、小麦、谷子、玉米等作物，脲甲醛的当季肥效低于尿素、硫铵和硝铵。因此，将脲甲醛直接施用生长期较短的作物时，必须配合速效氮肥施用。

B. 异亚丁基二脲 异亚丁基二脲，又称脲异丁醛、异丁基二脲，代号IBDU。分子式为（CH$_3$）$_2$CHCH（CHCONH$_2$）$_2$，相对分子质量为174.20。

早在20世纪50年代，国外学者就发现异亚丁基二脲具有缓慢释放氮素的性能，已被广泛用于园艺、草坪、稻田等；异亚丁基二脲的化学水解作用对水分较为敏感，因此可以通过控制水分含量的高低来控制氮的释放速度；温度对异亚丁基二脲的水解作用影响很小。因此，异亚丁基二脲与其他肥料的掺和肥或与其他原料生产的复合肥，可以用于赛场草坪和冬季作物的肥料；在低温下的性能和既往水分控制的吸能式异亚丁基二脲突出的特点。

C. 亚丁烯基二脲 亚丁烯基二脲，又称脲乙醛，代号CDU。

亚丁烯基二脲在土壤中的溶解度与土壤温度和pH有关，随着温度升高和酸度的增大，其溶解度增大。亚丁烯基二脲适用于酸性土壤，施入土壤后，分解为尿素和 β–羟基丁醛则分解为二氧化碳和水，无毒素残留。

亚丁烯基二脲可做基肥一次施用。当土壤温度为20℃左右时，亚丁烯基二脲施入土壤70天后有比较稳定的有效氮释放率，因此，施于牧草或观赏草坪比较好。如果用于速生型作物，则应配合速效氮肥施用。

②其他化学合成类肥料：草酰胺，又称草酸二酰胺、乙二酰胺。

草酰胺分子式为CO（NH$_2$）$_2$，相对分子质量为88.07。草酰胺含氮为31.8%，在水解或生物分解过程中释放氮的形态可供作物吸收。土壤中的微生物影响水解速度，草酰胺的粒度对水解速度有明显影响，粒度越小，溶解越快，研成粉末状的草酰胺就如同速效肥料。

草酰胺肥料施入土壤后可直接水解为草胺酸和草酸，并释放出氢氧化胺。草酰胺对玉米的肥效与硝酸铵相似，呈粒状时则释放缓慢。

（3）包膜包衣型缓控释肥料

①高分子聚合物包膜的控释肥料：1964年美国ADM公司率先研制出高分子聚合物包膜肥料。属于热固性树脂包膜肥料，在制备过程中使聚合物包被在肥料颗粒上，由树脂交联形成疏水聚合物膜，所生产的控释肥料耐磨损，养分的释放主要依赖于温度变化，而土壤水分含量、土壤pH、干湿交替以及突然生物活性对养分释放影响不大。1967年美国Sierra Cheamical公司继续研制该产品，并进行包膜材料的改进，成功生产出产品，该产品命名为"Osmocate"，这是美国在海外销售的唯一树脂包膜控释肥料，直到今天Osmocate仍为美国乃至于国

际上第一大缓控释肥料品牌。

另一类树脂包膜缓控释肥料是热塑性包膜肥料。最常用的制造技术是热塑性包膜材料溶解在有机溶剂中形成包膜液，将包膜液包涂在肥料颗粒表面，有机溶剂挥发后形成控释肥料，主要通过包膜材料的配方来调节养分释放速率。

高分子聚合物包膜材料的膜耐磨损，控释性能好，所研制的肥料的养分释放主要受温度的影响，其他因素影响较小，能够实现作物生育期内一次施肥、接触施肥，减少劳动。该类肥料是国际上发展最快的控释肥料品种之一。

世界缓控释肥料总的发展趋势：一是高分子聚合物包膜类控释肥料，将由现在单一的氮肥包膜向氮、磷、钾甚至包括中微量元素和有机－无机肥料包膜方向发展；二是掺混性缓控释肥料，通过物理或化学手段，按照作物生长期，通过"异粒变速"技术，形成数个养分释放高峰。

②硫包衣缓释肥料：1961 年由美国 TVA 公司开发的硫包衣肥料进入规模化研究，1971 年 1 吨 / 小时的试验装置开始建设投产，至 1976 年，已经生产 1 000 吨 / 小时的硫包衣肥料。

自 1961 年美国 TVA 公司开始规模化研制硫包衣控释肥料，直到今天，硫包衣是包衣控释肥料类里销售和生产量最大的品种，由于硫价格比树脂等材料便宜很多，使得硫包衣肥料一直是最受用户青睐的产品之一。硫包衣设备可以用转鼓，也可以使用喷动床包衣。

一般硫包衣肥料硫黄用量 15% ～ 25%，封闭剂 2% ～ 4%，调理剂 2% ～ 4%，含氮量 34% ～ 38%。封闭剂可以是微晶蜡、树脂、沥青和重油等，调理剂可以是滑石粉、硅藻土等。使用转鼓包衣优点是产量高，能耗低，工艺相对简单，缺点是包衣均匀性较差，包衣材料消耗较高。使用流化床包衣优点是包衣均匀，节省包衣材料，缺点是能耗较高，包衣时粒子互相碰撞，易产生裂痕。

③其他包膜包衣型缓控释肥料：郑州大学磷钾肥料研究所在借鉴国外包膜肥料基础上克服硫包衣和高聚物包膜肥料的缺点，自主研发肥料包肥料工艺。

第一类包裹型复合肥是以粒状尿素为核心，以钙镁磷肥和钾肥为包裹层，采用磷钾泥浆和稀硫酸、稀磷酸为黏合剂，在回转圆盘中进行包裹反应，制得氮磷钾复合肥料。

第二类包裹型复合肥是以粒状尿素为核心，以磷矿粉、微肥和钾肥为包裹层，采用磷酸、硫酸为黏合剂，在回转圆盘中进行包裹反应，制得氮磷钾复合肥料。

第三类包裹型复合肥以粒状水溶性肥料为核心，以微溶性二价金属磷酸铵钾盐为包裹层，磷钾泥浆和稀硫酸为黏合剂，在回转圆盘中进行包裹反应，进行多层包膜，制得控释肥料。

第一类、第二类肥料价格低廉，但溶解时间较短，适用于一般大田作物。第三类价格较高，缓释时间较长，适用于花卉草坪等有特殊要求的植物与作物。

三类肥料的理化性质对比见表4-1。

表4-1　三类肥料的理化性质对比

缓效型肥料种类	无机化过程	持续时间	土壤环境影响
天然有机质肥料	微生物分解	数周	受环境水分、pH、微生物等影响
合成有机缓释肥料	溶解，微生物加水分解	数日至数月	受环境水分、pH、微生物等影响
高分子聚合物包膜肥料	释放	数日至数年	除温度外，环境影响小

3. 缓控释肥的研制及应用推广的意义

我国化肥，特别是氮肥利用率低，与肥料形态密切相关，目前的氮肥易溶于水，在土壤中存留时间短，大部分不能被作物吸收利用，损失严重。这样，不仅影响产量、增加成本、浪费资源，而且污染环境，成为农村面源污染的主要源头之一。一次施用大量的易溶性矿质养分肥料，作物不能及时吸收，会造成养分的损失，降低肥料的利用率。因此，近些年来研发缓控释新型肥料，使肥料养分释放由快释变缓释或控释，实现养分释放与作物需求同步，提高化肥利用率，成为行业共识，这也成为了如何阻止或减少养分淋失问题中的核心。

目前，在提高肥料利用率的技术手段上国内外多采用以下3种方式。

①利用分子生物学技术，选育具有营养高效性的作物品种。这一方法投入应用阶段仍需进行大量的工作和较长的时间。

②通过合理的肥料分配和改进施肥技术，调节施肥与其他农业措施的关系以提高肥料的利用率。但由于缺少必要的服务体系，使这些技术很难推广应用。

③对肥料本身进行改性，开发更有利于作物生长的新型肥料。长期的科学研究表明，肥料利用率低下，特别是氮肥中氮素不能为植物充分利用是不能稳定高产的一个重要原因。因此，研究减缓、控制肥料的溶解和释放速度已成为提高肥料利用率的有效途径之一。

所以开发和研究可调换控释肥料，做到在作物的生育期间能缓慢的释放养分，使其养分释放时间和释放量与作物的需肥规律相合，最大限度地减少肥料损失，提高肥料利用率，是当前肥料的发展方向之一，也是世界上肥料的生产技术与实用技术紧密结合的前沿技术。

综上所述，缓控释肥料具有如下优点。

①合理使用可大大提高肥料利用率，节省肥料，降低成本。

②可以进行一次施肥，节省劳力，由于可进行同穴施肥，肥料粒型和强度也较好，有利于机械作业。

③由于肥料利用率提高，肥料在土壤中的损失减少，也就减少肥料的挥发和流失对大气和水源的污染，对环境保护起到一定作用。

④对复混肥本身的保存也有很大的好处。氮肥在保存过程中的吸湿一直是复混肥制造中一个难以解决的问题，塑料包膜后，保存中的吸湿也就不存在了。使得缓控释肥料成为一种利国利民的新型肥料，在中国有广阔的市场前景，当前的主要问题是价格高。为了降低成本、利于推广，专家们通过开发连续化包膜设备，筛选高效廉价包膜、控释材料；采用控释肥与普通肥按比例配伍、一次性底肥（不追肥）等措施，降低了肥料的生产和使用成本，使其应用范围由非农业市场走向水稻、玉米等大田作物，也将缓控释肥料成功用于蔬菜、果树的基质栽培，提高了育苗和栽培质量，为加速推广蔬菜、果树工厂化育苗开辟了新途径，为农民带来了显著的经济效益，也为控释肥在农业生产和环境保护中发挥作用开拓了更大的发展空间。

4.农业生产中缓控释肥的应用

缓控释肥料的养分释放具有有如下特点。

①控释肥的养分释放是缓慢进行、匀速释放的，并可人为调整养分的释放时间。

②控释肥在土壤中的释放速度在作物能正常生长的条件下，基本不受土壤其他环境因素的影响，只受土壤温度的控制。

③土壤温度变化时控释肥的释放量可人为调整，可以在实际应用中根据这些特性，调整其使用方法，达到提高肥料利用率的目的。具体实践中主要通过以下两条途径提高肥料利用率。

（1）调整控释肥的释放曲线，做到肥料养分的释放与作物需要结合　作物对养分的需要曲线，一般是中间高两头低，苗期由于作物个体较小，对养分需求较少。随着作物生长加快，个体增大，对养分的需求迅速增加。生长后期由于生长变慢和某些养分在作物体内转移，对某些养分的需求减少。在北方地区，特别是春季播种的作物，在播种初期气温较低，控释肥料养分释放较慢，而后气温升高，养分释放加快，后期肥料膜内养分浓度变为不饱和溶液，释放速度减慢。根据作物需肥时期的长短，选择合适的释放时间的控释肥料，就可达到满足作物生育期的养分需求。这样，在作物需肥高峰时肥料养分释放多，作物需肥较少是肥料释放少，避免养分的损失，达到提高肥料利用率的目的。

（2）控释肥可与作物进行接触施肥　一般速效性肥料由于溶解较快，一次大量施入会在局部地区造成高浓度的盐分，如与作物种子或根系接触，会产生烧苗现象。控释肥料由于溶解是缓慢进行的，所以不会在土壤中造成高浓度盐分，作物种子或根系可与大量的控释肥料进行接触性施肥而不会烧苗（同穴施肥）。使得肥料直接施用在作物的根系之上，肥料溶出后作物可立刻吸收，以此来提高肥料利用率。据日本的报道，此种施肥方法，氮肥的肥料当季利用率可提高至 80% 左右。

五、绿色肥料技术

随着社会环境意识和健康理念的提高，国内外的肥料工作者纷纷提出各种可消除或者减轻化肥对环境污染的技术，绿色肥料技术就是其中之一。

1. 绿色肥料的内涵与类型

绿色肥料又称环境友好型肥料或环境协调型肥料，即利用现代高新技术来设计和生产能够最大限度减少肥料对人类健康危害、减轻环境污染而又能维持相对高的农产品产量和品质的肥料品种，它必须满足最少资源和能源消耗、最轻环境污染且具有最大的养分可循环利用（赵永志等，2012）。绿色肥料技术的提出要求有关科研单位和生产部门在进行肥料生产与设计的同时，必须做出有利于环境、有利于维持生态平衡的技术选择。

绿色食品是无污染的安全、优质、营养类食品，合理使用肥料、农药等生产资料是生产绿色食品的重要一环。《绿色食品　肥料使用准则》（NY/T 394—2013）将肥料分为农家肥料和商品肥料两类。

（1）农家肥料　农家肥料系指就地取材、就地使用的各种有机肥料。它由含有大量生物物质、动植物残体、排泄物、生物废物等积制而成的。包括堆肥、沤肥、厩肥、沼气肥、绿肥、作物秸秆肥、泥肥、饼肥等。

①堆肥：以各类秸秆、落叶、山青、湖草为主要原料并与人畜粪便和少量泥土混合堆制，经好气微生物分解而成的一类有机肥料。

②沤肥。所用物料与堆肥基本相同，只是在淹水条件下，经微生物厌氧发酵而成的一类有机肥料。

③厩肥：以猪、牛、马、羊、鸡、鸭等畜禽的粪尿为主与秸秆等垫料堆积并经微生物作用而成的一类有机肥料。

④沼气肥：在密封的沼气池中，有机物在厌氧条件下经微生物发酵制取沼气后的副产物。主要有沼气水肥和沼气渣肥两部分组成。

⑤绿肥：以新鲜植物体就地翻压、异地施用或经沤、堆后而的肥料。主要分为豆科绿肥和非豆科绿肥两大类。

⑥作物秸秆肥：以麦秸、稻草、玉米秸、豆秸、油菜秸等直接还田的肥料。

⑦泥肥：以未经污染的河泥、塘泥、沟泥、港泥、湖泥等经厌氧微生物分解而成的肥料。

⑧饼肥：以各种含油分较多的种子经压榨去油后的残渣制成的肥料，如菜籽饼、棉籽饼、豆饼、芝麻饼、花生饼、蓖麻饼等。

（2）商品肥料　按国家法规规定，受国家肥料部门管理，以商品形式出售的肥料。包括商品有机肥、腐植酸类肥、微生物肥、有机复合肥、无机（矿质）肥、叶面肥等。

①商品有机肥料：以大量动植物残体、排泄物及其他生物废物为原料加工制成的商品肥料。

②腐植酸类肥料：以含有腐植酸类物质的泥炭（草炭）、褐煤、风化煤等经过加工制成含有植物营养成分的肥料。

③微生物肥料：以特定微生物菌种培养生产的含活的微生物制剂。根据微生物肥料对改善植物营养元素的不同，可分成5类：根瘤菌肥料、固氮菌肥料、磷细菌肥料、硅酸盐细菌肥料复合微生物肥料。

④有机复合肥：经无害化处理后的畜禽粪便及其他生物废物加入适量的微量营养元素制成的肥料。

⑤无机（矿质）肥料：矿物经物理或化学工业方式制成，养分是无机盐形式的肥料。包括矿物钾肥和硫酸钾、矿物磷肥（磷矿粉）、煅烧磷酸盐（钙镁磷肥、脱氟磷肥）、石灰、石膏、硫黄等。

⑥叶面肥料：喷施于植物叶片并能被其吸收利用的肥料，叶面肥料中不得含有化学合成的生长调节剂。包括含微量元素的叶面肥和含植物生长辅助物质的叶面肥料等。

⑦有机无机肥（半有机肥）：有机肥料与无机肥料通过机械混合或化学反应而成的肥料。

⑧掺合肥：在有机肥、微生物肥、无机（矿质）肥、腐植酸肥中按一定比例接入化肥（硝态氮肥除外），并通过机械混合而成的肥料。

⑨其他肥料：系指不含有毒物质的食品、纺织工业的有机副产品，以及骨粉、骨胶废渣、氨基酸残渣、家禽家畜加工废料、糖厂废料等有机物料制成的肥料。

2. 新型绿色肥料及实施技术

（1）微生物肥料　生物肥料是将某些有益微生物经大量人工培养制成的生物肥料，又称菌肥、菌剂、接种剂。其原理是利用微生物的生命活动来增加土壤中的氮素或有效磷、钾的含量，或将土壤中一些作物不能直接利用的物质，转换成可被吸收利用的营养物质，或提高作物的生产刺激物质，或抑制植物病原菌的活动，从而提高土壤肥力，改善作物的营养条件，提高作物产量（庞立杰等，2006）；（薛华，2011）。

①微生物肥料分类。　按登记类别可分三类，即农用微生物菌剂、复合微生物肥料和生物有机肥。按特定的微生物种类，可分为细菌肥料（根瘤菌肥、固氮、解磷、解钾肥）、放线菌肥（抗生菌类肥料、5406菌肥）、真菌类肥料（菌根真菌、霉菌肥料、酵母肥料）、光合细菌肥料。按作用机理，可分为根瘤菌肥料、固氮菌肥料（自生或联合共生类）、解磷肥料、硅酸盐类肥料、芽孢杆菌制剂、分解

作物秸秆制剂、微生物植物生长调节剂类。按微生物肥料所含有益微生物的种类、数量及养分含量可分为单纯微生物肥料和复合微生物肥料。复合微生物肥料是指两种或两种以上微生物或一种微生物与其他一定量营养物质复合配制而成。

②微生物肥料主要特点。微生物肥料主要提供有益的微生物群落，而非提供矿质营养养分；人们无法用肉眼观察微生物，所以微生物肥料的质量人眼不能判定，只能通过分析测定；合格的微生物肥料对环境污染少；微生物肥料用量少，每亩通常使用 500 ~ 1 000 克微生物菌剂；微生物肥料作用的大小，容易受到微生物生存环境的影响，如光照、温度、水分、酸碱度、有机质等；微生物肥料有它的有效期限，通常为半年至一年。

③微生物肥料的特殊作用。现在社会上对微生物肥料的看法有一些误解和偏见，一种看法认为它肥效很高，把它视作万能肥料，甚至认为它完全可以代替化肥，这一说法其实言过其实；另一种看法则认为它根本不算肥料。其实这两种看法都存在片面性。首先，微生物肥料与富含氮、磷、钾的化学肥料不同，微生物肥料是通过微生物的生命活动直接或间接地促进作物生长、抗病虫害、改善作物品质，而不仅仅以增加作物的产量作为唯一衡量标准；其次，从目前的研究和试验结果来看，微生物肥料不能完全取代化肥。因此，应该辩证地看待微生物肥料的作用。

A. 微生物肥料具有改良土壤的作用　固氮微生物能进行共生固氮或联合固氮，此类微生物肥料能增加土壤中氮元素的含量。还有一些能溶磷解钾的微生物，可以将土壤中大量难溶的有机或无机磷、钾物质转化成植物可利用的含磷、钾的物质。微生物肥料中有益微生物能产生糖类物质，占土壤有机质的 0.1%，与植物黏液、矿物胚体和有机胶体结合在一起，可以改善土壤团粒结构，增强土壤的物理性能和减少土壤颗粒的损失。所以施用微生物肥料能改善土壤物理性状，有利于提高土壤肥力。

B. 增强植物抗病虫害和抗旱能力　作物施用生物肥料后，有益微生物在根际大量繁殖，在数量上压倒了根际病原菌，成为作物根际的优势菌，限制了其他病原微生物的繁殖机会，从而减轻了农作物病虫害。同时有的微生物对病原微生物还具有拮抗作用，起到了减轻作物病害的功效。

C. 有助于农作物吸收营养　例如，根瘤菌类肥料，其菌体可以将空气中的氮素转化为氮，进而转化为谷氨酸和谷氨酰胺等植物能吸收利用的优质氮素。而化学氮肥在施入土壤后，很大一部分以氮气形态从土壤中挥发，以一氧化氮的形式脱氮及以硝态氮的形式从土壤中流失，从而降低植物对氮素的吸收。

D. 有助于减少化肥的使用量，提高作物品质　根据我国作物种类和土壤条件，采用微生物肥料和化肥配合施用，既能保证增产，又减少了化肥使用量，降低成本，同时还能改善土壤及作物品质，减少污染。近年来，我国已用具有特殊功能的菌种制成多种微生物肥料，不但能缓和或减少农产品污染，而且能够改善农产品的品质。

E. 有助于生态保护　利用微生物的特定功能分解发酵城市生活垃圾及农牧业废弃物而制成微生物肥料是一条经济可行的有效途径。目前已广泛应用的主要有两种方法：一是将大量的城市生活垃圾作为原料，经处理由工厂直接加工成微生物有机复合肥料；二是工厂生产特制微生物肥料（菌种剂）供应于堆肥厂（场），再对各种农牧业物料进行堆制，以加快其发酵过程，缩短堆肥的周期，同时还可以提高堆肥质量及成熟度。另外，还有将微生物肥料作为土壤净化剂使用。

④微生物肥料的选择和合理应用。微生物肥料的正确选择和合理应用是保证微生物肥料发挥作用的基础。

A. 应正确选择微生物肥料　在选择微生物肥料时要注意：一是检验肥料是否获得农业部正式（或临时）登记许可证；二是向当地有关从事土壤肥料的机构（包括土壤肥料工作站、农业科学院或农业科学研究所等单位）咨询有关事宜。

B. 应合理应用微生物肥料　微生物肥料肥效的发挥既受其自身因素的影响，如肥料中所含有效菌数、活性大小等质量因素；又受到外界其他因子的制约，如土壤水分、有机质、pH、土壤温度、气象等生态因子影响。所以微生物肥料的选择和应用都应注意其合理性。

C. 要及时施用，一次用完　微生物肥料购买后，应尽快施到地里，并且开袋后要一次用完；微生物肥料可以单独施入土壤中，但最好是和有机肥料（如渣土）混合使用；微生物肥料要施入作物根正下方，不要离根太远，同时盖土，不要让阳光直射到菌肥上；微生物肥料主要用作基肥使用，不宜叶面喷施；微生物肥料的使用，不能代替化肥的使用；微生物肥料的施用方法一般有拌种、浸种、蘸根、基施、追施、沟施和穴施，以拌种最为简便、经济、有效。拌种方法是先将固体菌肥加清水调至糊状，或液体菌剂加清水稀释，然后与种子充分拌匀，稍晾干后播种，并立即覆土。种子需要消毒时应选择对菌肥无害的消毒剂，同时做到种子先消毒后拌菌剂。

（2）有机肥料　有机肥料是天然有机质经微生物分解或发酵而成的一类肥料。中国又称农家肥。其特点有：原料来源广，数量大；养分全；肥效迟而长，须经微生物分解转化后才能为植物所吸收；改土培肥效果好。常用的自然肥料品种有绿肥、人粪尿、厩肥、堆肥、沤肥、沼气肥和废弃物肥料等。施用有机肥料最重要的作用是增加了土壤的有机物质。有机质的含量虽然只占耕层土壤总量的百分之零点几至百分之几，但它是土壤的核心成分，是土壤肥力的主要物质基础。有机肥料对土壤的结构、土壤中的养分、能量、酶、水分、通气和微生物活性等有十分重要的影响。有机肥料具有以下优点。

①有机肥料含有植物需要的大量营养成分，对植物的养分供给比较平缓持

久，有很长的后效。有机肥料还含有多种微量元素。由于有机肥料中各种营养元素比较完全，而且这些物质完全是无毒、无害、无污染的自然物质，这就为生产高产、优质、无污染的绿色食品提供了必须条件。有机肥料含有多种糖类，施用有机肥增加了土壤中各种糖类。有了糖类，有了有机物在降解中释放的大量能量，土壤微生物的生长、发育、繁殖活动就有了能源。

②畜禽粪便中带有动物消化道分泌的各种活性酶，以及微生物产生的各种酶。施用有机肥大大提高了土壤的酶活性，有利于提高土壤的吸收性能、缓冲性能和抗逆性能。施用有机肥料增加了土壤中的有机胶体，把土壤颗粒胶结起来，变成稳定的团粒结构，改善了土壤的物理、化学和生物特性，提高了土壤保水、保肥和透气性能。为植物生长创造良好的土壤环境。

③有机肥在土壤中分解，转化形成各种腐植酸物质。能促进植物体内的酶活性、物质的合成、运输和积累。腐植酸是一种高分子物质，阳离子代换量高，具有很好的络合吸附性能，对重金属离子有很好的络合吸附作用，能有效地减轻重金属离子对作物的毒害，并阻止其进入植株中。这对生产无污染的安全、卫生的绿色食品十分有利。

但是使用有机肥料也有存在养分含量低，不易分解，不能及时满足作物高产的要求等问题。传统的有机肥的积制和使用也很不方便。人畜禽粪便、垃圾等有机废物又是一类脏、烂、臭物质，其中含有许多病原微生物，或混入某些毒物，是重要的污染源，尤其值得注意的是，随着现代畜牧业的发展，饲料添加剂应用越来越广泛，饲料添加剂往往含有一定量的重金属，这些重金属随畜粪便排出，会严重污染环境，影响人的身体健康。

3. 绿色肥料设计的技术路线

绿色肥料设计的技术路线主要包括肥料的可减量与循环再利用技术、肥料的稳定化技术、肥料的生物复合化及纳米技术等（赵永志等，2012；朱筱靖等，2010；黄立章、石伟勇，2003）。

（1）肥料的可减量与循环再利用技术 适当使用肥料对环境是无害的，但是当肥料使用量超过了植物的吸收能力及环境容量时，就会对环境产生负效应。因此必须合理使用肥料，特别是化学肥料的用量，以减轻对环境的压力。减少肥料的用量，从生物学途径出发，可以利用基因工程、细胞融合技术、酶工程等技术筛选耐养分胁迫或养分利用率高的品种；从养分管理的角度出发，一方面可以提高残留在农田中养分的再循环利用能力，另一方面可充分利用工业、农业、城市中的废弃物，对其进行资源化处理，既可以减少环境污染，又可以减少能源消耗。这类资源化技术的农用产品主要有动物性废弃物有机肥、饼肥类有机肥、堆沤有机肥、作物秸秆有机肥、动物粪便和厩肥有机肥、城市废弃物有机肥、腐殖质有机肥、沼气池肥、有机复混肥等。对废弃物的资源化开发，必须防止废弃物中大量的重金属离子重新进入生物圈，同时消灭废弃物中的病虫卵，从而防止对人类及环境的二次污染。

（2）肥料的稳定化技术　肥料对环境的污染主要是通过营养元素的流失、固定、淋溶或转化成气体逸出而造成的，因此在肥料设计中导入肥料稳定化技术，可在一定时期内维持营养元素在土壤中的稳定性，保证营养的供给与植物阶段营养需求相协调，从而最大限度地为植物所吸收，提高肥料利用率。肥料的稳定化技术可分为如下 3 类。

①添加剂型：主要有硝化抑制剂、脲酶抑制剂、表面分子膜、杀藻剂等。硝化抑制剂与氮肥混合后能抑制 NH_4–N 的硝化作用，缓和 NH_3–N 的形成，从而减少了氮素淋失和反硝化脱氮。常用的硝化抑制剂有 2– 氯 –6– 三氯甲基吡啶、2– 氨基 –4– 氯 –6– 甲基嘧啶、1– 脒基 –2– 硫脲、双氰胺、硫脲、均三嗪类等。

②缓释 / 控释型：缓控释肥料是指通过化学复合或物理作用使其养分最初缓慢释放，延长作物对其有效养分吸收利用的有效期，使其养分按照作物生长规律而设定的释放率和释放期缓慢或控制释放的肥料，从而提高肥料养分利用效率。缓 / 控释肥料被誉为 21 世纪肥料产业的重要发展方向。缓 / 控释肥料简化了施肥技术，实现一次性施肥满足作物整个生长期的需要，提高了肥料利用率。控释肥氮、磷、钾利用率可提高到 55% ～ 80%、35% ～ 50%、60% ～ 70%。

③长效肥料：长效肥料是一种长效、缓释、高利用率的新型肥料，最主要的是我国自行研制的长效尿素和长效碳铵这两种。长效尿素是在普通尿素中添加一定比例抑制剂制成的，所用抑制剂主要是脲酶抑制剂和硝化抑制剂，前者可抑制尿素的氨化作用，后者抑制氨的亚硝化和硝化。试验证明，长效尿素的当季小麦氮素利用率比施用普通尿素的高 7.3 ～ 7.9 个百分点；麦、稻两季氮素利用率比普通尿素的高 24.0 ～ 55.8 个百分点。单独的脲酶抑制剂或硝化抑制剂只能对尿素氮转化的某一过程起抑制作用，但它们协同作用则可以对全过程进行控制，从而更加有效地减少 NH_4^+–N 的挥发和 NO_3^-–N 的淋溶损失，提高肥料利用率。长效碳铵在碳铵的生产过程中加入了氨稳定剂，即双氰铵（DCD），使其较普通碳铵的挥发性明显降低。经试验证明，长效碳铵在小麦、玉米田的氮素利用率分别为 39.77% 和 44.67%，较普通碳铵分别提高 10.67、13.96 个百分点，较尿素分别提高 4.69、2.32 个百分点。

（3）肥料的生物复合化及纳米技术

①生物复合肥是指一种或一种以上的生物菌与其他的营养物质复配而成的肥料，集有机肥、化肥、微生物肥三者的功效于一体。生物复合肥的核心是起特定作用的微生物，这些微生物必须不断地选育（即有一个不断更新的过程），甚至有的菌种还要不断地纯化与复壮。生物复合肥的设计与生产重点是将对植物、土壤有益的微生物选育并组合在复合肥中，特别是那些高效多功能的活性

菌株。此外，如果能够选育出能消除或降低土壤中某种特定污染物的微生物菌种，再将它组合在复合肥中，那这种肥料不仅仅是一种农资产品，更是环保产品。目前生产应用中的菌种除了固氮、解磷、解钾菌之外，还有分解有机物质的生物肥，如有机膦细菌肥（包括解磷大芽孢杆菌和解磷极毛杆菌制剂）、综合细菌肥料（如 AMB 细菌肥料）等，这些生物肥既可刺激植物生长，又可增强植物的抗病力。

②纳米肥料技术是纳米生物技术的分支，由于材料的粒径与传统材料相比大大减小了，因而表现出许多独特的性质，是实现植物的靶向给肥、智能给肥的重要技术。我国在这方面的研究工作才刚刚开始，有待于各个学科的工作者在纳米肥料的设备制造、纳米肥料在土壤中的养分释放规律、养分去向以及对作物产量和品质、对环境的影响做出更深入的研究。

4. 绿色食品肥料使用准则

世界各国生产有机食品（绿色食品），对肥料应用标准都有严格规定。为适应绿色食品生产大发展的要求，2000 年 3 月 2 日，中华人民共和国农业部发布了《绿色食品标准》，2000 年 4 月 1 日在全国实施。整个标准分 4 个部分，其中第四章专题规定了绿色食品肥料使用准则。目前全国绿色食品肥料的推广应用，主要依据这个准则。AA 级绿色食品肥料的技术标准要求比较严格。《绿色食品肥料使用准则》（NY/T 394—2013）要求肥料使用必须满足作物对营养元素的需要，使足够数量的有机物质返回土壤，以保持或增加土壤肥力及土壤生物活性。所有有机或无机（矿质）肥料，尤其是富含氮的肥料应对环境和作物（营养、味道、品质和植物抗性）不产生不良后果方可使用。《绿色食品　肥料使用准则》禁止使用任何化学合成肥料；禁止使用城市垃圾、污泥、医院粪便垃圾和含有害物质的垃圾；禁止使用未腐熟的人畜粪尿和饼肥。标准还规定应当因地制宜采用秸秆过腹还田、直接翻压还田、覆盖还田技术；利用覆盖、翻压、堆沤等方式合理利用绿肥；可采用腐熟的沼气液、残渣及人畜粪尿用作追肥；选用微生物肥料做基肥和追肥。喷洒叶面肥要严格执行操作规程。对 A 级绿色食品肥料的技术标准也有特定要求，禁止使用硝态氮肥；化肥必须与有机肥配合施用，有机氮与无机氮之比以 1∶1 为宜，不能超过 1∶1.5；城市生活垃圾一定要经过无害化处理，达到质量标准后方可使用；要搞好各种形式秸秆还田。

（1）AA 组绿色食品生产允许使用的肥料种类

①AA 组绿色食品生产允许使用的肥料种类，包括就地取材、就地使用的各种有机肥料。它由大量生物物质、动植物残体、排泄物、生物废物等积制而成。包括堆肥、沤肥、厩肥、沼气肥、绿肥、作物秸秆肥、泥肥、饼肥等的农家肥料。

②AA 级绿色食品生产资料肥料类产品。

③在上述肥料产品不能满足 AA 组绿色食品生产需要的情况下，允许使用

按国家法规规定，受国家肥料部门管理，以商品形式出售的肥料。包括有机肥、腐植酸类肥、微生物肥、有机复合肥、无机（矿质）肥、叶面肥等的商品肥料。

（2）A级绿色食品生产允许使用的肥料种类

①AA组绿色食品生产允许使用的肥料种类。

②A级绿色食品生产资料肥料类产品。

③在上述肥料不能满足A级绿色食品生产需要的情况下，允许在有机肥、微生物肥、无机（矿质）肥、腐植酸肥中按一定比例加入化肥（硝态氮肥除外），并通过机械混合而成的肥料的掺合肥（有机氮与无机氮之比不超过1∶1）。

（3）生产AA组绿色食品的肥料使用原则

①必须选用AA组绿色食品生产允许使用的肥料种类，禁止使用任何化学合成肥料。

②禁止使用城市垃圾和污泥、医院的粪便垃圾和含有害物质（如毒气、病原微生物，重金属等）的工业垃圾。

③各地可因地制宜采用秸秆还田、过腹还田、直接翻压还田、覆盖还田等形式。

④利用覆盖、翻压、堆沤等方式合理利用绿肥。绿肥应在盛花期翻压，翻埋深度为15厘米左右，盖土要严，翻后耙匀。翻压后15～20天才能进行播种或移苗。

⑤腐熟的沼气液、残渣及人畜粪尿可用作追肥。严禁施用未腐熟的人粪尿。

⑥饼肥优先用于水果、蔬菜等，禁止施用未腐熟的饼肥。

⑦叶面肥料质量应符合《含氨基酸叶面肥料》（GB/T 17419—1998）、《微量元素叶面肥料》（GB/T 17420—1998）或《绿色食品　肥料使用准则》（NY/T 394—2013）的技术要求。按使用说明稀释，在作物生长期内，喷施2次或3次。

⑧微生物肥料可用于拌种，也可作基肥和追肥使用。使用时应严格按照使用说明书的要求操作。微生物肥料中有效活菌的数量应符合《微生物肥料》（NY/T 227—1994）的技术要求。

⑨选用无机（矿质）肥料中的煅烧磷酸盐。硫酸钾，质量应分别符合《绿色食品　肥料使用准则》（NY/T 394—2013）的技术要求。

（4）A级绿色食品的肥料使用原则

①必须选用A级绿色食品生产允许使用的肥料种类。如A级绿色食品生产允许使用的肥料种类不够满足生产需要，允许按（2）和（3）的要求使用化学肥料（氮、磷、钾）。但禁止使用硝态氮肥。

②化肥必须与有机肥配合施用，有机氮与无机氮之比不超过1∶1。例如，施优质原肥1 000千克加尿素10千克（厩肥作基肥、尿素可作基肥和追肥用），对叶菜类最后一次追肥必须在收获前30天进行。

③化肥也可与有机肥、复合微生物肥配合施用。厩肥1 000千克,加尿素5～10千克或磷酸二铵20千克,复合微生物肥料60千克（底肥做基肥,尿素,磷酸二铵和微生物肥料做基肥和追肥用）。最后一次追肥必须在收获前30天进行,

④城市生活垃圾一定要经过无害化处理,质量达到《城镇垃圾农用控制标准》（GB 8172—1987）中1.1的技术要求才能使用。每年每亩农田限制用量,黏性土壤不超过3 000千克,砂性土壤不超过2 000千克。

⑤秸秆还田。允许用少量氮素化肥调节碳氮比。

（5）其他规定

①生产绿色食品的农家肥料无论采用何种原料（包括人畜禽粪尿、秸秆、杂草、泥炭等制作堆肥）,必须高温发酵,以杀灭各种寄生虫卵和病原菌、杂草种子,使之达到无害化卫生标准。农家肥料,原则上就地生产就地使用。外来农家肥料应确认符合要求后才能使用。商品肥料及新型肥料必须通过国家有关部门的登记认证及生产许可、质量指标应达到国家有关标准的要求。

②因施肥造成土壤污染、水源污染,或影响农作物生长、农产品达不到卫生标准时,要停止施用该肥料,并向专门管理机构报告。用其生产的食品也不能继续使用绿色食品标志。

六、新型种植模式

新型种植模式既包括无土种植模式、种养结合模式,也包括种植绿肥模式等新型种植（赵永志等,2013）。

1.无土种植

无土种植模式是指不用天然土壤而用基质或仅育苗时用基质,在定植以后用营养液进行灌溉的栽培方法。由于无土栽培可人工创造良好的根际环境以取代土壤环境,有效防止土壤连作病害及土壤盐分积累造成的生理障碍,充分满足作物对矿质营养、水分、气体等环境条件的需要,栽培用的基本材料又可以循环利用,因此具有省水、省肥、省工、高产优质等特点。无土栽培中用人工配制的培养液,供给植物矿物营养的需要。为使植株得以竖立,可用石英砂、蛭石、泥炭、锯屑、塑料等作为支持介质,并可保持根系的通气。多年的实践证明,大豆、黄豆、菜豆、豌豆、小麦、水稻、燕麦、甜菜、马铃薯、甘蓝、叶莴苣、番茄、黄瓜等作物,无土栽培的产量都比土壤栽培的高。由于植物对养分的要求因种类和生长发育的阶段而异,所以配方也要相应地改变。例如,叶菜类需要较多的氮素（N）,氮素可以促进叶片的生长；番茄、黄瓜要开花结果,比叶菜类需要较多的磷、钾、钙,需要的氮则比叶菜类少些。生长发育时期不同,植物对营养元素的需要也不一样。对苗期的番茄培养液里的氮、磷、钾等元素可以少些；长大以后,就要增加其供应量。夏季日照长,光强、温度都较高,番茄需要的

氮比秋季、初冬时多。在秋季、初冬生长的番茄要求较多的钾，以改善其果实的质量。培养同一种植物，在它的一生中也要不断地修改培养液的配方。

2. 生态种植

生态种植的具体做法是在田野里使用微生物技术和轮作制，即豆类、粮食、苜蓿、根茎植物不断轮种，以增加土地的氮肥和氯肥，使地下水保持清洁。待农作物收获之后，再把其根茎和麦秆捣碎，喷洒上益生菌原液后埋入地下，使地表下形成一层肥沃的天然腐殖质，同时又能促使有机物的转化，保持水土不致流失。此外，由于不使用农药、化肥，使田地园林免受污染，生态环境得到大大的改善，从而在自然界形成健康的食物链，使各种野生动植物都能得到自然生长和繁衍，通过以菌治菌、以菌治虫来减少病虫害。

3. 种养结合

传统稻作生产主要依靠人工、农药、化肥的大量投入提高产量，导致农药残留、环境污染、稻米品质下降、病虫害抗药性提高等问题，使水田生态系统的结构和功能变得十分脆弱，影响到农业生产的可持续发展。稻－鱼复合种养作为多物种共栖、多层次配置、多级物质利用和能量循环的立体农业模式及技术，合理地利用自然资源、生物资源和人类生产技能，使农业生态系统处于良性循环之中，已经在我国一些地区得到应用和推广（孙刚等，2009）。

（1）生物浮岛水上农业技术　以生物浮岛为载体栽培植物净化富营养化水体。开发出的浮岛具有结构稳定、经久耐用、成本低等特点，可以满足各类植物的栽培需要，涵盖春、夏、秋、冬四季植物，包括蔬菜类、花卉类、饲料类植物，草本类、木本类植物，一年生、多年生植物等。通过植物的季节搭配、种属搭配，可以实现对各类污染水体的水质净化功能，兼有美化景观、营造生物栖息地、创造一定经济收益的功能。

（2）有机固废转化技术　以浮岛收获物及终端植物残体等有机固废为原料，活性污泥或畜禽粪便为接种物，利用生物发酵技术，研制出的多元素有机颗粒肥可应用于城市花卉栽培、园林绿化和农业生产。

4. 种植绿肥模式

绿肥是用作肥料的绿色植物体。绿肥是一种养分完全的生物肥源。种绿肥不仅是增辟肥源的有效方法，对改良土壤也有很大作用。但要充分发挥绿肥的增产作用，就必须做到合理施用。

（1）绿肥的作用　发展绿肥能够促进农业全面发展，绿肥的作用很多，主要包括如下内容。

①绿肥作物有机质丰富。绿肥作物含有氮、磷、钾和多种微量元素等养分，它分解快，肥效迅速，为农作物提供养分，其养分含量，以占干物重的百分率计，氮为 2%～4%，磷为 0.2%～0.6%，钾为 1%～4%，豆科绿肥作物还能把不能

直接利用的氮气固定转化为可被作物吸收利用的氮素养分;一般含1千克氮素的绿肥,可增产稻谷、小麦9～10千克。

②有机碳比重高。有机碳占干物重的40%左右,施入土壤后可以增加土壤有机质,改善土壤的物理性状,提高土壤保水、保肥和供肥能力;由于绿肥种类多,适应性强,易栽培,农田荒地均可种植;鲜草产量高,一般亩产可达1 000～2 000千克,此外,还有大量的野生绿肥可供采集利用。可以减少养分损失,保护生态环境,绿肥有茂盛的茎叶覆盖地面,能防止或减少水、土、肥的流失。

③投资少,成本低。绿肥只需少量种子和肥料,就地种植,就地施用,节省人工和运输力,比化肥成本低;绿肥可改善农作物茬口,减少病虫害。

④综合利用,效益大。绿肥可作饲料喂牲畜,发展畜牧业,而畜粪可肥田,互相促进;绿肥还可作沼气原料,解决部分能源,沼气池肥也是很好的有机肥和液体肥;一些绿肥如紫云英等是很好的蜜源,可以发展养蜂。一些绿肥还是工业、医药和食品的重要原料。

(2)绿肥的分类　绿肥的种类很多,根据分类原则不同,有下列各种类型的绿肥。

①按绿肥来源可分为:栽培绿肥,指人工栽培的绿作物;野生绿肥,指非人工栽培的野生植物,如杂草、树叶、鲜嫩灌木等。

②按植物学科可分为:豆科绿肥,其根部有根瘤,根瘤菌有固定空气中氮素的作用,如紫云英、苕子、豌豆、豇豆等;非豆科绿肥,指一切没有根瘤的、本身不能固定空气中氮素的植物,如油菜、茹菜、金光菊等。

③按生长季节可分为:冬季绿肥,指秋冬插种、第二年春夏收割的绿肥,如紫云英、苕子、茹菜、蚕豆等;夏季绿肥,指春夏播种、夏秋收割的绿肥,如田菁、柽麻、竹豆、猪屎豆等。

④按生长期长短可分为:一年生或越年生绿肥,如柽麻、竹豆、豇豆、苕子等;多年生绿肥,如山毛豆、木豆、银合欢等;短期绿肥,指生长期很短的绿肥,如绿豆、黄豆等。

⑤按生态环境可分为:水生绿肥,如水花生、水戎芦、水浮莲和绿萍;旱生绿肥,指一切旱地栽培的绿肥;稻底绿肥,指在水稻未收前种下的绿肥,如稻底紫云英、苕子等。

(3)绿肥的种植方式　绿肥种植方式有多种,一般有以下几种。

①单作绿肥:即在同一耕地上仅种植一种绿肥作物,而不同时种植其他作物。例如,在开荒地上先种一季或一年绿肥作物,以便增加肥料增加土壤有机质,以利于后作。

②间种绿肥:在同一块地上,同一季节内将绿肥作物与其他作物相间种植。

例如，在玉米行间种黄豆，小麦行间种紫云英等。间种绿肥可以充分利用地力，做到用地养地，如果是间种豆科绿肥，可以增加主作物的氮素营养，减少杂草和病害。

③套种绿肥：在主作物播种前或在收获前在其行间播种绿肥。例如，在晚稻乳熟期播种紫云英或蚕豆，麦田套种草木樨等。套种除有间种的作用外，能使绿肥充分利用生长季节，延长生长时间，提高绿肥产量。

④混种绿肥：在同一块地里，同时混合播种两种以上的绿肥作物。例如，紫云英与肥田萝卜混播，豆科绿肥与非豆科绿肥，蔓生与直立绿肥混种，使互相间能调节养分，蔓生茎可攀缘直立绿肥，使田间通风透光。所以混种产量较高，改良土壤效果较好。

⑤插种或复种绿肥：在作物收获后，利用短暂的空余生长季节种植一次短期绿肥作物，以供下季作物做基肥。一般是选用生长期短、生长迅速的绿肥品种，如绿豆、乌豇豆、柽麻、绿萍等。这种方式的好处在于能充分利用土地及生长季节，方便管理，多收一季绿肥，解决下季作物的肥料来源。

七、秸秆还田技术

秸秆种类繁多、数目庞大、养分含量高，是宝贵的可再生资源。秸秆利用方式多种多样，秸秆还田利用方式占有很高的比例，特别是在发达国家，已然是现代农业发展的趋势。秸秆还田不仅可以培肥土壤，提升土地生产能力，同时提高作物产量，促进农业可持续发展，还可以减少温室气体的排放，降低环境污染。因此，如何做到合理、科学地实施秸秆还田就显得尤为重要，本文从秸秆还田的方式、影响因素、注意事项方面阐述秸秆还田技术。

1. 秸秆资源的特点

（1）种类多，数量大　秸秆是作物收获后剩下的作物残留物，种类包括谷类、豆类、薯类、麻类以及棉花、甘蔗等其他作物的秸秆。种类繁多，据统计世界每年约产生 20 亿吨左右的秸秆，是仅次于煤炭、石油和天然气的世界第四大能源。我国秸秆年产量在 6 亿～ 7 亿吨，其中稻草、玉米、麦子秸秆占比例最高，占总量的 75% 以上，但是随着农村产业结构的调整，经济作物秸秆的比例也会逐年有所增加。

（2）可再生性强，养分含量高，是宝贵的可再生资源　农作物秸秆作为重要的可再生资源，由大量的有机物和少量的无机盐及水所构成。其有机物的主要成分是纤维素类的碳水化合物，以及少量的粗蛋白和粗脂肪。据中国农科院区划所（中国农业科学院农业资源与农业区划研究所的简称）有关课题组调研分析，我国每年约有 6.2 亿吨秸秆，其中水稻秸秆 1.8 亿吨，小麦秸秆 1.1 亿吨，棉花秸秆 1 300 万吨，大豆秸秆 1 500 万吨，共含氮 300 多万吨，含磷 70 多万吨，含钾 700 多万吨，相当于我国目前化肥施用量的 1/4 还多，还含有大量的微量元素和有机物。

（3）利用方式多样化　秸秆利用方式多种多样，主要集中在 4 个方面：畜牧饲料、工业原料、能源物质、肥源物质。世界发达国家秸秆多以肥源为处理方式，美国、英国、加拿大等国家的小麦、玉米秸秆大部分用于还田，美国秸秆还田量占秸秆生产量的 68%，英国秸秆直接还田量则占秸秆生产量的 73%，而在南亚、东南亚等的一些不发达国家作物秸秆则主要用于动物饲料的生产，埃及等许多国家秸秆田间焚烧占有相当大的比例。而我国秸秆中约有 35% 作为生活能源、25% 作为畜牧饲料、作为肥源占 9.81%、工业原料占 7%，目前我国秸秆利用的现状虽然跟我国实际情况密切相关，但是随着经济的逐步发展和意识的改善，秸秆还田的比例会增加。

2. 秸秆还田的作用

（1）培肥土壤，提高地力

①补充土壤多重养分，增加土壤肥力。按玉米秸还田率 20%，稻草还田率 30%，麦秸还田率 45% 计算，每年可用有机肥料的秸秆就有 1.3 亿吨，约可提供氮素 66 万吨，磷素 40 万吨，钾 10.6 万吨。

②改善土壤理化性质，优化土壤结构。秸秆还田后土壤的孔隙明显增加，大孔隙占总孔隙的比例较大，容重变轻，使得土壤疏松、通透，同时其分解产生的腐植酸可以和土壤中钙镁离子形成稳定团聚体，稳定土壤结构。秸秆是热的不良导体，在覆盖情况下，能够形成低温时的高温效应和高温时的低温效应两种双重效应，调节土壤温度，有效缓解气温激变对作物的伤害。秸秆覆盖可使土壤蓄水能力增强，调控土壤供水，提高水分利用率。

③提高土壤生物活性，增加土壤活力。土壤在秸秆等有机物质覆盖以后，土壤氮等养分发生了变化，改变了土壤的理化性质，从而改变了土壤中的生物平衡，由于秸秆等有机能源具有刺激效应，故富含有机能源的植物残体覆盖还田以后会对土壤微生物产生明显的扰动和改变。研究发现，秸秆还田后明显增加了土壤微生物的总量，并表现出秸秆还田数量越多，时间越长，增加量越多的规律。肥料配合秸秆还田处理对于土壤微生物数量和种群结构的影响较为复杂，因肥料种类、用量或不同肥料之间的配合方式而异。

（2）提高作物产量，促进农业可持续发展　秸秆中含有大量养分含量，分解后释放出大量的养分和小分子物质，这些物质能够促进作物的生长发育。曾木祥等对我国主要农区秸秆还田总结后认为：我国的秸秆还田量在 1 500～9 000 千克/公顷，平均约 4 611 千克/公顷，增产幅度在 1.7%～14.8%。但是由于作物秸秆来源广泛，以及不同土壤类型和环境不同，导致秸秆还田不能快速分解，使得土壤碳、氮比值升高，刺激微生物迅猛活动而将固持一部分有效氮。秸秆还田只有在长期施用下才可能促进作物产量的提高，研究发现秸秆还田一般持续多年才会对作物产量有增加的趋势，同时研究如何激发和加速还田秸秆的周转速度，对于选取合理的秸秆还田方式、增加土壤养分含量以及提供作物产量和农业可持续发展具有重要意义。

（3）固碳减排，降低环境污染　秸秆还田可以避免秸秆被大量焚烧，从而减少了焚烧带来的大量有毒有害气体向大气的排放，同时固定了大量的碳，降低了温室气体的排放。土壤有机质是土壤的重要组成部分，又是土壤碳含量增加的主要形式，有机质含量的提高直接标志土壤固碳潜力的增加。秸秆中含有大量的有机碳，还田后土壤有机质含量明显增加，有机质含量每年增加量 0.05～0.17 克/千克，秸秆还田不仅可以增加有机质含量，同时还可改变土壤有机质组成，优化土壤有机质的性质，增加土壤腐熟程度，进一步增加土壤固碳潜力。

3.秸秆还田的方式

秸秆还田一般分为两大类：直接还田和间接还田。直接还田通常指作物收获后剩余的秸秆直接还田，包括翻压还田、覆盖还田和留茬还田。间接还田指秸秆作为其他用途后产生的废弃物继续还田，包括秸秆沼肥还田、秸秆过腹还田、秸秆堆沤还田。

（1）秸秆直接还田　秸秆作为有机肥直接还田，是普遍开展的一项工作。北方试验表明，秸秆还田量每亩300～400千克，即可维持土壤有机质，培肥土壤，保持水土。秸秆直接还田方式多种多样，成熟的技术模式有以下几种：机械粉碎还田，在收获的同时将秸秆粉碎，用机器均匀撒在田间。秸秆覆盖还田，作物收获后，将秸秆覆盖在田间，采取免耕措施，开挖或挖穴播种，秸秆在田间自然腐烂。但是直接还田也存在一些问题，农业机械和机具不配套，南方和华北地区茬口紧张等问题都是限制和制约秸秆还田的主要问题。

（2）秸秆过腹还田　秸秆作为畜禽的饲料，经过消化吸收后迅速形成粪便，然后以有机肥的形式归还土壤，秸秆作为饲料利用主要通过氨化、青贮、微生物处理等。

氨化处理指氨的水溶液对秸秆的碱化作用能破坏木质素和多糖之间的醋键结构，从而利于秸秆的分解。秸秆尿素氨化较为常用，一般建长、宽、高比为 4：3：2 的长方形氨化池，将秸秆切碎，置于氨化池中，将相当于秸秆干物重5%的尿素溶于水中，均匀喷洒在秸秆中，通常夏季一周，秋冬季2～4周即可。

（3）秸秆堆腐还田　作物收获后，将秸秆收集运出田间，在地头或村头，采取堆腐或者沤制过程，加工成有机肥，通过施肥措施，使秸秆还田。利用秸秆堆腐有机肥是我国农民的优良传统，为保持地力经久不衰做出了贡献，但传统堆置费工、费时，很多地区农民已放弃加工有机肥。采用现代技术，运用生物、工程、机械等措施利用秸秆加工有机肥省工、省时，可变废为宝，已开始被人们所采用，在经济作物种植较多的地区，有机肥需要量大，秸秆堆腐是加工有机肥的主要方式之一。

4.主要秸秆还田技术

我国主要粮食作物为水稻、小麦和玉米，科学的秸秆还田技术不仅利于秸秆资源的合理利用，同时利于提高土壤质量，提高资源利用效率，降低环境污染风险。

（1）玉米秸秆还田技术　玉米是我国主要粮食作物之一，各地在玉米生产中总结出大量的秸秆还田技术，主要有以下几种技术：玉米秸秆覆盖技术，玉米收获后将玉米秸秆顺行铺在垄背上，后一铺的基部压住前一铺的梢部，依次盖一个垄背，空一个垄背。第二年在前一年空开垄背上用同样的方法覆盖，以后每年依次交替；玉米秸秆机械化还田技术，采用机械化手段对作物秸秆处理后还田的技术，包括秸秆粉碎还田、整秸还田、根茬还田等。机械化秸秆还田不仅合理、高效地利用了秸秆资源，防治秸秆焚烧或废弃带来的环境污染，提高作物产量；玉米秸秆整秸覆盖栽培技术，秋收后，不刨茬、不耕地，将新秸秆盖在原玉米种植行上过冬，第二年早春在旧秸秆行间用小型旋耕机整地，再施肥、播种，逐年轮换播种；玉米秸秆二元单覆盖栽培技术和玉米秸秆二元双覆盖栽培技术，需要有良好的田间配套措施，使用良种和肥料，增加种植密度和防治病虫害。

（2）小麦秸秆还田技术　小麦秸秆留高茬技术，在麦收前 10～15 天，套种玉米或其他夏播作物，小麦收割时，提高机械收割保证收割的留茬高度，一般为 20~25 厘米，将麦秸、麦糠均匀覆盖行间，适用于华北、西北小麦收割前套种玉米或其他夏播作物，畜牧业较发达，玉米秸秆或其他夏播作物多作为饲料的地区。此技术成熟，已在全国广泛地区大面积推广。

八、保护性耕作技术

保护性耕作技术的主要内容是保护地表残茬覆盖，尽量减少不必要的田间作业程序，通过合理轮作、科学施肥等综合措施，为作物创造良好的生态环境。

1.轮作

轮作是在同一块田地上，有顺序地在季节间或年间轮换种植不同的作物或复种组合的一种种植方式。轮作是用地养地相结合的一种生物学措施。

轮作因采用方式的不同，分为定区轮作与非定区轮作（即换茬轮作）。定区轮作通常规定轮作田区的数目与轮作周期的年数相等，有较严格的作物轮作顺序，定时循环，同时进行时间和空间上（田地）的轮换。在中国多采用不定区的或换茬式轮作，即轮作中的作物组成、比例、轮换顺序、轮作周期年数、轮作田区数和面积大小均有一定的灵活性。轮作的命名决定于该轮作中的主要作物构成，一般被命名的作物群应占轮作田区 1/3 以上。常见的轮作有：禾谷类轮作、禾豆轮作、粮食和经济作物轮作、水旱轮作、草田（或田草）轮作等。针对农田氮、磷污染问题，利用不同作物对土壤不同层次氮、磷吸收利用能力的差异，通过增加栽培作物多样性、优化作物种植模式对土壤深层（80～200 厘米）残留的氮、磷等资源进行提取吸收，使其重新进入农业生产系统再次被循环利用。例如，在京郊大面积推广玉米－小麦轮作、蔬菜－玉米或小麦轮作，污染严重地区可种植多年生苜蓿或向日葵等深根作物，均能有效提高对残留在土壤深层的氮、磷资源利用效率；通过粮豆轮作，能促进土壤有机质平衡。

2. 间作

间作是一茬有两种或两种以上生育季节相近的作物，在同一块田地上成行或成带（多行）间隔种植的方式。间作可提高土地利用率，由间作形成的作物复合群体可增加对阳光的截取与吸收，减少光能的浪费；同时，两种作物间作还可产生互补作用。例如，宽窄行间作或带状间作中的高秆作物有一定的边行优势、豆科与禾本科间作有利于补充土壤氮元素的消耗等。但间作时不同作物之间也常存在着对阳光、水分、养分等的激烈竞争。因此对株型高矮不一、生育期长短稍有参差的作物进行合理搭配和在田间配置宽窄不等的种植行距，有助于提高间作效果。当前的趋势是旱地、低产地、用人畜力耕作的田地及豆科、禾本科作物应用间作较多。

3. 套种

套种是在前季作物生长后期的株行间播种或移栽后季作物的种植方式，也叫套作、串种。对比单作它不仅能阶段性地充分利用空间，更重要的是能延长后季作物生长季节的利用，提高复种指数，提高年总产量，是一种集约利用时间的种植方式。

一般间作套种一起表述，不做细致区分。套种与间作最大的区别在于前者作物的共生期很短，一般不超过套种作物全生育期的一半，而间作作物的共生期至少占一种作物的全生育期的一半。套种侧重在时间上集约利用光热水资源，间作侧重在空间上集约利用光热水资源。套种可以使用复种指数比较效益的大小，而间作使用土地当量比计算效益的大小。

按种植季节分，可以分为前季套种、同季间作和后季套种。其中，前季套种移栽前种植，如秋播春（夏）收的麦、豆、油菜、大蒜、秋菜，冬春播春（夏）收的马铃薯，春栽春（夏）收的果豆类。同季间作：与棉花部分或全期共生。如秋播夏收的百合，春栽夏收的瓜果、蔬菜，春种秋收的果蔬、药材、粮油作物等。后季套种：夏季或秋季套种秋冬季收获的作物，如多种食叶类的蔬菜、晚秋小宗经济作物等。按熟制分可分为一年两熟、一年三熟和多熟型。

间作套种的各作物间要有互补性。由于各作物的呼吸代谢物、分泌物的不同如气味等，会在作物间产生不同影响，因而要充分利用各作物之间的互补性，杜绝相克性。有互补作用的作物间作套种，可提高产量，增加效益。相克的作物间作套种，会加重某种病虫害的发生，导致减产。

4. 免耕、少耕

免耕栽培（熊继东、成燕清，2010）是指不需耕翻、平整、中耕及培土这些耕作措施，仅开小的播种或移栽穴，同时尽可能地将作物秸秆等残茬覆盖表土的栽培方法。它节约了耕作所需人力、机械、能源或畜力的投入，且只要技术措施达到它的要求，在同等条件下，免耕栽培较传统耕作增产明显，因而很明显地减少了碳排放和提高了碳利用。同时最新研究表明，耕翻土壤促进土壤有机碳以 CO_2 形式向大气释放。作物残留物和土壤有机质在土壤表层的累积是免耕最典型的特点，它能促使有机质在土体中再分布，也有助于在土壤中贮存较传统耕作更多的有机质，因而免耕栽培更加减少了碳排放，所以，免耕是低碳农业重要的技术之一。作物生长的土壤所含的水分，既不能太高也不能太低。如果水分含量太高，土壤透气性必然差，土壤温度就上不来，养分转化供应慢；反之，如果土壤含水量太少，土壤肥、气、热三因素也会变差。无论是多雨还是干旱的情况下，免耕土壤的水分含量均不会太高，也不会太低，因为免耕未破坏土壤的结构、层次和毛细管通道，加上土壤动物和前作根系腐烂所残留的孔隙，从而构成上下连贯的通透体系。降雨时，雨水能迅速渗入土层，可达到雨停即爽；干旱时，又能大大降低蒸发，且能迅速将深层水分吸到作物根区，因而土壤内水分含量较稳定和适宜，相应带来土壤透气性、保肥供肥性及土温的较稳定和适宜，水、肥、气、热协调性好。加上免耕土壤上层肥沃，更能为作物根系生长提供一个相对稳定的通透环境，所以无论是旱地还是水田，只要搞好了杂草防除等配套措施，作物免耕栽培的长势一直要比传统耕作的好。而传统耕整分散了土体，破坏了土壤团粒结构和孔隙状况，刚耕过的土壤在晴天水分大量蒸发，降雨时的雨滴冲击，使细小颗粒移动，将土壤表层孔隙堵死结皮，这样大量的雨水无法迅速进入土层内，在表面形成径流，造成水土流失，少部分进入耕作层的雨水，因孔隙状况被破坏，加上形成了犁底层等原因，易滞留在耕作层中，导致土壤含水量过多，干旱时表面结皮的土壤会迅速开裂，水分大量蒸发，含水量又会太少，也带来了土壤透气性、保肥供肥性及土温状况变差，从而影响了作物的正常生长发育。土壤免耕后将变得紧实，但这并不会阻碍根系或地下根茎（如甘薯、萝卜、马铃薯等）的生长，因为它们的生长，并不像机械钻入土壤，而是产生了很多复杂的生理生化变化，除呼吸放出二氧化碳遇水形成碳酸外，还能分泌出柠檬酸、苹果酸等有机酸，这些无机酸和有机酸都能溶解难溶性矿物、甚至岩石。在同等条件下传统耕作的根系粗而少，与土壤接触面积少，白根比例也小，而免耕的根系细而多，与土壤接触面积大，白根比例也大，表土层分布亦较多（这是因为免耕表土层水、肥、气、热等因素协调较好所致）。除免耕外，还有少耕和保护性耕作的提法。在美国，免耕是指播前不耕翻，播后地面覆盖率大于30%；少耕是指播前不深松或翻耕、播后地面残留覆盖只有15%～30%，多次表土作业。其实免耕的产量和防止风蚀、水蚀效果均好于少耕。

九、土壤修复技术

土壤修复技术主要包括耕地质量保育工程技术、退化耕地修复工程技术、耕地土壤重构工程技术等（范玉芳、魏朝富，2010）。

1. 耕地质量保育工程技术

自20世纪50年代以来，随着化肥、农药投入量的不断增加，农作物产量不断提高，发达国家逐步形成了以耕地、能源和农用化学品高投入及农作物高产出为主要特征的集约化农业模式。这一时期，耕地管理技术模式的主要特征是农用化学品用量大幅度增加或居高不下，主要目标是追求较高的农业劳动生产率。到20世纪70年代末期，提高农业资源利用率的重要性逐步为人们所认识和接受，环境友好的培肥、耕作、农田纳污与土壤质量评价等耕地质量保育技术开始受到重视。德国自20世纪80年代末以来，氮、磷化肥总用量分别下降了30%和50%，尽管同期耕地面积也在不断下降，但粮食总产和单产却分别增加了57%和80%，并且各主要农区环境质量和农产品品质也得到了改善。同时，生物技术和信息技术的高速发展，为耕地质量保育研究注入了新的活力，扩展了传统土壤科学的研究手段与内涵。在生物技术方面，着重于应用分子生理、分子生态的方法了解土壤质量演变过程，及对土壤条件变化敏感的土壤生物性状，如微、中、大型生物种群的数量及活性。在信息技术领域，通过应用现代信息技术，特别是3S技术，探索可有效量化、表征农田过程的方法，以便更迅速和客观地了解土壤质量时空演变特征，量化不同农区水、土、气、生四大要素的时空变化规律及其耦合作用机制，实现耕地资源的高效、持续利用。

2. 退化耕地修复工程技术

土壤退化表现为土壤侵蚀、荒漠化、盐碱化、贫瘠化、潜育化、土壤污染和土壤生产力丧失等动态变化。土壤退化过程主要表现为在土壤平衡功能被破坏的情况下，由于低施肥投入及不平衡施肥导致的营养成分亏缺至临界水平的土壤贫瘠化，土壤肥力丧失及腐殖质状况的恶化，或者土壤水分退化以及干旱和半干旱地区由盐化作用造成的土壤退化。

土壤退化过程的预防、调节和治理需要借助生态学原理选择合理的土地利用方式、进行土壤修复（施用石灰、肥料、排水、额外补充有机质）、实现养分平衡及运用当地传统农业中的合理技术（少耕或免耕、地膜覆盖）等来实现。

目前，国际上较通用的方法是采取少耕或免耕、休闲、增施有机肥、增加植被覆盖、农艺措施调整等，修复与重建内容主要围绕土壤有机质、养分供应、植被覆盖度和土壤紧实度等因素展开。增施有机肥对土壤地力重建与恢复的效果已被许多研究者所证实，他们分别从不同角度研究了施用有机肥对土壤有机质的影响及对退化土壤的修复效果。无肥状态下土壤养分的变化具有极大的不平衡性，不同土层全钾、有效钾的下降速率均比较显著。因此，在持续投入有机肥的基础上，增施氮肥、适施磷肥、重施钾肥对退化土壤的肥力恢复具有重要作用。有机肥可更快地重建土壤磷库、钾库，对提高土壤全氮水平也比单用化肥快。同时，合理的农艺措施，如免耕、施用作物残茬、豆科覆盖等，也可以使退化土壤地力得到一定提高。采用合适的生物措施，辅以必要的工程措施，是促进严重喀斯特石漠化地区生态重建的有效途径之一。在土壤微生物对农业生态系统及土地生产力的核心作用方面也有相关研究，其表现为通过相关措施来调节土壤微生物的组成和活性，从而促进土壤地力的恢复和提高。

3. 耕地土壤重构工程技术

耕地土壤重构是通过一系列的工程技术对整理区的土地进行挖、铲、垫、平等处理，使之成为高水平农田的技术。它要求重构土地平整、土壤特性较好、具备一定的水利条件；按土壤重构过程的阶段性，可分为土壤剖面工程重构以及进一步的土壤培肥改良。土壤剖面工程重构是在地貌景观重塑和地质剖面重构基础之上的表层土壤的层次与组分构造；土壤培肥改良措施一般指耕作措施和先锋作物与乔灌草种植措施。因此，土壤重构工程设计和重构土壤质量的高低是耕地重构成功与否的关键所在。耕地土壤重构主要有以下 3 种方法。

（1）土地平整法　对于地形起伏不大、变化单一的区域，可以通过简单的土地平整措施重构土壤。为减少平整后表土养分过于贫瘠和物理环境恶化，需要引入表土处理技术。在土地平整时，应先把土壤表层 20 ～ 50 厘米的土层剥离，然后进行土地平整工作，最后覆盖上表土。

（2）修筑梯田法　通过坡改梯，减缓田面坡度，增厚有效土层厚度，改良土壤质地，提高土壤宜种性水平，改善田块小环境，使土壤发育朝向有利于作物的方向发展，不同类型梯田水土保持效应存在差异。前埂后沟式水平梯田蓄水保土效果最好，而标准水平梯田和内斜式梯田蓄水保土的效果差异不明显。

（3）标准条田法　在低洼积涝、经常浸水、受涝灾威胁的地区和地面平缓、排水不畅的易涝地区，或者低平盐碱化和次生盐碱化地区，进行条田修筑，以达到加速排水排盐、改良土壤、便于机械作业的目的。由于条田规划将长期影响田间的灌溉、排水、机耕、防风等效果，同时也直接影响农业生产和经营管理，所以，应从地形条件、水利土壤改良条件、机耕作业条件 3 个方面进行条田规划影响因素的研究和标准沟网条田的布置形式设计。

十、信息技术

从信息技术在土肥中的应用过程可以发现，土肥信息化发展经历了网络化数字化发展、智能化发展、智慧化发展3个阶段。信息技术在每一个阶段均发挥了极大的作用。从肥料面源污染防控角度看，信息技术在肥料面源污染防控中的作用主要包括以下几个方面。

1. 污染监控

土壤污染监测是指对土壤各种金属、有机污染物、农药与病原菌的来源、污染水平及积累、转移或降解途径进行的监测活动。污染监控是开展肥料面源污染防治的基础性工作，也是肥料面源污染防治的第一个环节。目前，污染监控从传统的人工、半人工的监控逐渐向自动化监控方向发展。在污染监控技术上，主要有遥感技术、传感技术等。遥感技术具有观测范围广、获取信息量大、速度快、实时性好及动态性强等特点，它能快速、准确、可靠地提供翔实、现实的地理信息和数据，诸如地形、排水特征、植被类型或结构，某些土壤特征或其类型以及某些耕地质量，以及污染情况等信息。传感器是一种物理装置或生物器官，能够探测、感受外界的信号、物理条件（如光、热、湿度）或化学组成（如烟雾），并将探知的信息传递给其他装置或器官。通过传感技术可以实时采集耕地土壤的污染情况，为肥料面源污染防治提供数据基础。污染源自动监测系统是集合自动化、计算机技术、通信技术和模拟实验室人工分析的智能设备为一体的复杂的系统过程。运用安装在污染物排放口的监控监测设备（COD、TOC等水污染物在线监测分析仪，二氧化硫、烟尘等大气污染物在线监测分析仪，流量计等），通过传输设备（数据采集传输仪）利用无线信号传送到环境保护部门监控中心系统（计算机信息终端设备、监控中心信息管理软件和数据库等），按照国际协议解析硬件设备发送的数据包，并保存到数据库中，从而实现对企业废水、烟气排口的排放量和主要排放因子等指标的实时自动监测。对预防污染事故，加大环境监测预警和监督执法工作力度，提高环境监管能力起到重要作用。

（1）3S技术 3S技术是地理信息系统（GIS）、遥感技术（RS）和全球定位系统（GPS）的统称，是空间技术、传感器技术、卫星定位和计算机技术、通信技术相结合，多学科高度集成的对空间信息进行采集、处理、管理、分析、表达、传播和应用的现代信息技术。它们是现代环境保护信息系统建立和高效运行的必不可少的基础工具。

在GIS平台上开发环境地理信息系统、重点流域水资源管理、环境污染应急预警预报系统等，取得了显著的成效。利用GIS建立起地图数据库，为用户输出全要素地形图，而且可以根据用户需要分层输出各种专题图；使用GIS建立各种环境空间数据库，把各种环境信息与其地理位置结合起来进行综合分析与管理，以实现空间数据的输入、查询、分析、输出和管理的可视化；在环境监测过程中，利用 GIS 技术可对实时采集的数据进行存储、处理、显示、分析，实现为环境决策提供辅助手段的目的；在进行自然生态现状分析过程中，利用 GIS 可以比较精确地计算水土流失、荒漠化、森林砍伐面积等，客观地评价生态破坏程度和波及的范围；GIS 用于环境应急预警预报，能够对事故风险源的地理位置及其属性、事故敏感区域位置及其属性进行管理，提供污染事故的大气、河流污染扩散的模拟过程和应急方案；此外，还广泛应用于环境质量评价和水环境管理等方面。

RS 技术可以实时、快速地提供大面积地物及其周边环境的几何与物理信息及各种变化参数。实现对大气环境中气溶胶、沙尘暴、臭氧层等的监测；实现对水体富营养化、泥沙污染、废水污染等的监测。

利用全球定位系统（GPS）对环境要素、污染源进行定位，并利用 GPS 数据采集的功能对其属性进行记录，详细记录环境要素及污染源的各种环境信息，包括排污单位信息，污染源类别划分，历史排污量记录，事故记录等信息的记录。GPS 作为 GIS 系统的数据更新采集的工具，可以详细记录各种监测设备，包括污染监测设备、排放检测设备、监测设备等的安放位置及监测数据的采集，对新增或改动的监测设备进行及时的更新。

（2）同位素示踪技术（Isotope Tracer Technique）　同位素示踪技术是从外面加入与生物体内的元素或物质完全共同运行的示踪物，用以追踪生物体内某元素或某物质的运行或变化的一种方法。示踪物，可利用元素的同位素本身或用同位素置换该物质成分某元素的标记化合物，按不同目的，关于同位素可利用放射同位素或稳定同位素，都以同位素的辐射能或质量的差异为目标。1923 年赫维西（G.Von Hevesy）采用 RaD 研究了植物吸收铅的机制，以此为开端，随着战后原子能的开发，逐渐做到了可提供各种大量的同位素，同时还进行了同位素测量仪器的开发，进而与纸层析等微量分析法的进展相结合，现已成为研究生物现象不可缺少的方法。因使用的同位素和示踪物是极微量的，所以也不会在量上打乱生物体内的成分。放射自显影是在组织或细胞水平上捕获物质动态的一种方法，若采用行程短的 3H（氚）标记化合物和电子显微镜，就可从细胞器水平，有时也可在生物大分子 DNA 水平上，发现结构与功能的关系。放射免疫测定法是将同位素引入抗原抗体反应的一种方法，该法比荧光抗体法更灵敏，也更易定量。若将稳定同位素与巧妙的分离分析法结合使用，是很有成效的，可由 ^{15}N、^{18}O 的利用，解释 DNA 的复制方式，以及光合作用中 O_2 产生的机理。稳定同位素的检出测定一般是较困难的，由于最近光谱法的发展，提高了 ^{15}N 检出的灵敏度，而且较简便，并提高了利用率。联合使用两种以上的同位素称为双标记法。同位素示踪法有不少缺点是因同位素本身性质而造成的，如具有同位素效应、交换性、辐射线效应、元素变换效应等。

2. 污染检测

检测技术包括土壤污染的检测技术和土肥工作的常规检测技术等。

（1）污染检测技术　土壤污染的优先监测应是对人群健康和维持生态平衡有重要影响的物质，如汞、镉、铅、砷、铜、铝、镍、锌、硒、铬、钒、锰、硫酸盐、硝酸盐、卤化物、碳酸盐等元素或无机污染物；石油、有机磷和有机氯农药、多环芳烃、多氯联苯、三氯乙醛及其他生物活性物质；由粪便、垃圾和生活污水引入的传染性细菌和病毒等。土壤中的有机类和无机类污染物在实验室用重量法、容量法、化学法和仪器法进行测定；细菌和病毒用生物检测方法进行测定。

（2）土肥检测技术　近年来，随着土肥检测技术方法研究的进展，测土肥配方施肥工作得以实现，另外，肥料检测技术的发展为肥料管理提供新的工具。测土配方施肥是以土壤测试和肥料田间试验为基础，根据作物需肥规律、土壤供肥性能和肥料效应，在合理施用有机肥料的基础上，提出氮、磷、钾及中、微量元素等肥料的施用品种、数量、施肥时期和施用方法。测土配方施肥的目标是提供配方肥料，配方肥料是以土壤测试、肥料田间试验为基础，根据作物需肥规律、土壤供肥性能和肥料效应，用各种单质肥料和（或）复混肥料为原料，配制成的适合于特定区域、特定作物品种的肥料。由此可见土壤检测是测土配方施肥工作的基础性工作。

3. 模型技术

（1）概述　国内外各部门为实现对面源污染的深入认识及达到污染控制目标而提出的模型研究计划。面源污染模型的研究应用，能够提供对污染内部所发生的复杂过程进行的定量描述，帮助了解面源污染在时间和空间上产生的特征，识别其主要来源及迁移途径，预测污染物负荷及对水体的影响，并对土地利用状况进行科学评估，指出不同管理与技术措施对面源污染负荷和水质的影响特征，为流域规划和管理提供决策依据。

根据建立途径和模拟过程来分，可将农业面源污染模型分作黑箱模型与物理模型两种。黑箱模型是一个以实验或实地监测数据为前提，建立的一种粗略关系式或一个复杂回归方程的经验模型，其原理简单，运行所需数据较少。典型黑箱模型有 USLE、RUSLE、SLEMSA 及 IDEROSI 等。物理模型是对整个事件或系统模拟的过程，其多基于原理和理论的推导方式，对流域内部系统及其污染物复杂转变过程进行定量描述，分析水域污染物产生的时间和空间特征，显示出其主要来源与迁移过程。典型物理模型有 CREAMS、ANSWERS 与 WEPP 等（孙本发等，2013）。

（2）现有污染模型研究所存缺陷　研究方法及空间尺度上，模型对地下水的处理方式仍是一维的、概念性的，对不同流域间地下水流动关系没有考虑到，只是简单将深水层与浅水层分作两个"水体"，无法对地下水位动态变化进行模拟；模型浅层地下水蒸发多只简单以土壤为媒介直接进入大气，但忽略了浅层地下水对土壤水的补给作用；受研究范围限制，国内对引入模型有效性的验证多只是在小尺度范围内实现，对我国南方典型多水塘流域特征、复杂的下垫面情况，现有模型很难达到有效运用。

研究内容上，相较农业污染研究，对于由城镇矿区、商业区及居民区等造成的面源污染方面的模型研究尤显不足，未来需加强重视；因对大气有毒污染物干湿沉降研究技术要求高、目标跟踪量化困难、涉及面广等因素，现今国内外对其迁移转化的模拟研究较少；针对某些特殊污染源贡献的特殊污染物（如医院病毒、农牧病菌等），其向自然环境的迁移及之后对周边环境的威胁等方面的模型缺乏研究。

（3）面源污染模型应用发展趋势

①遥感影像的合理应用，能够为各种土地特征的准确性和实效性提供保证，未来可以利用遥感技术对大流域尺度污染因子进行调查、分析与计算模拟，为面源污染模型发展提供帮助。

②目前多数污染模型多集中在营养物上，未来还应将其完善到土壤重金属、环境细菌以及石油污染等的迁移模块上。

③将模型模拟结果进行分析并运用到环境改善上，即完善最佳管理措施和作物产量模拟的应用，建立并发挥过滤带对面源污染控制的积极作用。

④进行多学科联合，扩展面源污染模型的应用范围，进一步完善模型功能。对多个单一模型进行科学有效整合，开发出效率高、范围广的综合性模型。

⑤利用计算机虚拟现实技术（VR）研制出具备逼真三维视、听、触等感觉形式的模型使用及模拟结果呈现技术，实现人机和谐相处的目标，是今后该类模型发展的一大趋势。

4. 智慧施肥

智慧施肥根据作物生长的土壤性状，分析作物的需肥规律，调节肥料的投入（包括施肥量、比例和时期），充分利用土壤生产力，以最少的肥料投入达到较高的收入，从而提高化肥利用率，改善农田环境，增加农业种植效益。通过智慧技术的应用，传统的依赖于手工的测土配方施肥工作将被智能化的工具所代替。在实施测土配方施肥项目的基础上，充分利用智慧技术采集土壤、作物、气象等各类生产环境信息，利用耕地地力评价成果、各类农作物田间肥效试验、土壤化验分析测试结果以及农户粮食生产各类信息，针对不同类型的农作物开展智慧施肥决策，提供不同的施肥方案。不仅可以提供某一区域和某一地块的施肥方案，同时还可以根据实时采集的土壤结果信息、作物信息、生产环境信息、气象信息和目标产量确定施肥方案。在施肥方案中，根据各类作物的生长特点、需肥时期确定作物的施肥数量、施肥种类，为农民提供便捷的智慧施肥服务。

5. 肥料追溯与智能监管

肥料追溯与智能监管就是充分利用电子标签、条码、传感器网络、移动通信网络和计算机网络等技术，在肥料产品上加封电子标签，将肥料零售机构联网，实现肥料产品销售及使用的监控，跟踪何时何地使用的品种和使用量，可以掌握一个地区整体的用肥水平，控制肥料过量使用和超安全间隔期使用。另外可以掌握整个地区用肥品种和用量，可以从整体管理层次上适时调整用肥品种。将肥料使用记录系统与农产品产地管理和农产品溯源连接，可以在农产品销售终端查到该产品在生产过程中使用的肥料品种和使用量等信息，增加信息透明度，减少消费者对产品安全的疑虑。

6. 信息服务

农户施肥信息获取渠道比较单一，是影响农户施肥量和施肥结构的重要因素。基于计算机网络技术构建信息服务系统，结合当地农业生产的实际需要，运用农户所能接受的方式，有针对性地开展一系列宣传教育活动，把施肥新技术信息、经验等不断传授给农户，使得农户能切实解决农业生产中的实际问题。进一步提高农技推广服务水平，让科技人员直接到户、良种良法直接到田。通过施肥技术宣传，逐步建立健全农技推广体系，提高农户农技素质水平，农业生产资源得以优化配置，使得政府和农户能通力协作，共创良好的农村生态环境。

第五章

北运河流域肥料面源污染防控实践

　　"海河流域北运河水系北京段"（以下简称"北运河"）是北京市（以下简称"我市"）五大水系之一，地理位置处于潮白河水系与永定河水系之间，是我市流域面积最大、支流最多的水系，整体流域面积 4 293 千米^2，占全市总面积的27%。由于历史和功用转变等原因，北运河流域污染严重，为了有效治理北运河流域污染问题，使北运河恢复生机，重现潞河帆影的运河风光，我市将北运河水污染治理作为一项重大的民生工程给予了高度重视，投入了巨大人力、物力。北运河流域肥料面源污染防控是北运河水污染治理的重要组成部分，在肥料面源污染防控过程中，我们综合运用了土壤、肥料、作物、生态等学科基础理论和技术，提出了一套综合性、具有普遍技术指导意义的方法和措施，取得了良好的效果。

第一节　概　述

　　北运河不是一条自然形成的河流，而是因其干流河段地处京杭大运河的最北段而得名。历史上，我市境内的京杭运河分两部分，一为通惠河（现在的通惠河是其中一部分），一为北运河。其中通惠河源头在燕山南麓的昌平白浮村，自北向南流经路线是从现昌平白浮经昆明湖（古称瓮山泊）、积水潭、中南海，出崇文门、杨闸村至通州张家湾。通惠河主要作用是将我市西北部山麓的多个小湖泊串联起来，引入京杭运河以补充水量，提高运河通行能力，解决通州至我市内城这一段水路运输问题。北运河则是从通州张家湾至天津海河的运河干流河段。这段河流从通州牛牧屯出北京界，经河北香河县、天津市武清县后入海河，其全长238千米，历史上又称白河、沽水和潞河。京杭运河对我市的城市建立与维护、物资的交流，中外文化的沟通，乃至排涝减灾都起过极大作用。后来随着铁路公路运输的发展，运河的运输（漕运）功能逐渐减弱，部分河道因久无疏浚和气候干旱而断流，不再是一条完整的河流。

　　经过新中国成立后不断的水利建设，现在我们所说的北运河与历史上的北运河已经有了很大改变，它不仅包括了原来的京杭运河北京段还包括了温榆河及其支流清河、凉水河、通惠河、凤港减河等。干流河道90千米，一级支流14条，长 404 千米。原有的通惠河一部分与现在的京密引水渠重合，一部分作为城市景观河流，如后海、菖蒲河、长河、通惠河等，依然属于北运河水系。

北运河上游温榆河主河道长 47.5 千米，流域面积为 2 478 千米^2。有南沙河、北沙河和东沙河汇入，自沙河闸向东及东南流，先后接纳了蔺沟、方氏渠、清河，至通州接纳坝河、小中河、通惠河等支流。下游北运河始于通州北关闸，主河道长 41.9 千米，流域面积 1 813 千米^2，沿途有凉水河汇入。

新中国成立后北运河上游先后兴建了十三陵水库、桃峪口水库等 10 座中小型水库；在通州北关修建了分洪枢纽工程，开挖了向潮白河分洪的运潮减河；1970 年开始，自沙河镇以下进行了干流河道疏挖筑堤，梯级建闸，蓄水灌溉（图 5-1）。

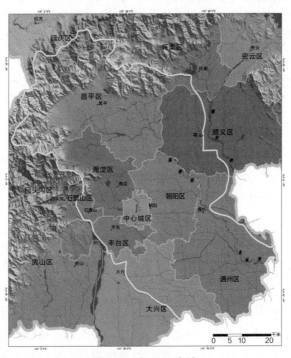

图 5-1　北运河流域

目前，北运河的主要功能是行洪排污，承担着我市中心城区 90% 的排水任务。

①南沙河、北沙河、沙河、清河、坝河、小中河、通惠河、凉水河等几大支流的洪水均由北运河下泄。

②每年约有 11.5 亿米^3 工农业和生活污水排入河道。由于污水排入量远远超过水体自净能力，北运河流域水质极差，其监测达标河段长度仅为 20.5%，为劣 V 类的河段却占到了 77.7%。对于这种污染程度的河流，在国外学术界一般称之为"死河"。

第二节　北运河自然地理与区域特征

一、北运河流域自然地理

1. 地形地貌

北运河流域全境属于永定河、潮白河冲洪积扇一部分，地势自西向东南缓倾，总体为西北高，东南低，平原是全区的主体。西部、北部为太行山、燕山中山、浅山、丘陵区，其余为台地、基岩残丘，面积约 1 000 千米^2，中部和南部为平原，山前地带分布着连片的岗地和台地，在沿山谷口为洪积锥、洪积扇。平原由西北向南展开，是华北平原北端，地面坡度平均为 0.03% ～ 0.05%，北运河平原区面积约占我市平原区总面积的一半，海拔 13.4 ～ 52 米，南部有少量盐碱低洼地，至通州区东南边界一带，地面最低标高只有 8.2 米。

2. 气候特征

（1）气候类型　属暖温带大陆性半湿润、半干旱大陆季风气候。四季分明，热量丰富，日照充足，受冬、夏季风影响，形成春季干旱多风、夏季炎热多雨、秋季天高气爽、冬季寒冷干燥的特点。

（2）光温条件　年平均气温为 12 ～ 13℃，最热的 7 月平均气温 28.5℃，高于华北平原其他农业区，最冷的 1 月平均气温 –5.2℃，全年无霜期平均203 ～ 220 天，最短无霜期 195 天，全年 ≥ 0℃的积温（按 80% 保证率计算）为 4 500℃，≥ 10℃的积温为 4 000 ～ 4 200℃，温度大致由东到西、从南而北逐渐降低，海拔大致每升高 100 米温度下降 0.5 ～ 0.6℃，积温减少 130℃左右，呈规律性变化，山前地区由于焚风作用，热量堆积，形成山前暖区，山前地带气温偏高。全年光照时数为 2 600 ～ 2 770 小时，多年平均年日照时数 2 490.8小时，特别是 5 ～ 6 月光照时间最长，有利于作物光合作用。

（3）降水　流域年降水量高于全市平均值。降水量在一年中分布不均，雨量集中在夏季，6—9 月为汛期，占全年降水量的 85% 左右，而非汛期降雨量极少，故常常出现春旱秋涝。年度总降水量为 562 ～ 584.2 毫米。1999 年以来，我市遭遇连续干旱，1999—2007 年仅为 434.5 毫米，比多年平均减少 25%。部分山区植被较好，林木繁茂，也曾泉水丰富，但后因连续干旱，降水偏少，山区众多支沟、溪流及泉水逐渐干涸。

3. 水资源

北运河水系水资源约占全市水资源总量的 24.3%。在我市的五大水系中（永定河、潮白河、北运河、蓟运河和大清河）次于潮白河，居第二位。多年平均天然径流量为 4.8 亿米^3。1999 年以来北运河水系降水量大幅度减少，径流量也大幅度衰减。1999—2007 年平均天然径流量仅为 1.8 亿米^3，比多年平均减少 61%。2008 年以后降水增多，水资源总量有所恢复（表 5-1）。

表 5-1　2008—2012 年北运河水资源总量

单位: 亿米^3

年份	年降水量	地表水资源量	地下水资源量	水资源总量
2012	32.34	7.67	6.73	14.4
2011	24.76	3.50	5.56	9.06
2010	20.03	3.39	4.79	8.18
2009	19.93	3.24	4.57	7.81
2008	26.83	4.46	7.61	12.07

来源: 水务局《水资源公报》

4. 土壤和土种

根据第二次土壤普查的资料，北运河流域土壤主要包括棕壤、褐土、潮土、风沙土和沼泽土 5 个土类。

海拔 800 米以上的中山地区，零星分布着棕壤，其余低山地带以淋溶褐土为主。运河以北至山前山麓阶地成土母质为洪积冲积物，主要土壤类型为褐土，以潮褐土和菜园潮褐土为主，山前为果树带，果树带下部以粮菜为主。运河以南平原成土母质为洪积冲积物，主要土壤类型为潮土，广泛分布于各个乡镇，但随地形变化而有所不同，高起处为脱潮土，其他大部分为砂质和壤质潮土，土壤温度高，利于作物根系吸收养分，适宜发展粮食、蔬菜。在地势低平、排水不畅的地区出现盐潮土，主要分布在东南部的永乐店和潞县，主要作物为粮菜、饲草、苗木等。风沙土在宋庄、西集有零星分布和沼泽土有少量分布。流域内土壤质地主要为壤土，近河多砂壤土，轻壤质中壤质土，其次为砂质土，重壤质、黏壤质和黏质土的面积较小。

二、北运河流域区域社会经济概况

1. 行政区划

根据我市现在的行政区划，北运河水系主要包括东城、西城、海淀、昌平、朝阳、丰台、石景山的全部和顺义、通州、大兴等区的部分。其中东城区、西城区为首都功能核心区；朝阳区、丰台区、石景山区、海淀区为城市功能拓展区；昌平、顺义、通州、大兴为城市发展新区，也是重要农业产区，有 40 个乡镇（含 11 个重点镇），1 608 个村庄（占全市 3 978 个村庄总数的 40%）。

2. 人口与经济

北运河流域是我市人口最集中、产业最聚集、城市化水平最高的流域，人口 1 300 多万（含暂住人口约 400 万），占全市总人口的 70% 以上，经济总量占全市 80% 以上。国务院批复的《北京城市总体规划》（2004—2020 年）确定的 1 085 千米² 规划中心城区，东部发展带的通州、顺义、亦庄，西部发展带的昌平、大兴，以及六大高端产业功能区、六大创意产业基地和奥林匹克中心区等 8 个中心全部在该流域内。其中 8 个中心区包括中关村高科技园区核心区、奥林匹克中心区、中央商务区、海淀山后科技创新中心、顺义现代制造业基地、通州综合服务中心、亦庄高新技术产业发展中心以及石景山综合服务中心。六大高端产业功能区包括中关村科技园区、奥林匹克中心区、临空经济区、金融街、北京商务中心区（CBD）、北京经济技术开发区；六大创意产业基地北京数字娱乐示范基地、中关村创意产业先导基地、德胜园工业设计创意产业基地、朝阳大山子艺术中心、东城区文化产业园、国家新媒体产业基地。

3. 农业（种养业）产业概况

（1）种植业区划　北运河流域是我市主要耕地区域，耕地面积约 8.2 万公顷，园地（花果）约 2.4 万公顷，林地约 10.1 万公顷，牧草地 500 公顷，主要分为 3 个种植业分区。

①平原粮经菜一年两熟区。包括朝阳、海淀、丰台、通州、大兴、房山、昌平等区的平原地区，大部分耕地为洪积平原微倾斜平地，海拔高度在 100 米以下。多数地区处于富水区和弱富水区，水利条件相对较好。由于城市建设的发展，东南部平原为冲积低平原，是全市低洼易涝区，砂质土壤多，自然条件差，限制因素多。耕地复种指数 152%，粮田复种指数 166%，以一年两熟制为主。

②半山丘陵粮食两熟少熟区。包括海淀、丰台、昌平等区，位于平原与山区的过渡地带，海拔 100～400 米。地形复杂，热量条件次于平原区，年平均气温 10～11℃，≥10℃积温 3 700～4 100℃，年降水量 600～700 毫米，个别地区达 750～800 毫米。土壤主要为褐土和山地淋溶褐土，有机质含量 1.1%～1.6%，较平原地区稍高。西部半山丘陵区大多处于山前暖区，热量条件较好，但是这一地区水资源缺乏，灌溉条件较差，土层薄，土壤肥力偏低，水土流失严重，地势高低不平，有碍农机作业。

③山区粮食一熟少熟区。包括昌平交界延庆山区，海拔 400～1 500 米。大部分地区为中山、低山侵蚀山地和山间河谷，土层较薄，水土流失严重，气温低，干旱缺水，生产条件较差。土壤类型主要为山地棕壤、山地褐土等，质地复杂多样，养分含量较高。种植制度以一年一熟为主，耕地复种指数 125%，粮田复种指数 129%。本区以粮食生产为主，是京郊杂粮的主要产区。

（2）主要作物及生产面积　北运河流域农作物资源丰富，是我市主要粮食生产基地和副食品生产基地，主要的农产品包括以下几个大类。

①粮食：小麦、玉米、水稻，还有大豆、甘薯、红豆、绿豆、高粱等杂粮。

②经济作物：有杨、柳、松、柏等苗木，各类花卉，油料花生、芝麻等。

③蔬菜瓜果：有油菜、白菜、萝卜、茄子、西红柿、大椒、黄瓜、西瓜及特种菜。

④林果作物：草莓、苹果、柿子、桃、樱桃、梨、枣等。

⑤饲料作物：苜蓿、饲料玉米、饲料大麦等。

玉米、蔬菜和小麦的播种面积较大，玉米约 70 万亩；小麦 37 万亩；蔬菜播种面积可达 57 万亩，其中设施蔬菜生产面积（耕地）15.48 万亩，露地蔬菜生产面积 10.62 万亩；果树生产面积 35 万亩左右。西瓜、甘薯、豆类以及花生播种面积比例较少（2010 年我市土肥站统计，图 5-2）。

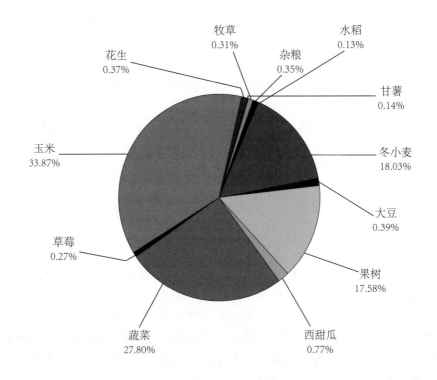

图 5-2　北运河流域主要作物及生产面积

（3）耕地土壤肥力　北运河流域平原地区经过长期耕作，土层较厚，土壤肥力在京郊各区处于相对较高水平。根据北京市土肥工作站（以下简称"我站"）长期耕地定位监测点数据，除大兴部分区域外，大部分耕地属于中高肥力区（表 5-2）。

表5-2　主要区农田基础养分统计

单位：毫克／千克

区	有机质	全氮	碱解氮	有效磷	速效钾	综合指数	地力评级
昌平区	16.8	0.95	99.6	38.6	142.8	64	中
大兴区	11.3	0.73	65.52	31.5	103	49	低
通州区	17.9	1.1	89.2	53.8	128～132	79	高
顺义区	16.9	1.04	82.8	37.51	114.1	71.2	中

4. 区域农业发展规划

随着"宜居城市""绿色北京"的建设，北运河水系将进一步发挥着城市生态景观、休闲娱乐的功能。我市城市总体规划确定了两轴－两带－多中心的空间格局，11个规划新城中的顺义、通州、亦庄、昌平和大兴这5个新城在该流域内，且前3个新城是规划重点新城。

农业规划中，北运河300千米干支流将成为绿色生态走廊。1 085千米^{2}的规划中心城、5个新城和11个重点镇实现城市河湖水清、岸绿、流畅，并形成海淀观光农业产业带、昌平一花三果产业带、顺义花卉产业带、通州与大兴设施蔬菜产业带等产业特色鲜明、经济效益显著的都市型现代农业园区。根据我市都市型现代农业的总体布局，流域农业发展的思路如下。

（1）抓好农业产业结构调整，推进农业产业带建设　新城城区规划范围内的农村地区重点发展高科技设施栽培、优质高档苗木花卉、观赏鱼展示、城市景观农业等。打造以绿色生态屏障、水系景观环绕、休闲观光农业为主的都市农业环城带。小城镇、开发区周边和中心村地区发展方向是生态农业、特色农业，加快发展以乡镇小区域成方连片基本农田为主的设施农业群，结合现有果园、苗圃、速生林基地，发展休闲观光园区。在加强生态保护建设的基础上，重点发展农产品深加工、特色林果、生态高效养殖等产业，建成都市型现代农业的辐射区。距小城镇和开发区较远，规划保留的广大农村地区要以增强产业支撑和增加农民收入为中心内容，突出农业的生产功能。农业发展方向是规模化、区域化、专业化、标准化的优质高效生产和加工。重点发展优质高效种植业、生态高效养殖业和农产品加工业。

（2）积极开发生产功能，大力构建品牌农业　围绕增收抓农业产业结构调整，以设施农业、籽种农业、无公害、绿色、有机农产品的生产提升农业的生产功能，发展高效农业。围绕都市型现代农业的基础性、融合性、创意性，大力开发特色资源，依靠科技手段，革新工艺设备，提升产品质量，加强品牌创建力度。

（3）倡导绿色环保理念，努力发展生态农业　种植业上，着力推广肥药双控技术，完善农作物病虫害预警体系，建立苗情观测点，加强地力与环境监测。养殖业上，强化生产档案管理，推广畜牧、水产无公害养殖技术。此外，加强规模养殖场达标排放，着力提高畜禽的饲料利用率，减少对环境的影响。

（4）围绕农产品质量安全，强化农业安全保障体系建设　坚持农业生产与农业安全工作并重，不断强化农业安全保障体系建设。加强食用农产品安全检测、监测体系，提高农产品质量安全水平。加强重大动物疫病防控工作体系，确保不发生重大动物疫情，实现源头管理。

（5）加强观光产业建设，向第三产业方向发展　大力发展农业主题公园、休闲观光园等特色农业旅游产业，为城乡居民观光、休闲、度假提供宁静、清新、优美的田园风景和生态环境，体现休闲功能，并向第三产业延伸，并带动相关产业的共同发展，拓展农民增收的新空间。

5. 主要农业区简介

随着城市化快速发展，朝阳区、海淀区、丰台区、石景山区的农业生产面积大幅降低，农业生产保障功能主要集中在大兴、通州、顺义和昌平。

（1）大兴区　大兴区北运河流域涉及5个农业乡镇，分别为青云店镇、采育镇、长子营镇、安定镇（部分）、魏善庄镇（部分）。北运河流域人口2.34万，其中户籍人口约9.1万，外来流动人口3.2万。

以绿海甜园作为发展特征，重点发展瓜菜产业，建设集产业发展、科技示范、精品销售、观光休闲为一体的园区化农业。拥有一个西瓜国家地理标志以及留民营生态农场、北京凤河蔬菜标准园、北京采育葡萄观光园、大兴区粮经作物产业园等大批农业科技园区。

（2）通州区　全境基本位于北运河流域，辖11个乡镇，4个街道办事处102个居民委员会、475个行政村。其中，乡镇包括中仓街道、新华街道、北苑街道、玉桥街道、永顺镇、梨园镇、宋庄镇、潞城镇、张家湾镇、漷县镇、马驹桥镇、西集镇、台湖镇、永乐店镇、于家务回族乡。人口总数约为118.4万。

通州区设施农业、观光休闲农业、加工农业、籽种农业、生态农业等特色产业集中成片或连片发展趋势日渐明显，综合效益显著。设施蔬菜、食用菌、樱桃等特色优势产业带基本成型，专业化、标准化生产基地持续扩大。设施农业总面积达5.2亩；观光休闲农业布局合理，北运河沿线民俗旅游村、特色农业主题公园、采摘和垂钓休闲园近150处。籽种农业成为区域发展亮点，形成京东良种供应基地。重点建设张凤路、南瓜园路、漷大路和运河左堤西集段4条主导产业带。

（3）昌平区　昌平区北运河流域辖 10 个镇，5 个地区办事处，2 个街道办事处，有 177 个社区居委会，303 个村委会，全区常住人口约为 102.1 万人。

昌平区主业发展思路是一花三果。一花即西部山区、半山区的百合产业。已建成占地 165.7 公顷的百合花日光温室大棚，年产优质百合鲜切花 300 万枝，主要分布在阳坊镇、南口镇、流村镇、马池口镇。三果即苹果、草莓、柿子，北部浅山区重点发展苹果。昌平区苹果有国家级标准化示范区，成功申报了国家地理标志性产品保护，主要集中分布在南口镇、流村镇、十三陵镇、南邵镇、崔村镇、兴寿镇等京密引水渠以北的百里山前暖带。草莓产业是近年来新发展的产业项目。昌平区具有草莓产业较为理想的种植环境，全区已建成草莓日光温室 6 500 栋，年产量 2 223.7 吨，2012 年成功举办了第七届世界草莓大会，极大地提高了昌平草莓产业的影响力，主要集中分布在兴寿镇、崔村镇、百善镇、小汤山镇和南邵镇。三果之三，即北部山区的柿子产业。目前已启动实施了柿子提质增效工程，主要集中分布在兴寿镇、崔村镇、南口镇、流村镇、十三陵镇。

（4）顺义区　顺义区北运河流域辖 6 个街道办事处，仁和、后沙峪、李桥、北石槽、高丽营、牛栏山、马坡、南法信等镇，北运河流域户籍人口约为 24.1 万。

顺义区农业基础地位稳固，素有京郊粮仓的美誉。粮食生产综合水平居全国领先地位，流域内土地利用率在 95% 以上，后备资源不足，农业发展向农田灌溉化、作业机械化、种植良种化、栽培模式化、管理科学化的现代农业迈进。花卉产业、创汇农业、观光农业蓬勃发展，是全区新的经济增长点。

第三节　北运河流域水体污染概况

北运河是我市主要城市排水河道，承担着流域内雨水和污水排放的功能，流域内集中了我市最主要的工业农业活动，大量来自工农业及生活污染物进入水体，导致水质严重恶化。仅通惠河、清河、坝河、凉水河 4 条主要的支流，就接纳了我市 90% 的城市污水。全年污水总量 11.5 亿米^3，其中市区 8.7 亿米^3，新城、乡镇 2.8 亿米^3。五大水系中氨氮、总氨、总磷、化学耗氧量（COD）、生化需氧量（BOD）等污染指标表现最差，基本表现为 V 类或劣 V 类水质。污染分布呈现西北至东南走向（表 5-3、表 5-4）。

根据污染源调查显示：全流域年排放污水 COD 总量 8.7 万吨，主要以居民生活污染源为主，服务业生活源所占比例较小。其中生活源 5.2 万吨 / 年，占总排放量 59.3%；农业源，COD 排放量为 3.02 万吨 / 年，占总排放量的 34.6%，农业污染源的排放主要来自畜禽养殖和种植业；COD 排放量最小的是工业源，仅有 0.53 万吨 / 年，约占总排放量 6.1%。

表 5-3 北运河水系水质监测数据统计及评价（2011 年）

指标	城市中心区河流	城市排水河流	远郊河流	Ⅲ类标准	Ⅳ类标准	Ⅴ类标准
化学需氧量（毫克/升）	17.2～38.2	33.6～87.3	43.4～98.9	20	30	40
高锰酸钾指数（毫克/升）	3.0～6.1	6.6～14.5	10.5～22.3	6	10	15
生化需氧量（毫克/升）	2.0～6.4	6.6～23.3	13.3～43.6	4	6	10
氨氮（毫克/升）	0.59～2.18	2.05～16.1	12.84～26.67	1	1.5	2
挥发酚（毫克/升）	<0.002	0.002～0.025	0.006～0.036	0.005	0.01	0.1
氰化物（毫克/升）	<0.004	<0.004～0.009	0.004～0.010	0.2	0.2	0.2
汞（微克/升）	<0.05	<0.05～0.127	<0.05～0.379	0.1	1	1
氟化物（毫克/升）	0.33～0.44	0.48～0.63	0.54～1.61	1	1.5	1.5
石油类（毫克/升）	<0.05	0.11～2.03	0.15～4.91	0.05	0.2	1
总磷（毫克/升）	0.09～0.26	0.50～1.77	1.19～4.69	0.2	0.3	0.4
总氮（毫克/升）	3.1～14.3	15.5～27.4	16.1～33.5	1	1.5	2
阴离子表面活性剂（毫克/升）	0.041～0.173	0.130～0.844	0.241～1.157	0.2	0.3	0.3
水质类别	Ⅲ至劣Ⅴ	劣Ⅴ	劣Ⅴ			
综合污染指数	0.43～1.21	1.71～5.33	2.95～9.76			

在我市水务局网站公布的 2012 年 9 月我市地表水水质信息显示，北运河水系 48 个河段中，除了 5 个无水河段外，有 35 个河道的水质均属于劣Ⅴ类。

表 5-4 北运河水系河流水质现状

水系	河流（河段）	所在区	水质类别
北运河水系	北运河	通州	Ⅴ2
	温榆河上段	昌平、顺义	Ⅴ3
	温榆河下段	顺义、朝阳、通州	Ⅴ2
	蔺沟	昌平	Ⅴ3

（续表）

水系	河流（河段）	所在区	水质类别
北运河水系	桃峪口沟	昌平	无水
	东沙河	昌平	V3
	北沙河	昌平、海淀	V3
	关沟	昌平	V3
	南沙河	昌平、海淀	V2
	清河上段	海淀	IV
	清河下段	昌平、朝阳	V2
	万泉河	海淀	V2
	小月河	海淀	V1
	坝河上段	朝阳	V3
	坝河下段	朝阳	V3
	土城沟	海淀、朝阳	V2
	北小河	朝阳	V3
	亮马河	东城、朝阳	V2
	小中河	顺义、通州	V2
	通惠河上段	朝阳	V1
	通惠河下段	朝阳、通州	V1
	南护城河	崇文、宣武	V1
	北护城河	东城、西城	IV
	长河（含转河）	海淀、西城	III
	永引上段	石景山、海淀	V1
	永引下段	海淀、西城	V
	京密引水渠	密云、怀柔、顺义、昌平、海淀（密云水库至团城湖）	II
	昆玉河	海淀	IV

（续表）

水系	河流（河段）	所在区	水质类别
北运河水系	二道沟	朝阳	V1
	凉水河上段	丰台	V2
	凉水河中下段	丰台、朝阳、亦庄、通州	V3
	莲花河	石景山、宣武、丰台	V1
	新开渠	石景山	V2
	马草河	丰台	V1
	丰草河	丰台	V2
	小龙河	丰台、大兴	V2
	玉带河	通州	V3
	肖太后河	朝阳、通州	V3
	通惠北干渠	朝阳、通州	V3
	西排干	朝阳、通州	V4
	半壁店明渠	朝阳	V4
	观音堂明沟	朝阳	V4
	大柳树明沟	朝阳	V4
	凤河	大兴	V3
	新凤河	大兴、通州	无水
	黄土岗灌渠	丰台	无水
	港沟河	通州	V2
	凤港减河	大兴、通州	V2

　　根据我市降雨特点，全年可划分为枯、丰、平 3 个水期，其中 3—5 月为枯水期，6—9 月为丰水期。北运河水系表现为丰水期污染小于枯水期污染，COD、NO、NH_3-N 浓度均值在丰水期比枯水期降低 20% ～ 42%。

第四节　北运河流域的肥料面源污染

北运河流域肥料面源污染包括由化肥产生的污染和由有机肥（主要是畜禽粪便）两个方面产生的污染。

一、北运河流域肥料面源污染途径机理

1. 化肥面源污染

（1）土壤途径

①氮肥。化肥氮施用在农田后，发生硝化作用，从而形成硝酸盐、亚硝酸盐，这些未被植物吸收利用的氮素在暴雨或大水漫灌情况下，随水下渗或流失，进入地表水和地下水，导致水中硝酸盐、亚硝酸盐含量增加。就地表水硝态氮的污染而言，氮素化肥占了50%以上，地下渗漏损失10%，农田排水和暴雨径流损失15%。

②磷肥。磷肥污染的主要途径是随径流进入河流、水库、湖泊，造成水体富营养化。由于作物对磷肥的利用率很低，通常情况下当季作物只有15%，加上后效一般也不过25%。因而占施肥总量75%～90%的磷滞留在土壤中，长期而过量地施用磷肥，常导致农田耕层土壤处于富磷状况，从而可通过径流等途径加速磷向水体迁移的速度。

（2）空气途径　我市各种对氨的排放贡献中，使用氮肥的贡献最大，占53%，动物的占28%，两者之和为81%，这部分 NH_3 可经降水重新进入氮循环。石灰性土壤中 NH_3 的挥发并随降水进入水体，其中氨氮浓度较高，是富营养化的一个重要因素。大气中的氨转化为硝酸铵。夏季大气中硝酸铵的平均浓度为冬季的2～3倍，这主要是由其前体物 NH_3 的季节分布因素造成。可见，农业生产过程中排放的氨对我市颗粒物中二次粒子的形成有着重要的作用。

据报道，不同氮肥品种在不同条件下氧化亚氮的排放率有很大的差异，低的只有0.04%（硝态氮），高的可达5%（无水氨）。近年来，我市化肥纯氮的主要氮肥品种为尿素、碳酸氢铵、二铵和复合肥等，大部分属于铵态氮肥，施用不当容易造成大量的氨气释放，硝化反硝化过程中会造成 N_2O 的大量释放。

2. 有机肥污染水体途径

（1）土壤途径　根据北京市环境保护监测中心对我市规模化畜禽养殖场畜禽废水的采样监测，畜禽废水中污染物浓度与清粪方式有关，以猪场水冲粪废水浓度最高，COD最高达21 600毫克/升，氨氮、总氮、总磷平均浓度分别高达5 900毫克/升、8 050毫克/升、1 270毫克/升，水冲粪废水浓度比干检方式废水浓度高7～28倍，畜禽养殖废水污染物浓度为城市污水污染物浓度的几十倍至几百倍。

（2）空气途径　主要是动物排泄物氨的排放，动物排泄物中的氮是氨的潜在源。在微生物的作用下，不同的有机氮以不同的速度转化为无机氮，无机氮的一部分以氨的形式排出。所以氮以氨的形式排出的多少与饲养方式、粪便贮存密切相关。大气中氨质量浓度的本底值为 2 微克 / 米^3，这是动植物能正常代谢吸收和释放的浓度。

排放因子：根据各种动物平均每年由粪便产生的氮，并考虑饲养方式来确定。动物的 NH_3 的排放因子是：以 NH_3 形式排放的 N 的百分数，也可以用单个动物平均一年排出的 NH_3（或 N）来表示（单位：千克 / 年）。我市的牧场较少，畜牧业以圈栏饲养为主，所以在排放因子的选择上应加以注意。通过调查动物的饲养量，并采用表 5-5 中列出的平均值，就可以计算出动物的年排放量。

表 5-5　各种氨排放源的氨排放因子

单位：千克 / 年

氨排放源	排放源单位	氨排放因子
大牲畜（牛）	头	19.2
大牲畜（骡、驴）	头	12.5
马	匹	17.9
乳牛	头	12.3
肉牛	头	5.9
猪	头	3.8
羊	只	2.7
家禽	只	0.27

二、北运河流域肥料面源污染现状

北运河流域种植业污染多以面源形式进入河流水体，主要来自化肥、农药和畜禽养殖。北运河流域是我市粮、菜、水果供应的重要基地，流域内农药用量是全国平均用量的 1.5 ～ 2 倍，农药利用率为 5% ～ 25%；我市化肥使用量达到平均 500 千克 / 公顷，肥料利用率仅为 25% 左右，化肥其余未被作物利用的养分随降水和灌溉进入地表水和地下水，成为污染源。

目前我市的蔬菜种植大部分仍沿用传统的粗放管理，设施农业面积仅占蔬菜种植的 20% ～ 30%。多次的大水灌溉和大量的化肥施用，不仅造成蔬菜产地区域地表水及地下水环境污染，而且蔬菜年总灌水量为 3.29 亿米^3，平均亩灌水量为 506 米^3，严重浪费资源。

近年来，我市都市农业建设促进了京郊地区的畜禽养殖和水产养殖产业的快速发展，2007 年，流域内尚有 82.5% 的猪场、96.7% 的禽场和 61.6% 的牛场没有得到有效治理，有些畜禽养殖场即使有污水处理设施但因受技术水平、资金缺乏等因素限制，能够稳定运行的也很少。因此，畜禽养殖也是北运河流域污染控制的重点。

北运河流域内共有规模化畜禽养殖场 666 家，其中猪场 324 个、禽场 183 个、牛场 159 个。未进行治理的猪场 151 个、牛场 98 个、禽场 177 个，共计 426 个。已经进行粪污治理的畜禽养殖场有 240 家，畜禽养殖粪污在场内收集后，作为农家肥使用，但受养殖场效益和污水处理成本影响，畜禽养殖污水处理设施基本无正常运行。畜禽养殖污水排放量约 521 万米^3/年，COD 排放量为 11 672 吨/年，氨氮排放量约为 1 868 吨/年；水产养殖污水排放量为 3 943 万米^3/年，COD 排放量为 3 943 吨/年，氨氮排放量约为 79 吨/年；种植业 COD 排放量约为 14 594 吨/年，氨氮排放量约为 2 919 吨/年。水产养殖主要污染物是 COD，浓度约为 100 毫克/升，氨氮浓度为 2 毫克/升，目前水产养殖废水基本未处理。

三、北运河流域主要污染物氮、磷盈余量区域分布

根据北京市土肥工作站 2012 年调查估算，北运河化肥总用量约为 5.5 万吨（折纯），其中氮肥量 3.37 万吨（折纯），磷肥量 1.29 万吨（折纯），钾肥量 0.85 吨（折纯）。氮磷钾投入总比例为 1∶0.38∶0.25，氮肥（尿素、硫铵、碳铵）用量占 46.89%，复混肥（专用肥、冲施肥、三元复混肥）占 35.06%，磷肥（二铵、过磷酸钙）占 15.16%，钾肥施用量只占 2.5%。主要化肥品种中尿素占 34.7%、硫铵占 4.63%、碳铵占 7.56%、二铵占 15.16%、过磷酸钙占 0.51%、硫酸（氯化）钾占 2.5%、复合肥占 35.06%。

从化肥施用的空间分布来看，地区之间并不平衡。以生产商品粮为主的远郊平原区和山前暖区，化肥施用量高于其他地区，而山区尤其是边远山区的化肥施用量则明显减少，相差甚为悬殊。

在不同作物上，农民对大田作物（冬小麦、玉米）通常选择以复合肥（包括二铵）做基肥，以尿素做追肥。对瓜菜类作物，农民基肥除了施用复合肥外，还增加施用有机肥，追肥选择复合肥（冲施肥）比例略高于尿素。

总的来看，北运河流域化肥的投入比例趋于合理，但其施用总量依然很大，尤其是氮肥、磷肥所占比例较高（表 5-6）。若以氮素损失率 60% 来算，则有 2.02 万吨氮素流失于外界环境之中，假设农田排水和暴雨径流以 15% 的氮损失、15% 的磷损失全部进入地表水体，则在 2012 年进入地表水体的氨为 3 680 吨，磷为 1 900 吨。对水体污染贡献大的区域集中在大兴、顺义、通州、丰台等地。

表 5-6 主要作物单位化肥用量与推荐量比较

单位：千克／亩

区	农户常规施肥总投入				推荐施肥总投入			
	N	P$_2$O$_5$	K$_2$O	总养分	N	P$_2$O$_5$	K$_2$O	总养分
冬小麦								
顺义区	20.59	8.13	3.84	32.56	16.86	7.41	5.99	30.26
通州区	21	7.2	2.5	30.7	17.6	7.5	3.75	28.85
昌平区	20.1	3.1	3.6	26.8	16.86	7.9	5.9	30.66
大兴区	14.1	9.4	3	26.5	17.6	7.41	7.6	32.61
玉米								
顺义区	22.55	5.08	4.72	32.35	15.57	7.79	8.24	31.6
通州区	18.9	5.5	2.3	26.7	18	7.7	8.4	34.1
昌平区	11.9	2.79	2.28	16.97	15.57	8.1	8.3	31.97
大兴区	14.3	13.1	3.6	31	15.6	7.7	8.6	31.9
番茄								
顺义区	25.49	7.91	9.37	42.77	22.87	8.57	10.2	41.64
通州区	19.6	11	12.4	43	23.1	8.7	10.5	42.3
大兴区	24.61	12.8	16.47	53.88	23.1	8.6	11.2	42.9
黄瓜								
通州区	17.8	4.6	2.8	25.2	18.8	7.7	10	36.5
大兴区	22.9	11.07	15.2	49.17	18.00	8.00	11.00	37
西瓜								
顺义区	20.57	13.09	10.34	44	21.46	8.97	8.48	38.91
西甜瓜								
大兴区	38.8	21.2	16.1	76.1	24.8	9.6	10.2	44.6
大白菜								
顺义区	22.46	10.97	4.79	38.22	18.3	7.49	6.5	32.29
通州区	16	1.2	0.8	18	20.7	9.9	7.7	38.3
昌平区	21.1	9.6	8.2	38.9	19.3	10.3	6.9	36.5
大兴区	11	6.5	8.2	25.7	21.7	9.6	9.2	40.5

第五节　北运河肥料面源污染防治关键技术

根据北运河肥料面源污染的成因及特点，在北运河流域肥料面源污染防治过程中主要采用了有机肥加工与施用技术、测土配方施肥技术、农业废弃物循环利用技术、水肥一体化技术等。本节主要阐述北运河肥料面源污染防治过程中如何使用相关技术，相关技术的原理及方法详见肥料面源污染防控关键技术相关内容。

一、有机肥加工与施用技术

土壤是农业的基础，有机肥是土壤的基础。有机肥可以改良土壤结构，增强土壤肥力，并提供作物生长所需的养分，提高土壤生物活性，保证作物的生长；同时有机肥具有解毒效果，能够净化土壤环境，利于农业生态环境保护。科学施用有机肥是保障培肥土壤肥力、提高农产品产量、肥料资源化利用、缓解农业面源污染的主要措施。充分发挥有机肥的优势，必须合理加工有机肥和科学施用有机肥。有机肥加工不仅可以资源化利用废弃物，还可以保障和提高有机肥产品的质量和安全。

1. 有机肥加工方式

有机肥种类繁多，合成有机肥的原料也多种多样，目前主要以秸秆、粪便为原料加工有机肥。秸秆是作物收获后的副产品，我国秸秆的种类和数量丰富，是宝贵的有机质资源之一。粪便是人和畜禽的排泄物，粪便还田作为肥料，是我国农村处理粪便的传统做法，在改良土壤、提高农业产量方面取得了很好的效果。

（1）利用秸秆加工有机肥　秸秆加工有机肥就是秸秆在微生物作用下充分分解的过程，要生产加工出符合要求的有机肥，必须控制与调节秸秆分解过程中微生物活动所需要的条件，重点掌握好以下因素：水分含量一般控制在60%～75%。水分是微生物生存的必要前提，秸秆吸水后有机质易于被分解，通过水来调节秸秆堆肥中的通气情况；通风状况直接影响秸秆分解过程中微生物的活动，分解前期保持通风状态，分解后期减少通风，以嫌气条件为主；温度控制在25～65℃，通常采用接种纤维分解菌提高温度；碳氮比保持在25∶1左右最为适宜，微生物体成分有一定的碳氮比，一般为5∶1，微生物同化1份氮平均需要4份碳被氧化所提供的能量；中性和弱碱是微生物活动适宜的pH值范围，适宜微生物活动，秸秆分解过程中产生大量有机酸，不利于微生物活动，可加入少量石灰或草木灰调节秸秆堆肥的酸碱度。

北方干旱地区多利用秸秆堆置有机肥，根据堆置温度的高低，堆置有机肥通常分普通和高温堆肥两种形式。普通堆肥是指堆体温度不超过 50℃，在自然状态下缓慢堆置的过程；高温堆肥一般采用接种高温纤维分解菌，并设置通气装置来提高堆体温度，腐熟较快，还可以杀灭病菌、虫卵、草籽等有害物质。我国南方地区多采用沤肥方式处理秸秆，是在嫌气条件下作物秸秆的腐解，要求堆置材料粉碎，表面保持浅水层，与堆肥相比，沤制过程中养分损失少，肥料质量高。随着现代科学技术的发展，可以采用现代技术工厂化处理作物秸秆加工有机肥，一般包括向堆体加入现代生物技术研制的微生物发酵菌剂，采用工程、机械措施为微生物活动提供所需的温度、空气和发酵条件，通过新工艺、新设备减少加工有机肥料的劳动强度等。

秸秆腐熟菌剂是采用现代化学、生物技术，经过特殊的生产工艺生产的微生物菌剂，是利用秸秆加工有机肥料的重要原料之一，秸秆腐熟菌剂由能够强烈分解纤维素、半纤维素以及木质素的嗜热、耐热的细菌、真菌和放线菌组成。目前秸秆腐熟菌剂执行的国家标准，对菌数、纤维素酶活都有具体要求。秸秆腐熟菌剂在适宜的条件下，微生物能迅速将秸秆堆料中的碳、氮、磷、硫等养分分解释放，将有机物质转化为简单物质，进一步将养分分解成为作物可利用状态。同时，秸秆在发酵过程中产生的热量可以消除秸秆堆料中的病虫害、杂草种子等有害物质。秸秆腐熟菌剂无污染，其中含有的一些功能性微生物兼有生物菌肥的功能，对作物生长十分有利。

（2）利用粪便加工有机肥　利用粪便加工有机肥主要有以下几种方式。

①制作圈肥，根据养殖情况又分为固体圈肥和液体圈肥，圈肥具有可操作性强、可大面积示范推广等特点。在畜禽养殖的圈舍内，加入强吸附性的物质，吸附粪便中液体和挥发性物质，不仅能够改变圈舍卫生状况，也可以减少粪肥中的养分损失。在规模化养殖场，采用新技术的圈肥制作方法是在畜禽进圈前，铺一层垫料，再向垫料上撒微生物制剂，粪便被垫料吸附后自然发酵而分解，可以达到一年至一年半棚内不清粪。

②腐熟加工制作有机肥，通过原料堆置、微生物接种、通气增氧等操作流程对粪便进行腐熟处理，以达到杀灭大部分病原菌、杂草种子及大量活化养分的效果。一般有卧式翻抛、条垛式、发酵床、管理鼓气等有机肥发酵工艺。

A. 卧式翻抛　也叫槽式发酵，各地也还有其他的叫法，其建设过程与发酵方法如下：选择远离居民区、有水电条件的地方建立堆肥场。在场内建设发酵车间，发酵车间的顶为阳光板，屋架要进行防腐防锈处理，车间大小根据发酵槽的大小与多少而定，在北方寒冷地区，发酵车间一定为东西走向，在南方温暖地区则根据地面情况而定。在发酵车间内建发酵槽，先砌两个高 1.5 米左右，长 60～80 米的墙，两墙之间的距离 10 米左右，在墙上辅设导轨，再在导轨上架翻抛机。将畜禽粪便、调理剂和微生物菌剂按比例用进料车直接送入发酵车间，然后定期使用卧式移动翻抛机对物料进行翻抛搅拌。发酵槽的一端为腐熟物料出口，另一端是发酵原料的入口，与原料堆积场相接；发酵槽可为若干个，平行布置，在各发酵槽的端部横向装有导轨，通过导轨翻抛机可以在不同发酵槽间转换；各种发酵原料从车间进料口一端进去，从发酵车间的出料口一端出来，就发酵腐熟成有机肥。卧式发酵的核心设备是翻抛机。

　　B.条垛式机械化堆腐法　购买专门用于翻堆的机械，将畜禽粪便加入秸秆末或木屑及其他调节物质混合均匀，在大的场房内或露天的水泥地面上，根据翻堆机的宽度与高度，把发酵原料堆成一定宽度与高度的长条形堆，当肥堆温度升到55℃时，开动翻堆机从条垛头翻动到尾。定期翻动，使有机物料基本发酵腐熟成有机肥。

　　C.发酵床法机械化堆腐　在加工有机肥料的场房内的地面铺设支架，再在架上铺上木板，将畜禽粪便加入秸秆末或木屑及其他调节物质混合均匀，堆在木板上面，通过木板下面自然通风或者向木板下面鼓风，使有机物料自然发酵腐熟。中间如果温度过高，可以用铲车进行翻堆。

　　D.管道鼓气　在地面或者发酵设施的底层辅设管道，管道上有通气孔，再在铺有管道地面上堆积畜禽粪、秸秆末或木屑及其他调节物质，每天用鼓风机向通气管道内鼓风，为有机物发酵供氧。可以在肥堆中插入探头，实时检测发酵物料的氧气含量，通过计算机可控制鼓风机开关，实现自动供氧，调控发酵进程。

　　（3）利用垃圾加工有机肥　垃圾是人们日常生活中的废弃物，主要有炉灰、碎砖瓦、废纸、动植物残体等，生活垃圾主要分布在各大中城市，按城市人均日产垃圾0.84千克计，城市每年垃圾产生数量达9 100万吨，而全国城市垃圾以每年10%的速度增加。不少废弃物中含有农作物可利用的营养物质，如氮、磷、钾、钙、镁、硫、硅等，一般以鲜重计算，全氮0.28%、全磷0.12%、全钾1.07%，同时还含有大量中微量元素，既可以用来制成有机肥料，提供作物养分，培肥地力，也可以防治有机废弃物污染环境。

　　垃圾由于含有一定的重金属、微生物病菌等成分，一般需要分选机、粉碎机等进行预处理，之后再进行堆置发酵腐熟等工艺。预处理就是把垃圾中的大量碎砖瓦、塑料制品、橡胶、金属、玻璃等物品分离出去。除去各种粗大杂物，通常使用干燥性密度风选机、多级密度分选机、半湿式分选破碎机、磁选机、铝选机等设备进行预处理。经过预处理的垃圾进行腐熟堆置，堆置方式可分为好气堆置和厌氧堆置，好气堆置由于腐熟周期短，无害化效果好，被广泛采用。

　　利用垃圾堆肥其基本腐熟条件如下：堆置材料中易降解有机物含量占50%以上，使微生物活动有充足的能源，为此，在堆置之前需要去除垃圾中的杂物和部分灰渣。堆置物料全碳和全氮之比尽量接近25∶1。堆肥需要保持足够的水分，以促使物质溶解和移动，有利于微生物的生命活动，提供充足的蒸发水，调节湿度，维持堆体中的适当孔隙度，最大含水量控制在 60% ～ 80%。堆体中保持适当的空气含量，有利于微生物活动，一般认为 10% 是一个临界值。在实践中促进气体交换和补养的手段，除了翻堆、强制通风外，还可以调节紧实度、通过埋设通气管等。

垃圾堆肥生产有机肥工艺的关键环节是分选，小颗粒碎玻璃的处理、配料技术等。工艺流程主要是围绕解决这 3 个问题而制定的，分选过程由磁选、三级分选和粉碎而组成。每一级分选后输出粗、细、精肥是考虑到不同农田和作物对肥料的不同要求而制定的。例如，旱田可施粗肥，水稻和蔬菜可施细、精肥。一级分选要求能分离占原料 25% 的碎砖、石、瓦、塑料、破布、大块玻璃及废金属。这些杂物经挑选处理后回收再利用,主要的部分可根据需要作为粗肥出售，而另一部分进入下道工序进行二级分选，分选后粒度在 10 毫米以上的物料可经静电分选粉碎或直接粉碎进入缓冲仓。粒度在 10 毫米以下的可根据需要一部分作为细肥，另一部分进入三级分选，分选后粒度在 5 毫米以上的通过静电分选粉碎或直接粉碎进入缓冲仓，而粒度在 5 毫米以下可根据需要一部分作为精肥，主要的部分进入缓冲仓。而后再进行检测、配料、研磨、搅拌后制成散装复合肥。

小颗粒碎玻璃的处理是工艺流程中需要重点解决的问题之一。碎玻璃含量占原料的 0.12%，一级分选可分离出 0.05% 的较大的碎玻璃，二级和三级分选又可分离出 0.05% 的碎玻璃，剩下的 0.02% 的碎玻璃因含量少粒度小分离较难。二级和三级分选出物料碎玻璃含量较大，可根据肥料用途、成本、碎玻璃含量等因素选择采用静电分选还是直接粉碎的工艺过程。配料主要采用化工厂、油脂厂、造纸厂、食品厂、养殖厂等下脚料，它们的下脚料大多含有氮、磷、钾及有机质微量元素等。

（4）利用污泥加工有机肥　污泥是指混入城市生活污水或工矿废水中的泥沙、纤维、动植物残体、其他固体颗粒机器凝结的絮状物，各种胶体、有机质、微生物、病菌等物质的综合固体物质，此外，经过污水渠道、库塘、湖泊、河流的停流、贮存过程而沉淀于底部的淤泥也称为污泥。污泥含有大量的有机物和多重养分，也含有比污水更多的有害成分。在未经脱水干燥前均呈浊液，养分以干物质计算，氮、磷、钾含量一般在 4.17%、1.20%、0.45% 左右。污泥的氮以有机态为主，矿化速率比猪粪要快，供肥具有缓效性和速效性的双重特点。

含有污染物质过高的污泥是不适合作为农肥施用的，为此各国都制定了各自的污染物质控制标准，对于污泥本身的有害成分以及土壤中有害成分含量进行严格控制，以防农产品污染物残留超标，以及土壤形状、地下水、农田环境卫生发生污染和不良变化。

我国由于经济和技术上的原因，目前污泥尚无稳定合理的出路，主要以农肥形式用于农业。资料表明,采用现阶段常规污泥处理系统的大中型污水处理厂,污泥处理费用约占二级处理厂全部的 40%,而运转费用占全厂总运转费 20%。根据我国目前经济状况,把巨大的资金用于污泥处理工程建设及运行维护具有较大困难。全国污水处理厂中约有 90% 没有污泥处理配套设施,60% 以上污泥未经任何处理就直接农用,而消化后污泥也未进行无害化处理而不符合污泥农用卫生标准。一些地方,由于不合理使用污泥造成重金属、有机物污染以及病虫害等,导致严重的食品污染问题,直接危及人体健康。

　　生态有机肥是一种很有应用前景的无污染生物肥料,是指城市污泥经过烘干、粉碎后加入氮、磷、钾等植物生长所需营养元素和菌粉,然后进行混合造粒,再经低温干燥冷却后,加入复合肥,提高污泥中有机废料的含量。其肥效对植物和土壤持续生产力提高是综合的,效益也是综合的。城市污泥制作生态有机肥:可以明显减少污泥在填埋、焚烧中的费用,并变废为宝,减少城市污泥造成的二次污染,同时解决一定的劳动力就业;直接施用不仅对植物生产增产增收,发挥污泥中丰富的有机质（一般有机质含量 45% ～ 60%）营养元素和微量元素（Ca、Mg、Zn、Cu、Fe）效应,还可以作为土壤改良剂改善土壤质量,促进土壤环境改善和产生持久的生态效益;可以促进循环经济发展,加快节能降耗技术应用。

　　(5) 利用粉煤灰加工有机肥　粉煤灰是火力发电厂排放的工业废渣,目前我国每年排放粉煤灰 3 千万吨左右。粉煤灰是一种大小不等、形状不规则的粒状体,为多孔、粒细、颗粒呈蜂窝状结构的粉状废渣,pH 值为 8 左右,干灰 pH 值可达 11。粉煤灰中碳含量 10% 左右,氮磷钾含量很低,全氮 0.002% ～ 0.20%、全磷 0.08% ～ 0.17%、全钾 0.96% ～ 1.82%、水解氮 15.3 毫克 / 千克、速效磷 17.5 毫克 / 千克、速效钾 173 毫克 / 千克,同时含有铁锰铜锌等微量元素。我国粉煤灰用于农业已经有 20 多年的历史。当前主要应用有:用作土壤改良剂,改良黏质土壤、盐碱土、酸性土以及生土;用作肥料,粉煤灰制成硅钙肥和磁化粉煤灰,用于蔬菜等作物的种植。

　　粉煤灰的农用具有投资少、用量大、需求平稳、潜力大等特点,是适合我国国情的重要综合利用途径。粉煤灰的颗粒组成使它可用作土壤改良剂,粉煤灰中的硅酸盐矿物和碳粒具有多孔性,是土壤本身的硅酸盐类矿物所不具备的。将粉煤灰施入土壤,能进一步改善空气和溶液在土壤内的扩散,从而调节土壤的温度和湿度,有利于植物根部加速对营养物质的吸收和分泌物的排出,不仅能保证农作物的根系发育完整而且能防止或减少因土温低、湿度大引起的病虫害。粉煤灰掺入黏质土壤,可使土壤疏松,降低土壤容重,增加透气透水性,提高地温,缩小膨胀率;掺入盐碱土,除使土壤变得疏松外,还具有改良土壤盐碱性的功能。

粉煤灰磁化复合肥是利用粉煤灰为填充材料，加入适当比例的营养元素，经电磁场加工制成的，它不但保持了化肥原有的速效养分，而且还添加了剩磁，两者协同作用肥效更高。利用粉煤灰制作的磁化复合肥对蔬菜和各种农作物均有显著的增产作用，经济效益良好。粉煤灰具有一定的吸附性，可与城市污泥、粪尿或作物秸秆等有机物混合后进行高温堆肥，既可显著减少病原体数量，又可降低重金属的浓度和活性，创造有利于微生物生存的条件。生产无害全营养复合肥料，既能解决我国无机化肥和微肥品种少，营养不全，造成土壤板结、碱化、营养失调及农作物变异的矛盾，又能解决有机肥肥效低和造成环境污染的突出难题。

（6）利用糠醛渣加工有机肥　糠醛渣是以玉米穗轴经粉碎加入一定量的稀硫酸，在一定温度和压力作用下，发生一系列水解化学反应提取糠醛后排出的废渣，可做有机肥料。糠醛渣是一种黑褐色的固体碎渣，细度 3～4 毫米，较疏松。经取样分析，以干基计，粗有机物、全氮、全磷、全钾的平均含量分别为 78.3%、0.82%、0.25%、1.03%，pH 值为 3 左右，呈强酸性，同时含有一定量的微量营养元素。

利用糠醛废渣堆制有机肥一般是将其与农业垃圾或人畜粪便混合堆置发酵，常见的堆肥方式主要有两种。

①是将糠醛渣和切碎的秸秆按 7∶3 的比例混合，再加入少量马粪和水，然后用土盖严，充分发酵后使用，一般用作底肥。

②是将糠醛渣与人粪尿、厩肥制成堆肥，堆置后用作种肥。以上两种堆肥方式一般堆置后肥效较好，但只能用作底肥和种肥，一般不适于作为追肥，而且由于糠醛渣的 pH 较低，在无碱性废物中和其酸性的情况下，只能在北方的偏碱性土壤中使用，不能在南方酸性土壤中使用。

由于糠醛渣本身的 N、P、K 含量较低，所以将其与一定量的无机肥进行配比后可制成有机无机复合肥，既具有适量的肥效，又可避免单用无机肥造成土壤板结的问题。如将糠醛渣与尿素按 1∶1～1∶6 的比例配制复合肥，水浴10 分钟，反应产物的 pH 值在 6.0～7.0，且含氮量高，肥效好，见效快，养地作用明显，可在各种土壤和作物上使用；将糠醛渣、尿素、磷酸二氢钾按照 1∶1∶（0.05～0.2）进行配比后，产物 pH 值为 6.0，且 N、P、K 含量较高。将糠醛渣作为基础原料与各主、副肥料混配的复合肥混施后与对照相比，水稻不仅新根发育快，且返青期缩短 2～3 天，单株有效分蘖增加 1.4 个，增产 22%～25%，可用作底肥或种肥。将糠醛渣、木糖、水、秸秆和速腐剂按一定比例混合，堆沤一个月左右，待木糖、糠醛渣完全分解后再加入一定量的棉饼、鸡粪、石灰，重新堆腐 60 天，最后加入一定量的 N、P、K 及微量元素，经挤压成型，成为高效的颗粒状有机生物复合肥。

除了传统的将糠醛渣堆置成为有机肥和有机无机复合肥外，还出现了糠醛有机复合肥联合生产技术。施用联合生产后的糠醛渣，植株长势明显比单施化肥要好，其株高、叶宽、单株显重大、根系发达、整株颜色深绿，不易倒伏，保水抗旱效果比单施无机肥效果好，需水量仅为普通化肥量的一半。如以稻草、麦秆等植物秸秆为原料，采用硫酸作为催化剂同时添加过磷酸钙、重钙及其他助剂，常压水解生产糠醛，废渣 pH 值近于 7，而有效磷、钾含量达到复合磷钾肥工业生产质量标准，可直接用作肥料。糠醛渣是酸性迟效性肥料，只能做底肥施用，条施、穴施均可，最好施于盐碱土、石灰性土与缺乏有机质的贫瘠地。据甘肃张掖地区研究表明，每公顷施用 22.5 吨糠醛渣，改土增产效果明显，耕地土壤容重降低 0.14 克 / 厘米 ^{3}，总孔隙度增加 4.7%，自然含水量增加 70.32 克 / 千克，大于 0.25 毫米的团聚体增加 23.14%，土壤有机质增加 0.66克 / 千克，磷的活性增加 1.85%；小麦、玉米产量分别增加 1 363 千克 / 公顷、3 241 千克 / 公顷。

2. 有机肥施用技术

施用有机肥的最终目的是通过施肥改善土壤理化形状，协调作物生长环境条件，充分发挥肥料的增产作用。

（1）因土施肥　土壤肥力状况高低直接决定作物产量的高低，根据土壤肥力和目标产量的高低决定施肥量。对于高肥力地块，适当减少底肥所占全生育期肥料用量的比例，增加后期追肥的比例；对于低肥力地块，适当增加底肥所占全生育期肥料用量的比例，减少后期追肥的比例。一般以该地块前三年作物的平均产量增加 10% 作为目标产量。

根据土壤质地不同，结合不同有机肥的养分释放转化速度和土壤保肥性能，采取不同的施肥方案。砂土土壤肥力较低，有机质和各种养分的含量均较低，土壤保肥、保水能力差，养分容易流失。但砂土有良好的通透功能，有机质分解快，养分释放供应快。因此，砂土应该增加有机肥使用量，提高土壤有机质含量，改善土壤的理化性状，增强保肥、保水性能。但对于养分含量高的优质有机肥料，一次使用量不应太多，使用过量容易烧苗，转化的速效养分也容易流失，养分含量高的优质有机肥料可分底肥和追肥多次使用，也可深施大量堆腐秸秆和养分含量低、养分释放慢的粗杂有机肥料。

黏土保肥、保水性能好，养分不易流失，但是土壤供肥速度慢，土壤紧实，通透性差，有机成分在土壤中分解缓慢。黏土地施用的有机肥料必须充分腐熟，黏土养分供应慢，有机肥料应可早施，可接近作物根部。旱地土壤水分供应不足，阻碍养分在土壤溶液中向根表面迁移，影响作物对养分的吸收利用，应该大量增施有机肥料，增加土壤团粒体结构，改善土壤的通透性，增强土壤蓄水、保水能力。

（2）根据肥料特性施肥　不同有机肥因组分和性质区别很大，因此培肥土壤作用以及养分供应方式大不相同，施肥时应该根据肥料特性，采取相应的措施，提高作物对肥料的利用率。

秸秆类有机肥有机物含量较高，对增加土壤有机质含量，培肥地力有显著作用。秸秆在土壤中分解较慢，秸秆类有机肥适宜做底肥，用量可大一些，但是氮磷钾养分含量相对较低，微生物分解秸秆还需要消耗氮素，因此在施用秸秆有机肥时需要与氮磷钾化肥配合。

粪便类有机肥料的有机质含量中等，氮磷钾养分含量丰富，由于其来源广泛，使用量比较大。但是由于加工条件的差别，其成品肥的有机质和氮磷钾养分也存在差别，选购使用该类有机肥料时应该注意其质量的判别。以纯畜禽粪便工厂化快速腐熟加工的有机肥料，其养分含量高，应少施，集中使用，一般做底肥使用，也可做追肥。含有大量杂质，采取自然堆腐加工的有机肥料，有机质和养分含量均较低，应做底肥使用，量可以加大。另外，畜禽粪便类有机肥料一定要经过灭菌处理，否则容易向作物、人、畜传染疾病。

绿肥是经过人工种植的一种肥地作物，有机质和养分含量均较丰富。但种植、翻压绿肥一定要注意茬口的安排，不要影响主要作物的生长，绿肥大部分具有固氮能力，应注意补充磷钾肥。

垃圾类有机肥料的有机质和养分含量受原料的影响，极不稳定，每一批肥料的有机质和养分含量都不一样。大多数垃圾类有机肥料有机质含量不高，适宜做底肥使用。由于垃圾成分复杂，有时含有大量对人和作物有害的物质，如重金属、放射性物质等，使用垃圾肥时首先应了解加工肥料的垃圾来源，含有有害物质的垃圾肥严禁施用于蔬菜和粮食作物，但可用于人工绿地和绿化树木。

（3）根据作物需肥规律施肥　不同作物种类、同一作物的不同品种对养分的需求量及其比例、养分的需要时期、对肥料的忍耐程度均不相同，因此在施肥时应该充分考虑每一种作物的需肥规律，制定合理的施肥方案。

设施种植一般是生长周期长，需肥量大的作物，往往需要大量施用有机肥。此类作物施用有机肥时，作为基肥深施，施用在离根较远的位置。一般有机肥和磷钾做底肥施用，后期应该注意氮、钾追肥，以满足作物的需肥。由于设施处于相对封闭环境，应该施用充分腐熟的有机肥，防止在大棚里二次发酵，由于保护地没有雨水的淋洗，土壤中的养分容易在地表富集而产生盐害，因此肥料一次不宜施用过多，并在施肥后配合浇水。

早发型作物需要在初期就开始迅速生长，像菠菜、生菜等生育期短，一次性收获的蔬菜就属于这个类型。这类蔬菜若后半期氮素肥料过大，则品质恶化，所以就要将有机肥作为基肥，施肥位置也要浅一些，离根近一些为好。白菜、甘蓝等结球蔬菜，既需要良好的初期生长，又需要后半期有一定的长势，保证结球紧实，因此在后半期应减少氮肥供应，保障后期生长。

3. 有机肥施用注意事项

（1）勿过量施用有机肥　　有机肥料养分含量低，对作物生长影响不明显，不像化肥容易烧苗，而且土壤中积累的有机物有明显改良土壤作用，有些人认为有机肥料使用越多越好，实际上，过量使用有机肥料同化肥一样，也会产生危害。过量施用有机肥可导致烧苗；过量有机肥会导致土壤磷、钾养分含量大量聚集，造成土壤养分不平衡；过量有机肥施用，土壤硝酸根离子聚集，将导致作物硝酸盐含量超标。此外，由于准备时间不足或者习惯等问题，直接施用未经处理的生粪，一方面，会带入大量病虫菌，危害作物的生长；另一方面，生粪在土壤里进行二次发酵，产生氨气等有毒物质加重危害作物。

（2）有机无机搭配施用　　在施肥时，如果单独施用化肥或有机肥或生物菌肥，均无法使作物长时间保持良好的生长状态，这是因为每种肥料都有各自的优点和不足：化肥养分集中，施入后见效快，但是长期大量施用会造成土壤板结、盐渍化等问题；有机肥养分全，可促进土壤团粒结构的形成，培肥土壤，但养分含量少，释放慢，在作物生长后期不能供应足够的养分；生物菌肥可活化土壤中被固定的营养元素，刺激根系的生长和吸收，但它不含任何营养元素，也不能长时间供应作物生长所需的营养。因此，无机化肥、有机肥、生物菌肥配合施用效果要好于单独施用，配合施用时应注意以下几个问题。

①注意施用时间。有机肥见效慢，应提早施用，一般在作物播前或定植前一次性基施，施用之前最好进行充分腐熟，后期追施效果不如作基肥明显。化肥见效快，作基肥时提前7天左右施入，作追肥时应在作物营养临界期或吸收营养高峰期前施入，以满足其所需。生物菌肥在土壤中经大量繁殖后才能发挥以菌抑菌的作用，故要在作物定植前提早施入，使其有繁殖壮大的时间。生物菌肥可随有机肥一起施入土壤，也可在定植前或定植时穴施。

②注意施用方法。有机肥主要作用是改良土壤，同时提供养分，一般作为基肥施入土壤，所以要结合深耕施入，使土壤与有机肥完全混匀，以达到改良土壤的目的。因为有机肥中的养分以氮为主，所以在施基肥时，与有机肥搭配的氮肥可少施，一般氮肥的30%做基肥，70%做追肥。钾肥可做基肥一次性施入。磷肥因移动性差，后期追施效果不好，也应做基肥施入土壤。追施的化肥最好施用全溶性速效肥，这样肥料分解后可被作物迅速吸收，对土壤影响较小。生物菌肥因其用量少可集中施在定植穴内或随有机肥基施，后期可多次追施同一种生物菌肥，以壮大菌群，增强其解磷解钾能力，提高防病效果。

③注意施用数量。不同作物、不同生育期，所需肥量不同，不能多施也不能少施。作物对营养元素的吸收具有一定的比例。例如，番茄所需要的氮、磷、钾比为1：0.23：1.52，茄子为1：0.23：1.7，辣椒为1：0.25：1.31，黄瓜为1：0.3：1.5。因此，施肥时，应根据作物的不同需肥比例进行。但是因

土壤中已含有一些营养元素，所以最好进行测土，按测土配方施肥建议进行有针对性的施肥。

二、测土配方施肥技术

测土配方施肥技术的核心是个性化施肥，根据土壤供肥性能和肥料效应、作物需肥规律、肥料性能科学合理施肥，避免了盲目施肥带来的肥料浪费和因此而产生的面源污染。测土配方施肥技术是北运河流域面源污染防治项目中使用最普遍的技术，在北运河流域面源污染防治项目中，我们利用测土配方施肥技术根据北运河地区的实际情况制定了不同的区域配肥原则，进而制定了流域内主要作物配方 20 个。

1. 区域配肥方法

（1）施肥分区　依据大面积的土壤养分测试结果建立土壤肥力评价系统，将土壤有机质、氮、磷、钾进行科学施肥分区。

（2）研制配方　依据主要作物的施肥指标体系及养分吸收规律，以及大量农户调查与资料积累，结合 GIS 技术、地统计学技术进行区域作物专用肥配方的研发，配套相应的施肥技术，如时间、用量、位置等。在专家论证的基础上，将北运河流域内土壤划定不同的施肥区，联合肥料企业共同研制出适合不同肥力水平的冬小麦、玉米、蔬菜、果树等作物区域配方 20 个。

2. 区域配肥原则

（1）针对不同作物类型采用不同的配肥策略　对于小麦玉米等大田粮食作物，作物生长和产量对土壤养分的依赖极大，施肥推荐应充分考虑作物养分需求和土壤、环境养分供应，通过区域作物专用肥的施用，同步作物吸收、土壤（环境）养分供应和外源养分投入。

对于蔬菜作物，与大田作物不同，蔬菜具有种类繁多，养分需求强度大，作物根系浅、养分吸收能力差等特点，因此蔬菜的区域配肥首先要培肥地力，另外，受人为随机活动，特别是施肥的影响，蔬菜田土壤养分空间变异较大，很难准确获取一定区域范围内土壤养分空间变异状况。因此，蔬菜区域配肥应在土壤培肥的基础上，依据养分吸收规律进行区域配肥。为了便于操作，我们首先根据蔬菜氮磷钾养分需求比例的不同将蔬菜分为果菜类和叶菜类进行区域配肥。

对于果树作物，与一年生大田作物不同，绝大多数果树为多年生作物，周年养分的循环、吸收和利用是一个贮存营养、再吸收利用的过程。因此，果树的区域配肥应根据不同树势不同营养阶段对养分的需求和养分在不同生育时期的作用进行区域配肥。对于幼树来说，肥料的作用是扩大树冠、打好骨架和扩展根系，为开花结果打好基础，因此需要充足的氮磷肥，并配施适当的钾肥。

对于成龄树来说，周年的养分吸收特点可分为 3 个阶段，结果初期施肥以促进花芽分化为目的，需重视磷肥、配施氮、钾肥；结果盛期施肥以优质丰产为目标，并确保来年稳产，施肥以氮磷钾配合施用为主，并适当提高钾肥比例；衰老期以促进更新复壮，延长结果期为目标，施肥应以氮为主，适当配施磷钾肥。

（2）针对不同养分采用不同的管理策略　土壤氮素具有总体稳定性和局部变异的双重特点，据前者，可将一定区域范围内作物全生育期氮肥施用总量控制在一个合理的范围内；据后者，可以在这个范围的基础上，根据作物氮素吸收规律，对不同生育期的氮肥用量进行分配，如小麦、玉米等粮食作物可以考虑 30%～40% 基施，60%～65% 的追施。与土壤氮素变异特征不同，土壤磷、钾具有连续变异的特点，这一变异的大小和方向由磷肥施用量和作物需求量之间的动态平衡决定。据此，可以根据一定区域范围内土壤有效磷、钾的监测和作物多年施肥的反应，确定较长时段（一般为 3～5 年）。磷、钾肥的用量相对恒定，将作物根层土壤有效磷、钾水平构建或保持在一个适宜的水平上，该水平应既可以满足高产优质作物生产对磷、钾供应的需求，又可避免过量投入造成的资源浪费。因此，专用复合肥料中磷钾肥的设计应遵循恒量监控的原则，在土壤有效磷钾养分处于极高或较高水平时，采取控制策略，不施磷、钾肥或施肥量等于作物带走量的 50%～70%；在土壤有效磷钾养分处于适宜水平时，采取维持策略，施肥量等于作物带走量；在土壤有效磷钾养分处于较低或极低水平时，采取提高策略，施肥量等于作物带走量的 130%～170% 或等于吸收带走量的 200%。以 3～5 年为一个周期，3～5 年监测一次，调整磷钾肥的用量。

（3）对于轮作周期的磷钾采用统筹管理　在小麦／玉米轮作体系内，小麦对磷肥反应敏感，可以考虑将小麦／玉米轮作周期内 2/3 的磷施在小麦季，1/3 施在玉米季；玉米对钾肥施用反应敏感，可以考虑将轮作周期内 2/3 的钾施在玉米季，1/3 的钾施在小麦季。

（4）北京市区域作物专用肥分区标准　冬小麦以有效磷 <30 毫克／千克，基肥配方 N：P_2O_5：K_2O 为 16：20：9，有效磷 ≥30 毫克／千克，基肥配方 N：P_2O_5：K_2O 为 20：14：11。夏玉米以有效磷 ≥30 毫克／千克、速效钾 <100 毫克／千克，基肥配方 N：P_2O_5：K_2O 为 20：10：15；有效磷 <30 毫克／千克、速效钾 <100 毫克／千克，基肥配方 N：P_2O_5：K_2O 为 20：5：20；有效磷 ≥30 毫克／千克、速效钾 ≥100 毫克／千克，基肥配方 N：P_2O_5：K_2O 为 17：20：18；有效磷 <30 毫克／千克、速效钾 ≥100 毫克／千克，基肥配方 N：P_2O_5：K_2O 为 25：5：15。春玉米底肥配方分级标准同夏玉米，追肥配方统一为 30：5：10。蔬菜分为叶菜类和果菜类底追肥，为北京市通用配方。西瓜底肥一个配方，追肥同果类蔬菜配方。苹果、桃均分为底追 2 个配方，为通用配方（表 5-7，图 5-3 至图 5-5）。

表 5-7 北京市区域作物专用肥配比、用量及适用区域

单位：千克/亩

	基肥配方		追肥配方		适用区域
	N：P₂O₅：K₂O	用量	配方	用量	
粮食作物					
冬小麦	16：20：9	30～40	尿素	15～20	怀柔、昌平、顺义、密云、平谷、房山、大兴(P<30毫克/千克)
冬小麦	20：14：11	25～35	尿素	15～20	房山、通州、顺义、密云、昌平(P≥30毫克/千克)
夏玉米	20：5：20	30～40	尿素	18～22	昌平、顺义、大兴(P≥30毫克/千克，K<100毫克/千克)
夏玉米	20：10：15	25～35	尿素	18～22	大兴、顺义(P<30毫克/千克，K<100毫克/千克)
夏玉米	25：7：13	35～40	尿素	18～22	房山、大兴、通州、昌平、顺义、密云、平谷(P≥30毫克/千克，K≥100毫克/千克)
夏玉米	22：11：12	35～40	尿素	18～22	房山、大兴、怀柔、昌平、顺义、密云、平谷(P<30毫克/千克，K≥100毫克/千克)
春玉米	25：10：10	30～40	30：5：10	30～40	北京地区(P<30毫克/千克，K<100毫克/千克)
春玉米	25：15：5	25～35	30：5：10	30～40	北京地区(P<30毫克/千克，K≥100毫克/千克)
春玉米	25：5：15	25～35	30：5：10	30～40	北京地区(P≥30毫克/千克，K<100毫克/千克)
春玉米	30：10：5	20～30	30：5：10	30～40	北京地区(P≥30毫克/千克，K≥100毫克/千克)
蔬菜作物					
叶菜类	25：10：10	25～35	24：8：11	30～40	北京地区通用，配方加Ca
果菜类	20：10：15	30～40	20：5：20	40～50	北京地区通用，配方增加Ca、Mg
西瓜	20：15：10	30～40	同果菜	40～50	大兴、顺义、通州，配方增加Ca、Mg

（续表）

基肥配方		追肥配方		适用区域
N：P$_2$O$_5$：K$_2$O	用量	配方	用量	
果树				
桃　20：10：15	30～40	15：5：30	30～40	平谷、顺义、通州，配方增加0.5（Zn），0.5（B）
苹果　20：15：10	30～40	15：10：20	30～40	昌平、延庆，配方增加Ca

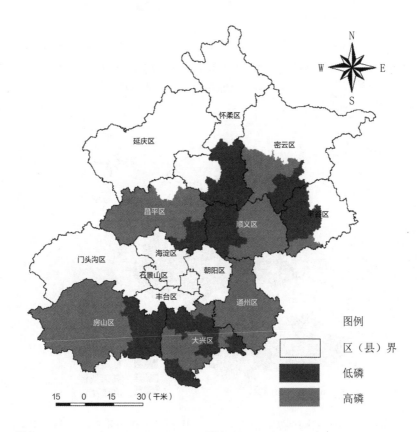

配方A，N：P$_2$O$_5$：K$_2$O=16：20：9；配方B，N：P$_2$O$_5$：K$_2$O=20：14：11

图5-3　北京市冬小麦区域配方

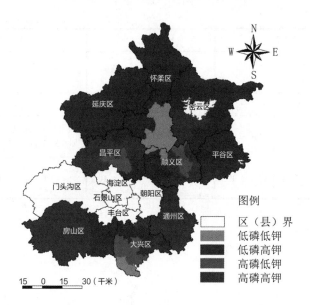

配方 C，N：P$_2$O$_5$：K$_2$O=25：10：10；配方 D，N：P$_2$O$_5$：K$_2$O=25：15：5；

配方 E，N：P$_2$O$_5$：K$_2$O=25：5：15；配方 F，N：P$_2$O$_5$：K$_2$O=16：20：9

图 5-4　北京市春玉米区域配方

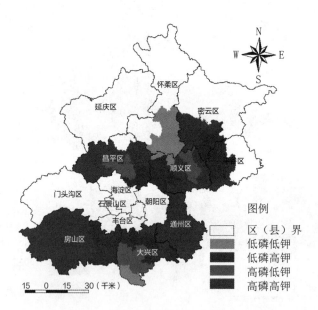

配方 G，N：P$_2$O$_5$：K$_2$O=20：10：15；配方 H，N：P$_2$O$_5$：K$_2$O=22：11：12；

配方 I，N：P$_2$O$_5$：K$_2$O=20：5：20；配方 J，N：P$_2$O$_5$：K$_2$O=25：7：13

图 5-5　北京市夏玉米区域配方

三、农业废弃物循环利用技术

1. 秸秆还田技术

使用秸秆还田技术，首先要做到合理、科学，因此，在北运河流域应用秸秆还田技术时，我们主要考虑了以下几个注意事项。

（1）秸秆还田数量　秸秆还田数量基于两方面考虑：一方面能够维持和逐步提高土壤肥力，另一方面不影响下季作物耕种。因此，从生产实际来说，以秸秆原位还田为宜。秸秆还田对土壤环境的影响是由土壤类型、气候、耕作管理等因素共同作用的结果，因此秸秆还田量主要由当地的作物产量、气候条件、耕作方式以及利用方式决定，而没有给出一个固定的还田量。

总体来说，小麦秸秆的适宜还田量以 3 000 ~ 4 500 千克 / 公顷为宜，玉米秸秆以 4 500 ~ 6 000 千克 / 公顷为宜。一年一作地块和肥力高的地块还田量可适当高些，在肥力低的地块还田量可低些。每年每公顷地一次还田 3 000 ~ 4 500 千克秸秆不会使土壤有机质含量下降，并且程度逐年提高。果、桑、茶园等则需适当增加秸秆用量。此外，施入的秸秆量和方式应随作物及其种植地区的不同而有所改变。用量多了，不仅影响秸秆腐解速度，还会产生过多的有机酸，对作物的根系有损害作用，影响下茬的播种质量及出苗。

（2）秸秆还田时间　秸秆还田时机的选择在实际生产中至关重要，秸秆还田后在微生物作用下分解，与作物争夺氮源，同时产生大量的还原性物质，这些物质明显影响下季作物的生长。当前农业生产者主要在秋季还田，秋季秸秆还田后经过一个冬季的冻融，使得碳氮比降低。因此，实际生产中要注意还田时间，结合作物需水规律协调好水分管理，充分发挥秸秆的优越性和环境效益。

秸秆还田的时期多种多样，无一定式。玉米、高粱等旱地作物的还田应是边还田边翻埋，以使高水分的秸秆迅速腐解。果园则以冬闲时还田较为适宜。要避开毒害物质高峰期以减少对作物的危害，提高还田效果。一般水田常在播前 40 天还田为好，而旱田应在播前 30 天还田为好。

（3）秸秆还田深度　玉米秸秆还田时，耕作深度应不低于 25 厘米，一般应埋入 10 厘米以下的土层中，并耙平压实。秸秆还田后，使土壤变得过松、大孔隙过多，导致跑风跑墒，土壤与种子不能紧密接触，影响种子发芽生长，使小麦扎根不牢，甚至出现吊根死苗，应及时镇压灌水。秸秆直接翻压还田，应注意将秸秆铺匀，深翻入土，耙平压实，以防跑风漏气，伤害幼苗。

（4）土壤的含水量　秸秆还田后，进行矿质化和腐质化，其速度快慢主要决定于温度和土壤水分条件。秸秆和土壤的含水量较大时，秸秆腐解很快，从而减弱和消除了对作物和种子产生的不利影响。通常情况下，当温度在 27℃左右，土壤持水量在 55% ~ 75% 时，秸秆腐化、分解速度最快；当温度过低，土壤持水量为20%时,分解几乎停滞。还田时秸秆含水量应不少于35%,过干不易分解,影响还田效果。

秸秆还田的地块,土壤容易架空,会影响秋播作物的正常生长。为塌实土壤,加速秸秆腐化,在整好地后一定要浇好塌墒水。如果怕影响秋播作物的适期播种,也要在播后及时浇水。土壤水分状况是决定秸秆腐解速度的重要因素,秸秆直接翻压还田的,需把秸秆切碎后翻埋土壤中,一定要覆土严密,防止跑墒。对土壤墒情差的,耕翻后应灌水;而墒情好的则应镇压保墒,促使土壤密实。以利于秸秆吸水分解。

玉米秸秆还田时,应争取边收边耕埋,麦秸还田时应先用水浸泡1～3天,土壤含水量也应大于65%。小麦播种后,用石磙镇压,使土壤密实,消除大孔洞,大小孔隙比例合理,种子与土壤紧密接触,利于发芽扎根,可避免小麦吊根现象。秸秆粉碎和旋耕播种的麦田,整地质量较差,土壤疏松、通风透气,冬前要浇好冻水。

(5)肥料的搭配施用 由于秸秆中的碳氮比高,大小麦、玉米秸秆中的碳氮比为(80～100):1,而微生物生长繁殖要求的适宜碳氮比为25:1,在秸秆分解初期,需要吸收一定量的氮素营养,造成与作物争氮,结果秸秆分解缓慢,麦苗因缺氮而黄化、苗弱、生长不良。为了解决微生物与作物幼苗争夺养分的矛盾,在采用秸秆还田的同时,一般还需补充配施一定量的速效氮肥,以保证土壤全期的肥力。若采用覆盖法,则可在下一季作物播种前施用速效氮磷肥。

一般100千克秸秆加5千克尿素或10千克碳酸氢铵,把碳氮比调节至30:1左右。也可适当增施过磷酸钙,以增加养分,加速腐解,提高肥效。加入一些微生物菌剂,以调节碳氮平衡,促进秸秆分解、腐化。也可在秸秆还田时,加入一定量的氨水,以减少硝酸盐的积累和氮的损失,此外还可加入一定量石灰氮,以促进有机氮化物分解。

目前,高产土壤普遍存在着"缺磷、少氮、钾不足"的现象,按比例补施氮、磷、钾肥料,可满足作物生长的需要,提高作物产量。研究表明,每100千克秸秆应配施碳铵4.0～5.0千克,过磷酸钙7.0～8.0千克,硫酸钾2.0～3.5千克。同时结合浇水,有利于秸秆吸水腐解。玉米秸秆被翻入土壤中后,在分解为有机质的过程中要消耗一部分氮肥,如不及时进行补充,就会出现与麦苗或其他秋播作物争氮肥的矛盾,所以采用秸秆还田的地块,每亩要增施碳酸氢铵30～40千克。

(6)秸秆还田配套措施 为了克服秸秆还田的盲目性,提高效益,在秸秆还田时需要大量的配套措施。秸秆翻压深度能够影响作物苗期的生长情况,麦秸翻压深度大于20厘米,或者耙匀于20厘米耕层中,对玉米苗期生长影响不大。

翻压深度小于 20 厘米，对苗期生长不利。从粉碎程度上看，秸秆小于 10 厘米较好，秸秆翻压后，使土壤变得疏松，大孔隙增多，导致土壤与种子不能紧密接触，影响种子发芽生长，因此，秸秆还田后应该适时灌水、镇压，减少秸秆还田对作物的影响。秸秆还田时，秸秆应均匀平铺在田间，否则秸秆过于集中，容易导致作物局部出苗不齐。

2. 设施蔬菜残体资源化循环利用技术

设施生产中产生的蔬菜残体、秸秆等废弃物在田间随意堆放，不仅造成了蚊蝇滋生、臭气熏天和视觉污染，而且容易造成蔬菜病虫害的传播，不利于设施园区的清洁生产，在强降雨下会随着地表径流对北运河水体造成污染。为此，我站提出了一套涉及蔬菜残体、秸秆减量化、无害化、资源化利用的综合配套技术。

如图 5-6 所示，在设施内或设施外建设发酵池，将蔬菜园区产生的各种蔬菜残体、植株秸秆集中置于发酵池中进行好氧发酵，利用发酵产生的二氧化碳为作物提供二氧化碳施肥，发酵产物作为一种有机物资源还田，减少有机肥料用量，为作物生长提供营养。

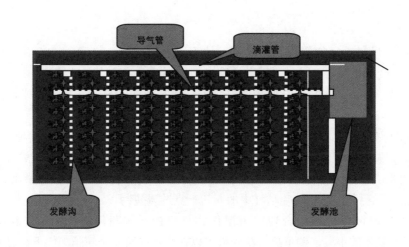

图 5-6 综合配套技术

（1）发酵池设计 在贴近温室一面侧墙的地上部建设发酵池（图 5-7），注意避开温室的灌溉系统，可利用温室侧墙，从而减少发酵池一面墙的材料，节约成本。发酵池体积设计为 4～6 米³，沟体单砖砌垒，整个发酵池水泥抹面，发酵池底部建设宽 × 高＝ 20 厘米 ×30 厘米的十字沟，作为二氧化碳通道。

图 5-7　发酵池

（2）风机、气袋等辅助性装置　轴流风机：220 伏，150 ～ 200 瓦，风量 1 500 ～ 2 000 米^3/ 小时，采用微电脑自动控制开关，实现自动控制。

气袋安装：将直径 40 厘米的气袋安装到风机上，气袋上每隔 1 米，向下 45° 角打 2 个直径 0.5 厘米的孔。

（3）物料配比　配料以作物鲜秸秆，酵素菌种，每方鲜秸秆加入菌种 1 ～ 2 千克。若发酵秸秆以豆类、茄果类，可以直接发酵，不需要调节碳氮比；若发酵秸秆为瓜类、叶菜类秸秆，需要与玉米、小麦等 C/N 比高的作物秸秆按重量比 1 ∶ 1 比例混合。另外，可以每吨秸秆中加入 5 千克过磷酸钙。

①选取铡草机或适合粉碎干湿作物秸秆的粉碎机，将作物秸秆粉碎为 10 ～ 20 毫米的小段，铡草机和粉碎机可以在底部安装 4 个轮子，便于在温室间移动。

②在将粉碎的秸秆填入发酵池前，需在底部铺上一层塑料布或硬质塑料板，每间隔 100 毫米均匀打直径为 10 毫米的孔，塑料布或硬质塑料板用来将发酵池底部十字沟隔空，作为二氧化碳通道。

③在发酵池中铺设秸秆，将不同作物秸秆、菌种及其他辅料混合均匀。待发酵池填满后，淋水湿透秸秆，水量以下部贮气池中见到积水为宜，发酵池盖

上一层塑料布。堆置一天后开启风机，发酵启动。3～5 天后，发酵秸秆下陷，继续按上述方法填料，一般 4 米³ 大小的发酵池可以处理 1 亩的蔬菜秸秆。

（4）补气、补水　秸秆生物反应堆的发酵制剂是一种好氧菌。填料第二天开启，白天 9:00～17:00 每隔 1 小时开机 1 小时，若阴天可调整为每 2 小时开机 1 小时，晚上每隔 2 小时开机 1 小时。产生的二氧化碳作为植物二氧化碳施肥，提高作物产量。

秸秆在发酵过程中，要保持 40%～60% 的湿度，一般发酵含水量高的作物或鲜秸秆不需补水，而发酵含水量低的秸秆，需要根据情况，一般每 10～15 天淋水 1 次，以湿润即可。

（5）发酵液及发酵残体的使用技术和施用量　发酵液在发酵进行 1 个月后可以使用，按 1 份发酵液对水 2～3 倍，可进行叶面施肥、根部追肥，可有效减少化肥的施用，预防和防治作物缺素症状的发生，提高作物的抗逆性，改善作物品质，增加作物产量。

发酵残体是极好的有机肥料，可作为蔬菜生产底肥，1 吨可替代 0.5 吨的有机肥，而且秸秆疏松，施入土壤中可改善土壤的通气情况，提高土壤有机质含量，防止土壤板结，促进微生物活动，提高作物产量。

3. 沼肥农用技术

2009 年 3 月，北京市新农村建设领导小组综合办公室提出《北京市新农村"三起来"工程建设规划（2009—2012 年）》，在京郊大力发展农村沼气集中供气工程，为京郊农民提供方便的同时，也产生了大量的沼渣、沼液，据统计每年将集中产生 57 万吨沼渣和 209 万吨沼液。沼液和沼渣总称为沼肥，是生物质经过沼气池厌氧发酵的产物。沼液中含有丰富的氮、磷、钾、钠、钨等营养元素，可以作为农作物优质的肥料资源，但是沼液中含有病菌，甚至重金属，不能直接使用。如果每年产生的大量沼渣沼液找不到"出口"，而随意排放，不仅背离了"三起来"工程实施的初衷，也会造成环境污染，尤其是造成北运河流域内的水体污染。因此，开展了沼肥农用技术的研究，针对京郊大型沼气站的发酵残留物沼渣和沼液的混合液作为农用肥料，与化肥配合施用，提出了一套京郊主栽作物综合配套施用技术。

（1）施用基本原则

①底肥。沼渣沼液混合液可以直接作为底肥，可直接泼洒田面，立即翻耕。沼渣沼液直接施用，对当季作物有良好的增产效果；若连续施用，则能起到改良土壤、培肥地力的作用。

②根部追肥。可以直接开沟挖穴浇灌作物根部周围，并覆土以提高肥效。有水利条件的地方，可结合农田灌溉，把混合液加入水中，随水均匀施入田间。

③叶面追肥。取自正常产气 1 个月以上的沼气池，澄清、纱布过滤。幼苗、

嫩叶期1份沼液加1～2份清水；夏季高温，1份沼液加1份清水；气温较低，生长中后期，可不加清水。喷施时，以叶背面为主，以利吸收；喷施应在春、秋、冬季上午露水干后进行，夏季傍晚为好，中午高温及暴雨前不要喷施。

（2）注意事项

①忌出发酵池后立即施用。沼肥的还原性强，出池后的沼肥立即施用，会与作物争夺土壤中的氧气，影响种子发芽和根系发育，导致作物叶片发黄、凋萎。因此，沼液从发酵塔出池后，应先在储粪池中存放5～7天施用。

②忌过量施用。沼液施用也应考虑施用量，不能盲目大量施用，否则会导致作物徒长，行间荫蔽，造成减产。

③忌与草木灰、石灰等碱性肥料混施。草木灰、石灰等物质碱性较强，与沼液混合，会造成氮肥的损失，降低肥效。

④对于果树施肥，不同树龄应采用不同的施肥方法。幼树施用沼液应以树冠为直径向外环向开沟，开沟不宜太深，一般10～35厘米深、20～30厘米宽，施后用土覆盖，以后每年施肥要错位开穴，并每年向外扩散，充分发挥其肥效。成龄树可成辐射状开沟，并轮换错位，开沟不宜太深，不要损伤根系，施肥后覆土。

⑤沼液宜与化肥配合施用。沼液中养分相对含量较低，因此，要达到合理、适用、经济的最佳效果，还要与化肥配合施用。

（3）京郊主栽作物沼渣沼液混合体与化肥配合施用技术规程　通过2009年对京郊46个大型沼气站的取样调查结果，初步摸清了不同原料发酵残余物的养分情况，以等氮养分计算，1米^{3}牛粪的养分相当于0.71米^{3}鸡粪或0.81米^{3}猪粪（表5-8）。在耕地肥力、产量水平中等条件下，以牛粪发酵所产生的沼渣、沼液混合液为例，提出如下主栽作物沼渣沼液混合体与化肥配合施用技术规程。

表5-8　京郊大型沼气站沼渣、沼液混合液养分含量

发酵原料	牛粪	猪粪	鸡粪
沼渣、沼液混合液全氮含量（%）	0.29	0.36	0.40

注：检测牛粪样品16个，猪粪样品20个，鸡粪样品6个

①小麦：底肥每亩施沼渣沼液混合液4～5米^{3}后，翻地做畦，播种时亩施小麦专用复合肥（45%）15～20千克；在小麦返青期亩追施沼渣沼液混合液2～3米^3；分别在返青期、拔节期喷施浓度50%沼液一次（表5-9）。

表5-9 冬小麦沼渣、沼液混合液科学施用推荐卡

产量水平（千克/亩）	施用方式	施用时期	肥料名称	亩施用量
350～400	基施	播种前	沼渣、沼液混合液	4～5米³
		种肥	小麦专用复合肥	15～20千克
	追施	返青期	沼渣、沼液混合液	2～3米³
	叶面喷施	返青期	沼液	50%（浓度）
		拔节期	沼液	50%（浓度）

注：以牛粪发酵所产生的沼渣、沼液混合液为例

②春玉米：底肥推荐玉米专用复合肥（45%）30～35千克；在小嗽叭口期追施沼渣、沼液混合液3～4米³；在小喇叭口期、大喇叭口期各喷施浓度50%沼液各一次（表5-10）。

表5-10 玉米沼渣、沼液混合液科学施用推荐卡

产量水平（千克/亩）	施用方式	施用时期	肥料名称	亩施用量
500～650	基施	种肥	玉米专用复合肥	30～35千克
	追肥	小喇叭口期	沼渣、沼液混合液	3～4米³
	叶面喷施	小喇叭口期	沼液	50%（浓度）
		大喇叭口期	沼液	50%（浓度）

注：以牛粪发酵所产生的沼渣、沼液混合液为例

③夏玉米：底肥推荐玉米专用复合肥（45%）30～35千克；在小嗽叭口期追施沼渣沼液混合液2～3米³；小喇叭口期、大喇叭口期各喷施浓度50%沼液各一次（表5-11）。

表5-11 夏玉米沼渣、沼液混合液科学施用推荐卡

产量水平（千克/亩）	施用方式	施用时期	肥料名称	亩施用量
400～450	基施	种肥	玉米专用复合肥	30～35千克
	追肥	小喇叭口期	沼渣、沼液混合液	2～3米³
	叶面喷施	小喇叭口期	沼液	50%（浓度）
		大喇叭口期	沼液	50%（浓度）

注：以牛粪发酵所产生的沼渣、沼液混合液为例

④花生：底肥每亩施沼渣、沼液混合液 3.5 ～ 4.5 米^3，花生专用复合肥（45%）10 ～ 15 千克；生育期不再追肥，在结荚期喷施浓度 50% 沼液一次（表5-12）。

表5-12　花生沼渣、沼液混合液科学施用推荐卡

产量水平（千克/亩）	施用方式	施用时期	肥料名称	亩施用量
250 ～ 300	基施	播种前	沼渣、沼液混合液	3.5 ～ 4.5 米^3
		种肥	花生专用复合肥	10 ～ 15 千克
	叶面喷施	结荚期	沼液	50%（浓度）

注：以牛粪发酵所产生的沼渣、沼液混合液为例

⑤甘薯：底肥每亩施沼渣、沼液混合液 4 ～ 5 米^3，尿素 4 ～ 5 千克，磷酸二铵 13 ～ 17 千克，硫酸钾 5 ～ 7 千克；生育期不再追肥，在薯块膨大期喷施浓度 50% 沼液一次（表5-13）。

表5-13　甘薯沼渣、沼液混合液科学施用推荐卡

产量水平（千克/亩）	施用方式	施用时期	肥料名称	亩施用量
2 000 ～ 2 250	基施	定植前	沼渣、沼液混合液	4 ～ 5 米^3
		种肥	尿素	4 ～ 5 千克
			磷酸二铵	13 ～ 17 千克
			硫酸钾	5 ～ 7 千克
	叶面喷施	薯块膨大期	沼液	50%（浓度）

注：以牛粪发酵所产生的沼渣、沼液混合液为例

⑥菠菜：底肥每亩施沼渣、沼液 3.5 ～ 4.5 米^3；在生长旺盛期追施尿素 10 千克、硫酸钾 6 千克；喷施浓度 50% 沼液一次（表5-14）。

表5-14　菠菜沼渣、沼液混合液科学施用推荐卡

产量水平（千克/亩）	施用方式	施用时期	肥料名称	亩施用量
2 000 ～ 2 500	基施	播种前	沼渣、沼液混合液	3.5 ～ 4.5 米^3
	追肥	生长旺盛期	尿素	10 千克
			硫酸钾	6 千克
	叶面喷施	生长旺盛期	沼液	50%（浓度）

注：以牛粪发酵所产生的沼渣、沼液混合液为例

⑦番茄：底肥每亩施沼渣、沼液混合液 6.5～7.5 米³，45% 低磷三元复合肥 25～30 千克；在第一穗果膨大期追施尿素 12 千克、硫酸钾 8 千克，在第二穗果膨大期追施沼渣、沼液混合液 2.5～3.5 米³，在第三穗果膨大期分别追施尿素 10 千克、硫酸钾 6 千克；分别在第一、第三穗果膨大期喷施浓度 50% 沼液各一次（表 5-15）。

表 5-15　番茄沼渣、沼液混合液科学施用推荐卡

产量水平（千克/亩）	施用方式	施用时期	肥料名称	亩施用量
4 500～5 000	基施	定植前	沼渣、沼液混合液	6.5～7.5 米³
			45% 低磷三元复合肥	25～30 千克
	追施	第一穗果膨大期	尿素	12 千克
			硫酸钾	8 千克
		第二穗果膨大期	沼渣、沼液混合液	2.5～3.5 米³
		第三穗果膨大期	尿素	10 千克
			硫酸钾	6 千克
	叶面喷施	第一穗果膨大期	沼液	50%（浓度）
		第三穗果膨大期	沼液	50%（浓度）

注：以牛粪发酵所产生的沼渣、沼液混合液为例

⑧黄瓜：底肥每亩施沼渣沼液混合液 7.5～8.5 米³，45% 低磷三元复合肥 30～35 千克；在第一次根瓜收获后追施尿素 10 千克、硫酸钾 8 千克，以后每隔 15 天左右追肥一次，第二次追施沼渣、沼液混合液 2.5～3.5 米³，第三次追施尿素 8 千克、硫酸钾 6 千克，第四次追施沼渣、沼液混合液 2.5～3.5 米³；分别在第一、第三次追肥喷施浓度 50% 沼液各一次（表 5-16）。

表 5-16　黄瓜沼渣、沼液混合液科学施用推荐卡

产量水平（千克/亩）	施用方式	施用时期	肥料名称	亩施用量
3 500～4 500	基施	定植前	沼渣、沼液混合液	7.5～8.5 米³
			45% 低磷三元复合肥	30～35 千克
	追施	第一次追肥	尿素	10 千克
			硫酸钾	8 千克
		第二次追肥	沼渣、沼液混合液	2.5～3.5 米³
		第三次追肥	尿素	8 千克
			硫酸钾	6 千克
		第四次追肥	沼渣、沼液混合液	2.5～3.5 米³
	叶面喷施	第一次追肥	沼液	50%（浓度）
		第三次追肥	沼液	50%（浓度）

注：以牛粪发酵所产生的沼渣、沼液混合液为例

⑨大椒：底肥每亩施沼渣、沼液混合液 4.5～5.5 米³，45% 低磷三元复合肥 20～25 千克；在门椒膨大期追施尿素 15 千克、硫酸钾 9 千克，在对椒膨大期追施沼渣、沼液混合液 1.5～2.5 米³，在四母斗膨大期追施尿素 10 千克、硫酸钾 6 千克；分别在门椒膨大期、四母斗膨大期喷施浓度 50% 沼液各一次（表5-17）。

表5-17　大椒沼渣、沼液混合液科学施用推荐卡

产量水平（千克/亩）	施用方式	施用时期	肥料名称	亩施用量
3 000～4 000	基施	定植前	沼渣、沼液混合液	4.5～5.5 米³
			45% 低磷三元复合肥	20～25 千克
	追肥	门椒膨大期	尿素	15 千克
			硫酸钾	9 千克
		对椒膨大期	沼渣、沼液混合液	1.5～2.5 米³
		四母斗膨大期	尿素	10 千克
			硫酸钾	6 千克
	叶面喷施	门椒膨大期	沼液	50%（浓度）
		四母斗膨大期	沼液	50%（浓度）

注：以牛粪发酵所产生的沼渣、沼液混合液为例

⑩茄子：底肥每亩施沼渣、沼液混合液 5.5～6.5 米³，45% 低磷三元复合肥 25～30 千克；在门茄膨大期追施尿素 15 千克、硫酸钾 10 千克，在对茄膨大期追施沼渣、沼液混合液 2.5～3.5 米³，在四母斗膨大期追施尿素 10 千克、硫酸钾 6 千克；分别在门茄膨大期、四母斗膨大期喷施浓度 50% 沼液各一次（表5-18）。

表5-18　茄子沼渣、沼液混合液科学施用推荐卡

产量水平（千克/亩）	施用方式	施用时期	肥料名称	亩施用量
3 500～4 500	基施	定植前	沼渣、沼液混合液	5.5～6.5 米³
			45% 低磷三元复合肥	25～30 千克
	追肥	门茄膨大期	尿素	15 千克
			硫酸钾	10 千克
		对茄膨大期	沼渣、沼液混合液	2.5～3.5 米³
		四母斗膨大期	尿素	10 千克
			硫酸钾	6 千克
	叶面喷施	门茄膨大期	沼液	50%（浓度）
		四母斗膨大期	沼液	50%（浓度）

注：以牛粪发酵所产生的沼渣、沼液混合液为例

⑪大白菜：底肥每亩施沼渣、沼液混合液 3.5～4.5 米^3，45% 高氮三元复合肥 20～25 千克；在莲座期追施沼渣、沼液混合液 2.5～3.5 米^3，结球初期追施尿素 14 千克、硫酸钾 10 千克，结球中期追施沼渣沼液混合液 2.5～3.5 米^3；在结球初期喷施浓度 50% 沼液一次（表 5-19）。

表 5-19　大白菜沼渣、沼液混合液科学施用推荐卡

产量水平（千克/亩）	施用方式	施用时期	肥料名称	亩施用量
5 000～6 000	基施	播种前	沼渣、沼液混合液	3.5～4.5 米^3
			45% 高氮三元复合肥	20～25 千克
	追肥	莲座期	沼渣、沼液混合液	2.5～3.5 米^3
		结球初期	尿素	14 千克
			硫酸钾	10 千克
		结球中期	沼渣、沼液混合液	2.5～3.5 米^3
	叶面喷施	结球初期	沼液	50%（浓度）

注：以牛粪发酵所产生的沼渣、沼液混合液为例

⑫结球生菜：底肥每亩施沼渣、沼液混合液 3.5～4.5 米^3，45% 高氮三元复合肥 15～20 千克；在莲座期追施沼液混合液 1.5～2.5 米^3，结球初期追施尿素 11 千克、硫酸钾 7 千克，结球中期追施尿素 9 千克、硫酸钾 5 千克；分别在结球初期、结球中期喷施浓度 50% 沼液各一次（表 5-20）。

表 5-20　结球生菜沼渣、沼液混合液科学施用推荐卡

产量水平（千克/亩）	施用方式	施用时期	肥料名称	亩施用量
2 500～3 500	基施	播种前	沼渣、沼液混合液	3.5～4.5 米^3
			45% 高氮三元复合肥	15～20 千克
	追肥	莲座期	沼渣、沼液混合液	1.5～2.5 米^3
		结球初期	尿素	11 千克
			硫酸钾	7 千克
		结球中期	尿素	9 千克
			硫酸钾	5 千克
	叶面喷施	结球初期	沼液	50%（浓度）
		结球中期	沼液	50%（浓度）

注：以牛粪发酵所产生的沼渣、沼液混合液为例

⑬芹菜：底肥每亩施沼渣、沼液混合液 3.5～4.5 米³，45% 高氮三元复合肥 20～25 千克；在心叶生长期追施沼液混合液 2～3 米³，旺盛生长前期追施尿素 12 千克、硫酸钾 6 千克，旺盛生长中期追施尿素 8 千克、硫酸钾 5 千克；分别在旺盛生长前期、旺盛生长中期喷施浓度 50% 沼液各一次（表 5-21）。

表5-21　芹菜沼渣、沼液混合液科学施用推荐卡

产量水平（千克／亩）	施用方式	施用时期	肥料名称	亩施用量
4 000～5 000	基施	定植前	沼渣、沼液混合液	3.5～4.5 米³
			45% 高氮三元复合肥	20～25 千克
	追肥	心叶生长期	沼渣、沼液混合液	2～3 米³
		旺盛生长前期	尿素	12 千克
			硫酸钾	6 千克
		旺盛生长中期	尿素	8 千克
			硫酸钾	5 千克
	叶面喷施	旺盛生长前期	沼液	50%（浓度）
		旺盛生长中期	沼液	50%（浓度）

注：以牛粪发酵所产生的沼渣、沼液混合液为例

⑭花椰菜：底肥每亩施沼渣沼液 5.5～6.5 米³，45% 三元复合肥 25～30 千克；在莲座期追施沼液混合液 2.5～3.5 米³，花球初期追施尿素 16 千克、硫酸钾 7 千克，花球中期追施尿素 12 千克、硫酸钾 6 千克；分别在花球初期、花球中期喷施浓度 50% 沼液各一次（表 5-22）。

表5-22　花椰菜沼渣、沼液混合液科学施用推荐卡

产量水平（千克／亩）	施用方式	施用时期	肥料名称	亩施用量
2 000～2 500	基施	播种前	沼渣、沼液混合液	5.5～6.5 米³
			45% 三元复合肥	25～30 千克
	追肥	莲座期	沼渣、沼液混合液	2.5～3.5 米³
		花球初期	尿素	16 千克
			硫酸钾	7 千克
		花球中期	尿素	12 千克
			硫酸钾	6 千克
	叶面喷施	花球初期	沼液	50%（浓度）
		花球中期	沼液	50%（浓度）

注：以牛粪发酵所产生的沼渣、沼液混合液为例

⑮桃：底肥秋末每亩施沼渣、沼液混合液 6.5～7.5 米³；在萌芽期追施沼渣、沼液混合液 2.5～3.5 米³，硬核期追施尿素 12 千克，硫酸钾 8 千克；在硬核期喷施浓度 50% 沼液一次（表 5-23）。

表 5-23　桃沼渣、沼液混合液科学施用推荐卡

产量水平（千克/亩）	施用方式	施用时期	肥料名称	亩施用量
3 000～3 500	基施	秋季大桃收获后	沼渣、沼液混合液	6～7 米³
	追肥	萌芽期	沼渣、沼液混合液	2.5～3.5 米³
		硬核期	尿素	12 千克
			硫酸钾	8 千克
	叶面喷施	硬核期	沼液	50%（浓度）

注：以牛粪发酵所产生的沼渣、沼液混合液为例

⑯苹果：底肥秋末每亩施沼渣、沼液混合液 6.5～7.5 米³；在萌芽期追施沼渣、沼液混合液 3～4 米³，幼果膨大期追施尿素 14 千克，硫酸钾 8 千克；幼果膨大期在喷施浓度 50% 沼液一次（表 5-24）。

表 5-24　苹果沼渣、沼液混合液科学施用推荐卡

产量水平（千克/亩）	施用方式	施用时期	肥料名称	亩施用量
3 500～4 000	基施	秋末苹果收获后	沼渣、沼液混合液	6.5～7.5 米³
	追肥	萌芽期	沼渣、沼液混合液	3～4 米³
		幼果膨大期	尿素	14 千克
			硫酸钾	8 千克
	叶面喷施	幼果膨大期	沼液	50%（浓度）

注：以牛粪发酵所产生的沼渣、沼液混合液为例

⑰葡萄：底肥秋末每亩施沼渣、沼液混合液 6.5～7.5 米³；在开花期追施沼渣、沼液混合液 4～5 米³，幼果膨大期追施尿素 12 千克，硫酸钾 7 千克；在幼果膨大期喷施浓度 50% 沼液一次（表 5-25）。

表 5-25　葡萄沼渣、沼液混合液科学施用推荐卡

产量水平（千克/亩）	施用方式	施用时期	肥料名称	亩施用量
3 500 ～ 4 000	基施	秋末葡萄收获后	沼渣、沼液混合液	$6.5 \sim 7.5$ 米^3
	追肥	开花期	沼渣、沼液混合液	$4 \sim 5$ 米^3
		幼果膨大期	尿素	12 千克
			硫酸钾	7 千克
	叶面喷施	幼果膨大期	沼液	50%（浓度）

注：以牛粪发酵所产生的沼渣、沼液混合液为例

四、水肥一体化技术

我国农田氮肥施用过量已经是一个不争的事实，由于施用了过量的氮肥，产生了严重的铵态和尿素态氮肥施在地表挥发损失的问题和硝态氮大量淋洗进入地下水并最终进入河流湖泊，产生污染的问题。在日光温室条件下，为了追求高效益，农民在生产资料的投入上较普通蔬菜地甚至高出 2 ～ 5 倍，因而造成肥、水、药资源大量浪费，同时，耕地质量退化、农产品质量下降的现象也日趋严重。因此，"节水节肥节本增效"显得极为重要。

水肥一体化技术的优点是灌溉施肥的肥效快，养分利用率提高，可以避免肥料施在较干的表土层易引起的挥发损失、溶解慢，最终肥效发挥慢的问题；尤其避免了铵态和尿素态氮肥施在地表挥发，既节约氮肥又有利于环境保护。所以水肥一体化技术使肥料的利用率大幅度提高。据华南农业大学张承林教授研究，灌溉施肥体系比常规施肥节省肥料 50% ～ 70% ；同时，大大降低了设施蔬菜和果园中因过量施肥而造成的水体污染问题。

水肥一体化技术除了能够解决肥料使用过量的问题，还能克服大水漫灌、盲目施肥引起的水资源利用率低、肥料养分严重流失、环境污染加剧等问题，通过精细化、因地制宜制订灌溉、施肥方案，在灌水量、施肥量及其灌溉、施肥时间控制等方面都达到了很高的精度，减少了水分下渗和养分的移动淋失，不仅协调和满足了供应作物生长对水肥的需求，提高了农产品产量，而且可较好地解决土壤养分富集和盐渍化问题，减少农产品污染。并且水肥一体化技术明显控制由于盲目过量施肥造成的地下水及土壤环境的污染，减少农药残留污染，有效改善农田生态环境，改善水资源短缺状况，对促进农业可持续发展意义重大，具有巨大的发展潜力。

1. 微灌施肥系统的选择

根据水源、地形、种植面积、作物种类，选择不同的微灌施肥系统。保护地栽培、露地瓜菜种植、大田经济作物栽培一般选择滴灌施肥系统，施肥装置保护地一般选择文丘里施肥器、压差式施肥罐或注肥泵。果园一般选择微喷施肥系统，施肥装置一般选择注肥泵，有条件的地方可以选择自动灌溉施肥系统。

2. 微灌施肥方案的制订

（1）微灌制度的确定　根据种植作物的需水量和作物生育期的降水量确定灌水定额。露地微灌施肥的灌溉定额应比大水漫灌减少 50%，保护地滴灌施肥的灌水定额应比大棚畦灌减少 30% ~ 40%。灌溉定额确定后，依据作物的需水规律、降水情况及土壤墒情确定灌水时期、次数和每次的灌水量。

（2）施肥制度的确定　微灌施肥技术和传统施肥技术存在显著的差别。合理的微灌施肥制度，应首先根据种植作物的需肥规律、地块的肥力水平及目标产量确定总施肥量、氮磷钾比例及底、追肥的比例。做底肥的肥料在整地前施入，追肥则按照不同作物生长期的需肥特性，确定其次数和数量。实施微灌施肥技术可使肥料利用率提高 40% ~ 50%，故微灌施肥的用肥量为常规施肥的 50% ~ 60%。仍以设施栽培番茄为例，目标产量为 10 000 千克 / 亩，按每生产 1 000 千克番茄吸收氮 3.18 千克、磷 0.74 千克、钾 4.83 千克，设施栽培条件下当季氮肥利用率 57% ~ 65%，磷肥为 35% ~ 42%，钾肥为 70% ~ 80%；实现上述产量应亩施氮 53.12 千克、磷 18.5 千克，钾 60.38 千克，合计 132 千克（未计算土壤养分含量）。再以番茄营养特点为依据，拟定番茄各生育期施肥方案。

（3）肥料的选择　微灌施肥系统施用底肥与传统施肥相同，可包括多种有机肥和多种化肥。但微灌追肥的肥料品种必须是可溶性肥料。

（4）水肥一体化对肥料溶解性的要求　符合国家标准或行业标准的尿素、碳酸氢铵、氯化铵、硫酸铵、硫酸钾、氯化钾等肥料，纯度较高，杂质较少，溶于水后不会产生沉淀，均可用作追肥。补充磷素一般采用磷酸二氢钾等可溶性肥料做追肥。追肥补充微量元素肥料，一般不能与磷素追肥同时使用，以免形成不溶性磷酸盐沉淀，堵塞滴头或喷头。

施肥的均匀度取决于灌溉均匀度，如果滴灌系统均匀度高，则施肥均匀度也高，由此滴灌均匀度是一个非常重要的指标，应当千方百计提高滴灌均匀度：精细设计，灌溉系统采用压力补偿滴头，在管路的适当方位加装调压器等。

尿素溶解时要吸收水中的热量，水的温度大幅降低。此时，溶解量可能达不到要求量。为了充分溶解，最好让溶液放几个小时，随着温度上升，其余未溶解部分会逐渐溶解，然后就可注入系统了。

注入之前，先做观测试验，以便评估堵塞滴头可能性。有些肥料要溶入肥料 1 ~ 2 小时，才能看出是否有沉淀形成，沉淀量多少。如果溶入水中数小时，溶液仍呈浑沌状，则有可能堵塞滴灌系统。如果几种肥料同时施，应在注入系统之前去取样，以实际比例同时放入观察罐中观察混合后的溶解情况，然后决定是否同时注入。

（5）水肥一体化对部分必需元素的要求　滴灌系统施氮。氮肥是利用滴灌系统施用最多的肥料。氮肥一般水溶性好，非常容易随着灌溉水滴入土壤而施入到作物根区。但如果控制不当，也很容易产生淋洗损失。由于滴灌流量小（单滴头：4～8升/小时），控制淋洗损头非常容易做到。如果灌溉，施肥均实施自动控制，则淋洗损头可完全避免。

在所有氮肥中，尿素及硝酸铵最适合于滴灌施肥。因为施用这两种肥料的堵塞风险最小，氨水一般不推荐滴灌施肥，因为氨水会增加水的pH值。pH值增加会导致钙、镁、磷在灌溉水中沉淀，堵塞滴头。硫酸铵及硝酸钙是水溶性的，但也有堵塞风险。

如果连续施氮，灌溉系统停泵后，灌溉系统中水中仍长期存留一部分氮素。这时，氮的存在会滋养微生物在系统中生长，最后堵塞滴头。

滴灌施磷。磷在土壤中不如氮活跃。一般磷的挥发损失、淋洗损失没有氮多。滴灌注入磷肥，由于水与磷肥的反应，水中往往会产生固体沉淀，从而引起管道堵塞。大部分固态磷肥由于溶解度低而不能注入灌溉系统中，如磷铵。一磷酸铵、二磷酸铵、三磷酸钾、磷酸、磷酸盐等磷肥是可溶解的。

聚磷铵含钙高，注入灌溉水中常常可引起沉淀，有可能会引起堵塞。形成的沉淀物非常难溶解，当磷、钙离子在溶液中相遇时会形成二价或三价的磷酸钙，这种盐的溶解度很低。同样，磷和镁会形成不溶于水的磷酸镁，易堵塞滴灌系统。

有时要在滴灌系统中注入磷酸。除了是为作物施磷外，还可降低灌溉水的pH，避免沉淀物产生。但是如果长时间注入磷酸会导致作物缺锌。一般只有在水中钙和镁的组合浓度低于50毫克/升及碳酸氢盐浓度低于150毫克/升时才注入。

滴灌施钾。钾肥都是可溶的，非常适合在滴灌系统中应用。可能出现的问题是当把钾肥在肥料罐中与其他肥料混合时，有可能产生沉淀物，沉淀物堵塞滴灌系统。滴灌施肥常用的钾肥有：氯化钾（KCl），硝酸钾（KNO$_3$）。因溶解度低，磷酸钾不要注入滴灌系统中。

第六节　北运河肥料面源污染防治体系建设

肥料面源污染防控成功与否，既取决于我们对面源污染防控的重视程度，也决定于正确的策略选择与合理的技术应用。在北运河肥料面源污染防控过程中，我们充分重视肥料面源污染防治体系建设，建立了一系列的防治制度和体系，包括建立肥料面源污染防治制度、肥料投入品监测制度以及肥料行业检测化验体系。

一、建立肥料面源污染防治制度

北运河肥料面源污染防治项目建立肥料面源污染防治制度重点在于建立物化补贴机制，并根据实际构建了肥料补贴政策实施运行的基本流程，以保障机制的落实。

1.建立物化补贴机制

政策引导用有机肥替代部分化肥，减少有机废弃物与化肥污染环境：我国几千年农业生产实践证明使用有机肥有利于培肥土壤，改善作物品质，但在目前市场经济条件下，农民不愿使用有机肥有其深层次原因：一方面，农民自制有机肥，费工费时，劳动条件差；另一方面，商品有机肥虽然使用方便，但厂家加工有机肥需要发酵、烘干等工序才能完成，生产成本每吨在400元。据本项研究在平谷区的调查结果，用等氮量的商品有机肥代替等氮量的化肥，农民每使用1吨有机肥多投入257.47元（表5-26），加大了农民的负担。

表5-26　各种作物应用有机肥补贴核算

种类	种植模式	纯氮（千克/公顷）	折合有机肥量（千克/公顷）	肥料投入（元/公顷）			有机肥补贴（元/吨）
				有机肥	化肥	差额	
粮田	冬小麦＋夏玉米	407.55	22 641.60	9 056.70	2 741.85	6 344.85	280.23
保护地蔬菜	黄瓜＋番茄	490.35	27 241.65	10 896.60	3 369.60	7 527.00	276.30
露地蔬菜	西瓜＋白菜	652.80	36 266.70	14 506.65	4 428.90	10 077.75	277.88
	葡萄	492.30	27 349.95	10 939.95	3 906.75	7 033.20	257.16
	桃	368.10	20 449.95	8 179.95	3 853.50	4 326.45	211.56
	苹果	262.50	14 583.30	5 833.35	2 177.55	3 655.80	250.68
	梨	247.50	13 750.05	5 500.05	2 083.20	3 416.85	248.50
加权平均							257.47

注：①纯氮用量根据我站2005年土壤肥力长期定位监测数据获得
②化学肥料根据N、P_2O_5、K_2O含量折合为尿素（N，46%）、普钙（P_2O_5，16%）、硫酸钾（K_2O，50%）进行费用计算，其中，尿素价格按1 960元/吨，普钙价格650元/吨，硫酸钾价格2 230元/吨
③有机肥含氮量以1.8%、价格为400元/吨计算

根据监测点肥料投入调查结果，市农业局提出京郊农民每使用 1 吨有机肥，财政补贴 250 元的建议。建议被我市有关部门批准，从 2007 年开始在北京实施。在过去的 3 年间，共补贴推广有机肥 21 万吨，推广面积 57 万亩；处理畜禽粪便、蘑菇渣和树枝等有机肥废弃物 73.5 万米 ^{3}，有力地带动了畜禽粪便等有机废弃物的无害化、资源利用，防止其污染环境。

由于补贴推广有机肥深受京郊农民、畜牧业和食用菌业的欢迎，市农业局在调研基础上，提出了《北京都市型现代农业基础建设及其综合开发规划》，已被市政府批准。2009—2012 年，市政府拿出 14.6 亿元补贴用于推广有机肥和专用肥。

2. 构建肥料补贴政策实施运行基本流程

（1）组织申报　工程项目负责单位向所在区土肥站（农科所、推广站）领取并填写补贴肥申请表，并在汇总列出明细后报所在区土肥站（农科所、推广站）。

（2）办理审核　各区土肥站（农科所、推广站）核实申请表，签字盖章，并汇总上报区种植业服务中心，同时上报我站备案。

（3）建立档案　区种植业服务中心确认，并建立工程区用肥信息库。

（4）肥料配送　依照就近原则，区土肥站选定企业，并发送《肥料配送清单》至用肥单位及肥料生产企业；配送企业按清单填写《肥料配送及用户联系卡》，联系肥料使用单位，确定配送时间、地点、运输办法及价格。

（5）资金结算　用户核实肥料数量与质量，在《肥料配送及用户联系卡》签字，向企业支付货款。支付货款金额 =[（肥料市场价格 – 补贴金额）+ 运输价格]× 配送数量，用户支付货款，企业开具发票，企业将签字后的《肥料配送及用户联系卡》集中报送各区土肥站（农科所、推广站）。

（6）资金核算　各区土肥站（农科所、推广站）核实肥料配送数量和用户使用情况，签字盖章《肥料配送及用户联系卡》集中报送各区种植业服务中心审核确认；企业每季度凭审核后的肥料配送及联系卡和发票复印件办理肥料补贴结算；有关手续核实无误后，补贴资金依不同渠道拨付肥料配送企业；肥料企业在收到补贴资金后开具正式发票，时间不超过一周。

（7）效果监测　按照代表性、准确性、稳定性、标准化的建设原则，设定一定数量的监测点，由专业人员负责每年监测基础情况、土壤肥力、肥料投入产出、作物品质等信息，监测评价项目实施效果。

二、建立肥料投入品监测制度

建立肥料投入品监测制度，首先要明确监管目标、确定监管重点内容、监管依据，然后制定监管措施和保障措施。

1. 监管目标

通过对补贴肥料产品质量的监督检测及对不合格肥料企业的严格管理，确保北运河流域范围内的农民不仅能用上安全、放心、高效的补贴肥料，而且能够发现和处理该区域内不合格的水溶性肥料，确保规划期结束时北运河流域内耕地质量得到显著提升。

2. 监管重点

（1）重点产品　重点对本项目招标确定的有机肥料及配方肥料定点生产企业及其产品进行监管，同时兼顾北运河流域范围内其他类型的水溶肥料产品的质量。

（2）重点环节　肥料质量的重点控制环节为生产环节和使用环节，把握好这两个环节就能对肥料质量进行有效控制。

①生产环节监管。定期、不定期地对中标企业生产及自检情况进行检查，查看企业生产台账，原材料、成品检验记录以及出厂检验记录。对中标企业生产的肥料产品进行不定期抽检，肥料使用高峰期重点抽查，抽样标准参照标准执行。对于非招标肥料产品的水溶肥料，主要采取生产季节对水溶肥料销售点进行抽检（表5-27）。

表 5-27　采样抽检

总包装袋数	采样袋数	总包装袋数	采样袋数
1～10	全部采样	182～216	18
11～49	11	217～254	19
50～64	12	255～296	20
65～81	13	297～343	21
82～101	14	344～394	22
102～125	15	395～450	23
126～151	16	451～512	24
152～181	17		

注：超过512袋时，按式计算采样袋数，如遇小数，进为整数

采样袋数 $= 3 \times \sqrt[3]{N}$

式中 N 为每批肥料总袋数。

按表或式计算结果，抽出样品袋数，从每袋最长对角线插入取样器［采用《固体化工产品采样通则》（GB/T 6679—2003）附录 A 中末端封闭的采样探子］至袋 3/4 处，取出不少于 100 克的样品，每批采样总量不得少于 2 千克。散装采样时，按固体化工产品采样通则》（GB/T 6679—2003）规定进行采样。

样品缩分：将选取的样品迅速混匀，然后用缩分器或四分法将样品缩分至不少于 500 克，分装在两个清洁、干燥并具有磨口塞的广口瓶或带盖聚乙烯瓶中，贴上标签，注明生产厂名、产品名称、批号、取样日期、取样人姓名。一瓶供试样制备，一瓶密封保存两个月以备查用。

②使用环节监管。根据肥料抽样标准和本项目的具体情况，对该项目补贴肥料的抽样制定以下 3 个原则：一是配送有机肥料及配方肥料每 100 吨取样 1 个肥料样品；二是要求对不同肥料生产企业不同批次全覆盖；三是要求对具有一定规模的生产基地全覆盖。

在此环节中的抽样遵循相关抽样标准的规定。

3. 监管依据

依据《中华人民共和国农业法》《中华人民共和国农产品质量安全法》和《肥料登记管理办法》进行监管。有机肥料依据《有机肥料》（NY 525—2012）和各产品肥料登记证进行检测和判定；配方肥料依据《复混肥料（复合肥料）》（GB 15063—2009）和各产品肥料登记证进行检测和判定。

4. 监管措施

项目通过构建招标制、承诺制、服务制、自检制、抽查制、追溯制和淘汰制，确保农民用上"安全、放心、高效"补贴肥料，推动肥料生产的标准化和供肥质量的优质化。

（1）招标制　项目施行招标制，即委托中介机构，依照"公开、公正、公平"的原则，每年面向全国实行统一招标，对投标企业进行生产能力、产品类型和质量等资质进行审核，根据企业投标、中标情况，向各区推荐有机肥的定点企业。

（2）承诺制　为确保中标企业的产品质量及服务水平，推行中标企业承诺制，要求中标企业公开承诺。首先是承诺供肥质量，供给的肥料各项指标符合相关标准和各自肥料登记指标的要求，做到检测不合格的产品不出厂；其次是承诺服务质量，能够及时按照用户要求提供肥料并将肥料运输到位，同时积极向用户宣传相关肥料知识。

（3）服务制　项目实施培训学习制度，督促各参与方树立服务思想。要求推广部门树立服务农民和服务企业的意识，通过优质服务体现自身价值，实现履职义务；要求肥料企业依照承诺事项，开展肥料运输、施用技术和质量控制等全方位的售后服务。

（4）自检制　要求肥料企业成立专门自检小组，建立自检机制，对生产各个环节进行抽查检查，按照生产技术规范控制肥料质量符合国家标准。

（5）抽查制　加强对中标企业及所供肥料产品的监管，不定期检查企业生产台账，原材料及成品检验记录；对其生产的补贴肥料做到批批检测，原则上每100 吨取样 1 个，检测结果以适当方式进行公布，对一次检测不合格企业进行警告，责令其立即进行整改；对两次检验不合格的企业，终止其供肥资格，并依据《肥料登记管理办法》进行处罚。

（6）追溯制　肥料企业必须建立材料来源、生产台账、成品检验记录等信息档案，同时对用肥农户或经营个体基本情况、用肥信息等进行记录登记，实现补贴产品信息的可追溯性，为质量监管提供必要信息支持。

（7）淘汰制　建立投诉举报热线，对6类违规行为，取消其中标企业生产资格。6类违规包括：弄虚作假，骗取补贴资金的；企业资质或经营范围发生变化，不符合生产条件的；连续两次质量抽检不合格的；违法违规或销售假冒伪劣产品的；连续两次未在规定时间内生产、配送肥料的；从事违法经营活动，哄抬价格，欺骗消费者。

5. 保障措施

（1）法律法规保障　《中华人民共和国农业法》和《基本农田保护条例》明确要求：合理使用化肥、增加使用有机肥料，采用先进技术，保护和提高地力，防止农用地的污染、破坏和地力衰退。《中华人民共和国农产品质量安全法》和《肥料登记管理办法》明确要求确保农田用肥安全，加大对假劣肥料的处罚力度。以上相关法律法规将确保本项目顺利实施。

（2）组织保障　为加强农田肥料投入控制和管理工作，成立领导小组，负责工作的整体协调和监督指导。下设办公室具体负责工作的落实与实施；组织北京市农林科学院等科研单位的专家成立技术专家组，负责技术指导、技术培训；各区成立相应机构，责任到人，层层落实，构建保障体系。

（3）机制保障

①肥料产品招标管理机制。采用公开招标的方式确定有机肥、配方肥、缓释肥生产企业，制定全面、规范的补贴管理办法，确保肥料产品质量，保证农民得到实惠，用上补贴肥、放心肥。

②肥料产品管理机制。加强肥料产品质量的监督管理，逐步建立肥料生产、经营企业信誉管理档案，建立肥料产品质量追溯制度，保证肥料产品质量安全。

（4）宣传培训　采用多种形式，做到电视有影、广播有声、报刊有文、墙上有画、网上有消息，注重宣传的效果，内容切合实际，突出政策性、区域性、典型性、实效性，广泛宣传科学施肥的意义、做法和成效，突出环境保护观念，引起社会关注和支持。

（5）工作分工　按照属地管理原则开展中标企业肥料产品的监管工作。市农业局负责全市中标企业及产品的监管工作，向市政府负责；各实施区农业主管部门对本区域选定的肥料产品进行监管，并向市农业局和本级政府负责。

三、建立肥料行业检测化验体系

针对我市大力开展北运河流域肥料面源污染防治的契机，我站站在全市土肥行业领军者的高度，加强我市土肥检测体系建设。通过项目的开展，建设了以顺义、通州、大兴及昌平区土肥站为主的土肥检测实验室，形成了市区两级的肥料行业检测化验体系。

1. 立足项目，完善建设

自本项目开展伊始，我站本着执行好项目的同时带动本行业发展的思想，一方面积极了解各区土肥站试验检测现状；另一方面根据各土肥站的现状对本项目的各项指标进行分解，明确各自任务，各区土肥站通过对该项目的实施而实现对各自检测软、硬件设施的升级改造。

（1）硬件配备的完善　通过项目的实施，各区土肥站实验室通过完善自身实力，均配备了全自动定氮仪、紫外分光光度计、原子吸收分光光度计、火焰光度计、pH计等硬件设备，达到了土壤养分检测的基本要求。

（2）检测能力的拓展　在检测仪器设备完善的基础上，各区土肥站实验室加强各项土壤养分检测技术的学习和实践。到目前为止，各区土肥站实验室均能自行完成土壤中全氮、有效磷、速效钾、有机质、碱解氮、pH、EC、全磷、全钾、铁、铜、锌、锰以及阳离子交换量等项目的检测，检测能力较项目实施前有了长足的进步。

2. 狠抓质量，提升水平

我站技术人员在对各实验室技术人员进行培训的基础上，深入各实验室现场了解他们工作中的难点和疑点，通过各种手段整体提升检测质量。

（1）对区试验室进行技术指导　我土肥站对大兴区、顺义区、通州区、平昌平区4个区土肥检测实验室检测人员进行培训指导，培训先进检测技术，规范实验室管理和检验操作，以达到统一检测方法、统一数据处理、统一报告格式，使土肥检测技术更具规范性、科学性、统一性。在农业部组织的能力验证中，通州、顺义区实验室顺利通过验证，说明区实验室的检测结果更具有准确性和可比性。由于检测方法的改进及检验人员的培训，各区实验室检测能力逐年提高，样品检测量逐年增加，实验室管理能力也有大幅度提高。

（2）强化样品比对，提升检测质量

①制备参比样品。我站分别采集了2个在全市具有代表性的土壤样品来制备参比样。制备完成后又将样品多次检测进行定值，最后发放到各区检测实验室，要求各检测实验室在做好参比样的基础上才能开展测试工作，并在每批样品测试时都要带上参比样进行质量控制。

②进行数据比对。除了区实验室没有条件完成的项目外，我站要求每个区至少送100个样到我单位进行测试，主要是对各项目区进行分析质量控制。通过两站分析结果的对比，了解其检测质量。发现结果差异较大时及时与之沟通，共同分析他们在检测过程中可能出现的问题并予以解决。

③开展密码样考核。根据项目的实施进度，每年在各实验室集中开展土壤测试时下发密码样对每个项目区实验室进行检测质量考核。考核项目包括：全氮、有效磷、速效钾、有机质、碱解氮、pH、铁、铜、锌、锰10项，考核样品以国家标准物质为主。

④开展质量跟踪。除了上述措施外，我站工作人员还利用各种途径对项目实施区实验室的分析质量进行跟踪，如利用到项目区的机会，对项目区实验室的条件、化验室技术人员的操作、分析结果以及相应的原始记录表格进行检查，并根据需要随机抽查部分样品。再如根据部分区实验室在分析中的一些异常情况，要求其检测人员带上样品到我站来做，直至解决问题。

3. 注重企业实验室的建设，把好出场检验关

企业实验室的主要任务是承担本企业产品出厂检验把关。肥料产品合格率不高的主要原因是生产厂家的质量检测设备配备不到位，检测人员水平较低，管理人员质量管理意识淡薄。针对生产企业的具体情况，指导企业制订实验室管理规定、成品出厂检验制度，帮助企业选择适用的检验仪器并指导应用，对企业检验人员进行培训、考核，考核合格后发证上岗，建立完善了产品出厂检验实验室，推广应用相应国标、行标中规定的检测方法。目前，已完成了42家生产企业出厂检验实验室的建立与完善，提高了企业自身对不合格产品的控制能力，减少了不合格产品流向市场的可能性，提高了肥料产品质量合格率。

第七节　北运河肥料面源污染
防治典型案例

在北运河污染防治过程中，围绕化肥面源污染控制，通过养分管理技术推广应用，开展有机肥、配方肥等新型肥料的物化补贴，农业废弃物与畜禽粪便养分循环利用等技术措施，积极开展污染防治工作，取得了良好的效果。通过污染防治促进了农产品提质增产，农民节本，肥料优化减量，削减了流域内农田养分污染负荷，实现了经济效益与污染控制的和谐统一。在工作中出现了许多典型基地、合作社和农户，本节重点介绍这些典型案例。

一、典型基地

1. 测土配方施肥技术——顺义北务镇仓上村设施蔬菜基地

顺义北务镇仓上村设施蔬菜基地占地面积200亩，有温室70栋。种植作物主要有甜瓜、黄瓜、黄瓜、西瓜、草莓、番茄、生菜等30种。

在基地开展测土配方施肥技术，重点对基地温室进行土壤养分测试，并根据测试结果，有针对性地提出配方。推荐基地使用40%蔬菜专用肥（N：P_2O_5：K_2O=20：5：15），替换农户习惯施用的45%复合肥（N：P_2O_5：K_2O=15：15：15），共降低成本38.9元/亩。通过技术实施，节肥纯氮4.4千克/亩，五氧化二磷5.2千克/亩。

2. 废弃物资源化利用技术——大兴区长子营镇罗庄村蔬菜基地

基地生产面积130亩，其中番茄种植面积30亩，黄瓜种植面积25亩，生菜种植面积22亩，油麦菜种植面积26亩，柿子椒种植面积27亩。项目实施前，园区废弃物随意堆放，未实现资源化利用。

项目实施后，采用设施秸秆循环利用与有机养分调控技术，在设施内和设施外建设发酵池，应用面积50亩。将园区产生的各种蔬菜废弃物集中置于发酵池中进行好氧发酵，利用发酵产生的二氧化碳为作物提供二氧化碳气肥，发酵产物作为有机养分资源还田。基地生菜产量由2 674千克/亩增加到2 980千克/亩，番茄产量由4 876千克/亩增加到5 257千克/亩，平均亩增收800元，并亩节支1 200元。基地平均每亩减少养分投入氮4.1千克和五氧化二磷4.6千克。

3. 废弃物资源化利用技术——大兴区农业科技成果展示基地

基地生产面积70亩，其中蔬菜种植占40亩。主要种植西瓜、番茄、茄子、黄瓜等。项目实施前，基地农业废弃物未得到合理利用（图5-8）。

项目实施后，在基地建立废弃物发酵池，用发酵方式处理作物秸秆、蔬菜生产废弃物、绿色生活垃圾、残枝落叶等农田废弃物。基地番茄和黄瓜分别增产480千克/亩、1 040千克/亩，增收960元/亩、1 976元/亩，平均减少纯氮和五氧化二磷8.4千克/亩和1.5千克/亩。

图5-8 大兴区农业科技成果展示基地

4. 综合技术——通州区台湖镇胡家垡村金福艺农设施蔬菜标准园

园区种植面积800亩，日光温室100栋（图5-9）。主要种植的作物有甜瓜、小型西瓜、甜玉米、彩椒、樱桃番茄、迷你黄瓜、草莓等。项目实施前，大水大肥现象较为严重；废弃物均运到园区围墙外随意堆放。

项目实施后，共为基地宣传培训11次，取土86个，覆盖整个基地，化验

图 5-9　通州区蔬菜标准园

土壤基础肥力指标和中微量元素 774 项次；针对作物的特点和土壤肥力，为基地提供施肥配方卡 221 份，指导科学施肥。共补贴配方肥 30 吨，商品有机肥 2 100 吨，二氧化碳吊袋肥 8 000 袋。

基地蔬菜已从之前种植时平均年化肥纯用量 82.5 千克 / 亩，降低到 75.8 千克 / 亩，其中纯氮每亩减少 6.9 千克、五氧化二磷每亩减少 3.6 千克。具体到作物为：樱桃番茄亩节肥 2.2 千克，迷你黄瓜亩节肥 3.1 千克，彩椒亩节肥 1.2 千克。

5. 综合技术——大兴区榆垡镇千亩设施蔬菜示范园基地

基地占地面积 1 000 亩，温室 333 栋，连栋温室一座，种植番茄、黄瓜、芹菜、生菜等多种蔬菜（图 5-10）。项目实施前，管理上多采用粗放式管理方法，基地技术人员多为普通农民，生产上存在多施肥多增产的误区，大水大肥现象严重。

项目实施后，对 1 000 亩设施蔬菜基地开展土壤采集、化验及基本情况调查工作，每 10 亩取 1 个土样，累计取土样 100 个，测试基础养分、中微量元素含量。根据测试结果，结合专家推荐施肥系统，给出不同蔬菜施肥配方，指导基地用肥。为基地出具施肥建议卡 200 份，推广应用蔬菜专用配方专用肥 80 吨，生物有机肥 400 吨，水溶肥 4 吨，二氧化碳气肥 4 000 袋，示范面积 1 000 亩。具体作物节本增效情况，详见表 5-28。

图 5-10　大兴区榆垡镇

表 5-28　榆垡镇千亩设施蔬菜示范园基地节本增收情况

作物	产量（千克 / 亩）	产值（元 / 亩）	节支（元 / 亩）	节本增收（元 / 亩）	减少化肥投入纯量（千克 / 亩）
番茄	5 214	15 642.0	56.6	841.1	8.4
黄瓜	4 680	11 232.0	75.5	970.2	11.2

（续表）

作物	产量 （千克/亩）	产值 （元/亩）	节支 （元/亩）	节本增收 （元/亩）	减少化肥投入纯 量（千克/亩）
甜椒	3 874	10 072.4	54.6	720.0	8.1
茄子	4 502	10 804.0	68.1	1 060.5	10.1
芹菜	6 800	9 520.0	41.1	430.0	6.1
生菜	2 988	4 183.2	32.3	380.0	4.8
油菜	2 800	3 360.0	28.3	212.5	4.2

注：肥料纯量价格按照 N、P、K 实价计算 6.74 千克/元。

6. 综合技术——顺义区北郎中果品产销中心

图 5-11　顺义北郎中

基地占地 400 亩，新建 100 亩的日光温室，主要为蔬菜种植和反季节水果采摘（图 5-11）。从 2013 年开始，在该基地推广了测土配方施肥技术、水肥一体化技术、有机培肥提升地力技术、二氧化碳吊袋肥应用 4 项技术。

通过技术综合应用，每亩增产 50 千克，亩增收 100 元，亩节本增效 124.1 元。平均减少纯氮 2.3 千克/亩，五氧化二磷 1.1 千克/亩，总节肥 3.6 千克/亩。

7. 综合技术——顺义区农科所展示基地

基地占地面积 200 亩，其中设施面积 32.4 亩，包括 11 个温室，36 个冷棚；露地试验田 94.3 亩（图 5-12）。基地配套设施齐全，建膜面集雨窖 1 000 立方米，田园垃圾处理系统，综合节水灌溉系统和智能化温室管理系统。

基地主要采用的技术包括测土配方施肥技术、水肥一体化技术、有机培肥提升地力技术、二氧化碳吊袋肥补贴等。2011 年北运河项目为该基地配送有机肥 100 吨，蔬菜专用肥 5 吨，

图 5-12　顺义区农科所

缓释肥 1 吨，二氧化碳吊袋肥 300 袋。2012 年项目为该基地配送有机肥 185 吨，蔬菜专用肥 5 吨，缓释肥 1 吨，二氧化碳吊袋肥 1 000 袋。2013 年项目为该基地配送有机肥 200 吨，蔬菜专用肥 6 吨，缓释肥 1 吨，二氧化碳吊袋肥 1 200 袋。

与常规施肥相比，施用蔬菜专用肥每亩增产 80 千克，亩增收 120 元，亩节本增效 163.55 元；平均减少纯氮 3.3 千克/亩，五氧化二磷 3.2 千克/亩，节肥 6.5 千克/亩；采用有机肥替代部分化肥，经估算共相当于 28 吨化肥；在 70 亩露地种植中应用缓释肥，节本 3 780 元，共节约肥料 630 千克。

8. 综合技术——大兴区长子营镇北蒲州村蔬菜标准园基地

该基地覆盖北蒲州、罗庄、永和庄等蔬菜产销重点村，覆盖面积 1 500 亩。项目实施前，基地生产以化肥为主，很少施用有机肥，土壤结构较差。

项目实施后，在基地开展测土配方技术（图 5-13），采集土样 468 个，全部进行化验，获得有效数据 2 340 个。根据土壤检测结果，发放施肥建议卡 760 张，指导农民施肥 500 余人次，推广测土配方施肥技术共计 450 亩。补贴发放二氧化碳吊袋肥 3 000 袋、蔬菜配方肥（15：12：18）120 吨和商品有机肥 1 200 吨。

图 5-13　大兴区长子营镇北蒲州村

通过技术综合应用，番茄、生菜和油菜产量分别为 413.2 千克/亩，214 千克/亩和 385 千克/亩，增产率分别为 8.26%、7.56% 和 11%，根据当时的销售价格，每亩分别增收 826.4 元、556.4 元和 308 元，综合以上每亩分别节本增收 867.6 元、573.2 元和 328.4 元。每亩分别节省肥料 10.3 千克、4.2 千克和 5.1 千克。

9. 综合技术——顺义区顺沿特种蔬菜基地

基地总面积 450 亩，现有温室 146 栋，大棚 48 个（图 5-14）。以保护地种植为主，主要种植的作物有西瓜、甜

图 5-14　顺义区顺沿特种蔬菜基地

瓜、西红柿、黄瓜、彩椒、扁豆、彩西葫芦、球茎茴香、菊苣、宝塔菜花、甘蓝、茄子、西兰花等。

自2011年开始项目为该基地配送了有机肥、蔬菜专用肥、二氧化碳吊肥等。2011—2014年共对基地提供了215吨有机肥，20吨蔬菜专用肥，二氧化碳吊袋肥2720袋。2011年有机肥30吨，蔬菜专用10吨，二氧化碳吊袋肥1220袋；2012年蔬菜专用肥5吨；2013年有机肥35吨，蔬菜专用肥2吨，二氧化碳吊袋肥1500袋；2014年有机肥150吨，蔬菜专用肥3吨。与常规施肥相比，施用蔬菜专用肥每亩可节肥5.5千克，相当于每亩减少纯氮3.6千克，五氧化二磷1.2千克。

10. 综合技术——通州区碧海园

园区主要从事无公害蔬菜的种植、加工及配送。2011年新建设施时，园区土壤有机质较低，速效磷含量较高。项目开展了测土配方施肥技术，有机肥培肥提升地力技术，缓释肥、二氧化碳吊袋肥及磷酸二氢钾等物化技术补贴促进合理施肥。

2011年施用配方肥（18∶12∶15）3吨，2012年和2013年分别施用（18∶9∶18、20∶6∶10、18∶4∶14）配方肥2.5吨。每茬果菜每亩节肥1.5千克，叶菜节肥2.1千克。补贴二氧化碳吊袋肥20箱（100袋/箱），磷酸二氢钾100千克。在园区建立了废弃物循环池，底肥每棚施用发酵产物1.5吨，可替代有机肥1吨。

图5-15　通州区瑞正园

11. 综合技术——通州区瑞正园

园区占地面积2000亩，现有日光温室526栋，果树150亩，主要从事草莓、茄果类蔬菜的生产、经营和观光采摘（图5-15）。自2009年开始，园区开展了测土配方施肥技术，有机肥培肥提升地力技术，缓释肥和二氧化碳吊袋肥补贴。

土肥技术推广部门为园区研发制定主要作物肥料配方4个，分别为18∶9∶18、18∶12∶15、19∶8∶27、20∶10∶15。2011—2013年补贴配方肥10吨，二氧化碳吊袋肥50箱（100袋/箱），磷酸二氢钾100千克，平均每亩节肥7～9千克。截至2013年年底，5年来共补贴有机肥1500吨，菜田土壤有机质由15.5克/千克提升至17.1克/千克，亩节肥6～8千克。

在园区内建立了废弃物循环利用发酵车间。每季作物拉秧时，把秸秆等废弃物统一运到发酵车间，进行切割、发酵，等发酵完成后再作为有机肥施用到田间，不仅减轻了环境污染，而且生产成有机肥再次利用，节约了其他肥料的购买，减少了投入（图5-16）。

图 5-16 发酵车间

具体作物节肥增产效果如下：茄子，底肥每棚施入有机肥 5 吨，18∶9∶18 的配方肥 40 千克，后期追肥时使用 20∶6∶10、18∶4∶14 的配方肥 20～30 千克。与传统施肥相比，亩节肥 6～8 千克。番茄，项目实施前，全生育期养分折合成纯氮 39.9 千克／亩，五氧化二磷 13.8 千克／亩，产量在 5 000～5 500 千克／亩；开展技术后，全生育期养分折合成纯氮 21.4 千克／亩，五氧化二磷 7.5 千克／亩，每亩节氮 18.5 千克，节磷 6.3 千克。生菜，项目实施前，全生育期折合成纯氮 24.3 千克／亩、五氧化二磷 9.2 千克／亩；开展技术指导后，全生育期折合成纯氮 11.2 千克／亩、五氧化二磷 5.6 千克／亩。每亩节氮 13.1 千克，节磷 3.6 千克。

二、典型合作社

1. 测土配方施肥技术——通州区于家务果村蔬菜合作社

于家务果村位于通州区南部，是北京市有名的芹菜第一村果村。全村芹菜种植面积就达 1 000 余亩。全村主要种植芹菜、番茄、黄瓜、豆角、甘蓝等，种植的茬口番茄 - 芹菜就能达到 500 亩以上。

项目实施前，农户为达到最大化的效益，肥料的使用也存在巨大的盲目性，大水大肥思想严重，过量施用化肥和不合格的有机肥。

项目实施后，项目到村入户开展宣传和培训 5 次，包括测土配方施肥知识、真假肥料的辨别和新型肥料使用培训等。通过技术实施，取土 68 个，出具配方 200 个。2013—2014 年冬春茬芹菜在每亩减少尿素 15 千克的基础上，产量达到 15 000～20 000 千克，亩效益达到 9 000 元。据不完全统计，果村合作社应用测土配方施肥技术后，效益增加 200 元以上，每亩化肥纯量减少 3.5 千克。按照合作社 1 200 亩计算，每年可减少化肥 4.2 吨。

2. 测土配方施肥技术——昌平区北京营坊昆利果品专业合作社

营坊昆利果品专业合作社现有果园面积 3 350 亩，种植水果品种有苹果、樱桃、草莓、葡萄、梨、柿子等。现拥有社员 455 户，带动社外农户 834 户，辐射覆盖全区 5 个镇，10 个自然村（图 5-17）。

图 5-17　昌平区北京营坊昆利果品专业合作社

项目开展了测土配方施肥技术。通过施用配方肥优质商品果产量由 1 250 千克增产到 2 500 千克。产量翻了一番的同时，由于昌平苹果知名度的提高，拉动了乡村旅游，苹果销售渠道也转到礼品箱、采摘为主，带动了苹果销售价格由 4 元 / 千克攀升到 7.5 元 / 千克，亩增收 5.5 万元。2012 年合作社使用 600 吨补贴肥料用于 1 500 亩果园。常规苹果整个种植季需施用复合肥 130 千克 / 亩，通过施用配方肥整个种植季需施用 80 千克 / 亩，每亩节肥 38.5%，全园节肥 75 000 千克。

3. 综合技术——昌平区鑫城缘果品专业合作社

北京鑫城缘果品专业合作社总占地 1 500 余亩，其中草莓示范园占地 166 亩（图 5-18）。

项目以测土配方施肥技术，水肥一体化技术和有机肥培肥提升地力技术为合作社主推技术。取得了显著成效，实现了两低、六高，即肥、水降低，产量、品质、价格、效益、肥力和土地利用率提高。用水量由每亩 170 米³ 降到每亩 120 米³，节水 30%

以上；合作社农户平均产量提高 10% 以上，亩产达 2 000 千克以上；品质通过肥水调控，糖度提高 1～2 度；通过与多家超市销售等手段，价格稳定，亩效益在 3 万元以上；土壤肥力不断提高，土壤有机质含量提高了 2 克 / 千克，达到 20 克 / 千克；通过立体栽培技术，高效利用了温室后墙，使温室土地利用率提高 30% 以上；肥料由之前平均 95 千克 / 亩，降低到 62 千克 / 亩，节肥近 40%。

图 5-18　昌平区鑫城缘果品专业合作社

4. 综合技术——昌平区北京后白虎涧京白梨种植专业合作社

合作社占地 60 亩，主要种植为京白梨、鸭梨、杏、桃等水果。

项目重点开展测土配方施肥技术和水肥一体化技术，为农户开展节水灌溉和水肥一体化等培训。项目实施后，白梨亩产 2 000 千克，亩增产 100 千克，800 亩果园增收 8 万千克。按照单价 6 元 / 千克计算，亩增收 600 元，总增收 48 万元，总节本增收 52 万元。补贴肥料 40 吨，亩节有机肥 500 千克。

5. 综合技术——顺义区北京兴农天力农机服务专业合作社

北京兴农天力农机服务专业合作社粮食种植 3 万余亩，花卉果树种植 500 余亩，蔬菜大棚 100 栋，主要从事粮食种植和农机作业服务，合作社服务面辐射 30 个乡镇、130 个村庄，带动了 3 000 农户提高粮食产量增加了收入（图 5-19）。

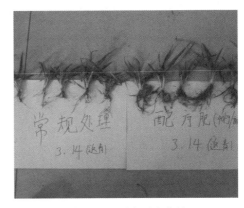

图 5-19　顺义区合作社

项目在该合作社主推测土配方施肥技术和补贴缓释肥。冬小麦应用测土配方施肥技术，传统施肥施入45%（N：P₂O₅：K₂O=15：15：15）的复混肥50千克／亩，而在推荐施肥中施入45%（N：P₂O₅：K₂O =16：21：8）的配方肥40千克／亩，减少使用纯氮1.1千克／亩，总节肥4.5千克／亩，节本30.15元／亩；每亩增产45千克，亩增收103.5元，亩节本增效133.65元。补贴缓释肥料200吨在玉米上应用，应用缓释肥后全生育期不再追肥，氮肥投入从原来的平均14.4千克／亩，减少到现在8千克／亩，玉米平均节约纯氮6.4千克／亩，减少幅度为44%，土壤硝酸盐含量减少31.2%。

6. 综合技术——通州区西集老庄户蔬菜合作社

蔬菜种植面积200亩，主要种植作物是草莓、黄瓜、番茄和一些小菜，其中草莓面积100亩（图5-20）。

图5-20　通州区蔬菜合作社

项目实施前，施用化肥较多，有机肥较少。化肥主要是磷酸二铵和尿素，每亩每茬施用量在50千克以上，每次使用量大。大水一冲，作物吸收到多少，又有多少渗漏到地下水中，农民根本不管，肥料利用率低。而有机肥主要是小商贩送的鸡粪、猪粪等，质量难以保证，且腐熟程度和大肠杆菌等有害物质对作物的危害程度难以预计。对于蔬菜收获后的茎秆、叶子、烂的果实等废弃物在棚外随意堆放，不注重病菌的传播，农户的利益受到损害。

项目实施后，开展测土配方施肥技术，水肥一体化技术，有机肥培肥提升地力技术，和相应的肥料补贴。2013—2014 年两年来，共为农户取土 56 人次，提供施肥建议卡 102 份。合作社 200 亩蔬菜面积全部应用上了测土配方施肥。施用补贴配方肥 42 吨，中微量元素矿质肥 5 吨。自 2012 年开始，合作社在 12 户草莓生产者的设施内全部安装上滴管和施肥罐。补贴有机肥 100 余吨，指导农户腐熟牛粪、鸡粪等 700 余吨。

自 2012 年老庄户蔬菜合作社成为通州区北运河流域化肥面源污染防治技术综合示范点以来，土壤有机质、全氮等指标从 16.8 克 / 千克、1.02 克 / 千克提升到 17.1 克 / 千克、1.1 克 / 千克，土壤有效磷从 97.1 毫克 / 千克降低到 88.3 毫克 / 千克。3 年共减少使用磷酸二铵、尿素等常规肥料 1.8 吨。

7. 综合技术——昌平区北京天润园草莓专业合作社

天润园现有草莓、蔬菜、育苗等基地 280 余亩、山地 800 亩。现有草莓、果蔬日光温室大棚 200 栋、500 余米^{2}展厅、1 700 米^{2}的保鲜库、400 米^{2}的加工包装车间及各种配套设施。

天润园主要以生产草莓为主，果蔬为辅，包括西红柿、黄瓜、彩椒、茄子、芹菜、樱桃等（图5-21）。

项目实施后，在全园草莓生产商中开展水肥一体化技术，补贴二氧化碳吊袋肥。草莓全生育期由原来三茬果增加到现在的四茬，节省了灌溉水和肥料的用量，提高了肥料利用率，达到了省工省时、节水节肥、改善草莓品质提高效益的良好效果。采用了H 形高架、A 形高架、阳台高

图 5-21　昌平区草莓合作社

架、后墙管道和旋转高架等多种方式，配合水肥一体化技术，开展草莓高架栽培示范。配合二氧化碳肥的使用，温室草莓增产 73 千克 / 棚，增效 2 190 元 / 棚，亩节有机肥 500 千克，化肥 150 千克。在合作社采用微生物好氧工程堆沤的技术，对农业废弃物进行无害化处理。废弃物年处理能力达 2 000 吨。

8. 综合技术——通州区漷县镇徐官屯村生菜合作社

全村蔬菜种植面积 1 600 亩，主要种植作物是黄瓜、番茄、生菜，其中生菜常年栽种面积达到 1 000 亩以上（图5-22）。

图 5-22　通州区生菜合作社

项目实施前，由于农户只注重效益，因此肥料使用量较大，而且废弃物随处堆放，造成环境和作物的污染，病虫害较多，土传病害发生严重，有的大棚生菜炭疽病占到 10% 以上。

项目实施后，在合作社开展了测土配方施肥技术，有机肥培肥提升地力技术，二氧化碳吊袋肥、蔬菜专用肥、缓释肥补贴。2012—2014 年共为合作社农户取土样 625 个，化验土壤基础肥力和中微量元素。根据土壤肥力，结合具体作物，为相关农户提供施肥配方卡 625 份，指导农户科学施肥 12 次，指导农户 35 人次，同时发放《测土配方施肥技术手册》《北运河面源污染综合防治技术读本》等书籍 120 本。3 年来共为农户引进补贴有机肥 300 吨，配方肥 200 吨，中微量元素矿质肥 5 吨，二氧化碳吊袋肥 2 000 袋，水溶肥料 20 桶。据统计，合作社果类菜每亩节肥 2.5 千克（折纯），亩增收 165.2 元，亩节本增收 181.7 元。以生菜为例，亩增收 98.5 元，亩节本增收 120.2 元，亩节肥 3.2 千克（折纯）。

9. 综合技术——顺义区北京沿河绿地瓜菜合作社

李桥镇沿河绿地瓜菜合作社示范面积 200 亩。主要种植作物为西瓜、甜瓜、西红柿等。土壤养分状况如下：有机质 15.5 克 / 千克，全氮 1.14 克 / 千克，碱解氮 181 毫克 / 千克，有效磷 232.8 毫克 / 千克。根据北京市耕地地力评价标准，该地块肥力水平属于高肥力水平。

合作社使用了水肥一体化技术、有机肥培肥提升地力技术、二氧化碳吊袋肥和蔬菜专用肥补贴。通过 4 项技术的综合应用，每亩增产 120 千克，亩增收 192 元，亩节本增效 219.3 元；少投入纯氮 3.1 千克 / 亩，五氧化二磷 3.0 千克 / 亩，总节肥 3.9 千克 / 亩（图 5-23）。

图 5-23　面源污染综合防治现场会

三、典型农户

1. 大兴区长子营镇北蒲州村农户景树槐

该农户主栽生菜、油菜和芹菜等作物，菜田面积2亩，年平均效益近4万元，辐射带动面积20亩。农户施肥量大，灌水主要以漫灌为主，土壤出现硝态氮累积的情况，进一步有可能对地下水造成污染；土壤次生盐渍化情况严重。针对该情况，推荐农户采取测土配方施肥技术、有机肥培肥提升地力技术和秸秆循环再利用技术（图5-24）。

图 5-24　北蒲州村农户景树槐

项目实施后，对棚内土壤进行了化验，并给出施肥建议卡，农户根据建议卡进行施肥，既节省了肥料，又保护了土壤，为作物生长提供了良好的生长环境。同时秸秆循环利用技术的应用，改善了土壤结构。节本增收情况见表5-29，调查作物为生菜和芹菜。项目实施前，生菜和芹菜产量分别为每亩3 934千克和5 515千克，生菜施肥量每亩有机肥1 458千克，化肥35千克；芹菜施肥量每亩有机肥2 000千克，化肥45千克。项目实施后，生菜和芹菜每亩增产分别为325千克和503千克，增产率分别为8.26%和9.12%，增收分别为487.5元和402.4元，每亩节肥4.4千克和3.2千克。

表5-29　景树槐农户节本增收情况

作物	增产 （千克/亩）	增产率（%）	增收 （元/亩）	节本 （元/亩）	节本增收 （元/亩）	节肥 （千克/亩）
生菜	325	8.26%	487.5	17.6	505.1	4.4
芹菜	503	9.12%	402.4	12.8	415.2	3.2

2. 大兴区庞各庄镇北顿垡村农户武金山

该农户有27年的种植经验，种植水平较高，共管理12个棚。主要种植西瓜、番茄、茄子、辣椒等作物，菜田种植面积5亩，辐射带动面积25亩，年平均效益在8万元左右。在种植过程中，主要存在肥料使用比例不合理，氮磷肥投入量过大的问题，并且经常在后期追肥时使用磷含量较高的复合肥，造成磷的浪费。土壤养分含量氮磷偏高，钾含量较少。

项目实施后，农户在棚内采用了测土配方施肥技术和水肥一体化技术，并推荐农户使用专用的配方肥。该农户通过使用滴灌设施，实现水肥一体化，节水节肥。通过测土配方施肥技术，科学合理施肥，减少化肥投入。项目实施前，西瓜施肥量为有机肥2 900千克/亩，化肥65千克/亩，产量4 600千克/亩。项目实施后，增产500千克，西瓜节本增收1 000元/亩，平均化肥施用量减少了20千克/亩。

3. 大兴区长子营镇车固营一村农户姚全民

图5-25　车固营一村农户姚全民

该农户种地30余年，经验丰富，在2012年被大兴区农业工作委员会聘为全科农技员，一直扶持本村及周边村的农业生产，菜田种植面积2亩（图5-25）。

车固营一村上茬主要种植番茄，下茬种植多茬小菜，茬口安排较为单一，在姚全民为村内农民指导的过程中，他发现许多棚室出现土壤板结，而且板结情况越来越严重，2012年他找到大兴区土肥工作站为村内40个棚室取土化验，化验结果显示40个棚室土壤有机质平均含量为12.21克/千克，碱解氮244.64毫克/千克，有效磷246毫克/千克，速效钾332毫克/千克，化肥施用量大导致的土壤有机质含量偏低、速效养分含量过高，最终导致了土壤板结、营养元素不均衡、作物减产等多种问题。通过土壤检测姚全民认识到光教农民怎么种地远远不够，庄稼种在土壤里，只有土壤健康了地里的作物才能丰产。

项目实施后，姚全民率先在棚内使用了测土配方施肥技术、有机培肥技术及秸秆循环利用技术，辐射带动周围种植面积约30亩。为了验证学习效果，他专门找了几户细心的村民，让他们记录2012年和2013年番茄的产量、肥料投入、价格等情况。通过2年的不懈努力，2014年年初再次测土，平均土壤有机质上升到15.6克/千克，碱解氮161.9毫克/千克，有效磷186毫克/千克，速效钾181毫克/千克，土壤养分状况得到明显改善。以番茄为例，每棚节约化肥投入126元，增产222千克，增加产值438元，增加纯收入564元，增收率达到10.31%，具体见表5-30。

表5-30　2012—2013年番茄增收节支效益情况

年份	产量（千克/棚）	产值（元/棚）	纯收入（元/棚）	增收率（%）	有机肥/棚	化肥/棚	肥料投入（元/棚）
2013	3 577	6 146	6 034	10.31	1 000千克	50	112
2012	3 355	5 708	5 470	—	1 000千克	90	238

注：棚面积0.45亩

4. 大兴区采育镇南辛店二村农户周秀芸

该农户从事农业生产20年，主要种植作物为番茄、黄瓜、豇豆、茄子、柿子椒等，被评为村级示范户，主要设施有2个日光温室及4个塑料大棚，菜田种植面积约4亩，辐射带动面积30亩。平均年收入在10万元左右（图5-26）。

由于长时间种植蔬菜，化肥及复合肥投入量较大，造成土壤中养分沉积现象明显。项目实施后，该农户采用了设施秸秆循环利用技术与有机养分调控技术，以发酵渣作为底肥和追肥用，采用内置式反应

图5-26　南辛店二村农户周秀芸

堆和外置式反应堆相结合，增加了二氧化碳的浓度，达到了增产的效果。实施前，番茄施肥量为有机肥2 400千克/亩，化肥75千克/亩，产量5 876千克/亩。通过应用设施秸秆循环利用与有机养分调控技术，平均亩增产260千克，平均

亩增收 700 元，亩节支 900 元，并平均亩减少化肥使用量 15 千克。

5. 通州区潮县镇徐官屯村农户杨玉秋

该农户长期从事蔬菜种植，种植技术水平较高，共有菜田 17 亩。主要种植蔬菜的品种是生菜和黄瓜。农户过量施肥，一茬生菜每亩底施有机肥 3 500 千克，磷酸二铵 15 千克，追肥一次，尿素 15 千克，硫酸钾 10 千克。黄瓜底施有机肥 3 500 千克，追施化肥 4 次肥，每次施用尿素 5 千克，2.5 千克硫酸钾。土壤板结、肥料利用率低（图 5-27）。

图 5-27　徐官屯村农户杨玉秋

针对这一现象，技术人员指导杨玉秋增加有机肥用量，减少化肥使用量，结合使用二氧化碳吊袋肥。杨玉秋适当调整化肥施用结构，番茄从一茬施用鸡粪 3 米³、磷酸二铵 30 千克、尿素 40 千克、硫酸钾 10 千克，调整到鸡粪、牛粪 3 米³、18∶12∶15 配方肥 30 千克、尿素 30 千克、硫酸钾 15 千克，这样纯氮减少 4.6 千克、五氧化二磷减少 10.2 千克，氧化钾增加 7 千克，化肥总纯量减少 7.8 千克，而产量则没有变化。黄瓜则从 3 次追肥，每次 15 千克尿素改为冲施 20∶20∶20 的冲施肥 5 次，每次 5 千克，这样减少纯氮 15.7 千克、五氧化二磷增加 5 千克，氧化钾增加 5 千克，化肥总纯量减少 5.7 千克。而产量却提升了 300～400 千克，效益增加 600 元以上。在他的带动下，周围 20 余户农民都应用了新技术，辐射近 150 亩。

6. 通州区太湖镇胡家垡村农户姚金友

该农户长期从事农业种植，经验丰富。主要种植蔬菜有番茄、大椒、西葫芦、黄瓜、生菜等。近几年随着测土配方施肥技术的宣传和推广，姚金友认识到了多施化肥并不一定就高产，反而会对土壤造成污染，也增加了资金的投入。之前为获得高产，种植春茬番茄时，肥料施用情况为：底肥有机肥 2.8 吨、15∶15∶15 复合肥 57 千克、过磷酸钙 28.6 千克、硫酸钾 35.7 千克、磷酸二铵 35.7 千克，追肥冲施尿素每次 10 千克（图 5-28）。

图 5-28　胡家堡村农户姚金友

项目实施后，在技术人员的指导下，其适量增施有机肥用量，调整化肥的用量，特别是普通过磷酸钙的使用。现在改为施用商品有机肥 3 吨、18∶12∶15 配方肥 30 千克，追肥 20∶20∶20 和 19∶8∶27 的冲施肥比例交替施用，每次 10 千克，共用 4 次。在大幅度减少肥料用量的情况下，番茄亩产则从 5 500 千克提升到 6 500 千克，且品质也有了改善。看到效果，周围的农户前来学习，姚师傅则把自己学到的技术心得体会毫无保留地向大家传授和推荐，周围近 10 户农民的 50 余亩地都使用上了测土配方施肥技术。

7. 通州区于家务镇西垡村农户李茂丰

农户长期从事农业种植，种植水平较高。主要种植蔬菜的品种有番茄、黄瓜、绿菜花、生菜等。李茂丰所承租的土地，以前是粮田，主要种植小麦和玉米，常年不施有机肥。承租后，农户在技术人员指导下增加有机肥的用量，对新建设施菜田进行培肥，并引导农户尽量减少化肥的使用（图 5-29）。

图 5-29　西垡村农户李茂丰

目前，李茂丰每亩有机肥使用量为 3～4 吨，使得土壤有机质水平从 2007 年的不到 1% 提升至 1%，且土壤沙化性质得到改善。以种植散叶生菜为例，之前底施猪粪 2 米^3，磷酸二铵 10 千克，追肥 2 次，每次 15 千克尿素，产量 1 400 千克左右。调整施肥结构后，少施 5 千克尿素，产量稳定。

8. 顺义区南彩镇东江头村农户卢春全

该农户主要种植粮食作物，种植面积 300 亩。该农户是种粮大户，可辐射带动的面积 2 000 亩。在全市粮食高产创建中取得了好成绩，其中冬小麦产量达到 557.2 千克/亩，获得了一等奖。夏玉米产量达到 710.5 千克/亩，获得了二等奖。

在技术人员的指导下采用测土配方施肥技术和叶面喷施磷酸二氢钾技术两项技术。冬小麦方面，针对土壤有效磷偏低的现状，推荐使用 45% 小麦专用肥（N：P_2O_5：K_2O：15：22：8），亩产 557.2 千克，与往年相比亩增产 38 千克，增产率 7.3%，每亩平均节本增效总计为 86.2 元，节肥 2.3 千克/亩。夏玉米，推荐使用 45% 玉米专用肥（N：P_2O_5：K_2O：15：12：18），亩产达 710.5 千克，与往年相比亩增产 56 千克，增产率 8.56%，每亩平均节本增效总计为 129.5 元，节肥 3.5 千克/亩。

9. 顺义区木林镇木林村农户张振江

图 5-30　木林村种粮大户张振江的地块

该农户是种粮大户，主要种植作物为春玉米，种植面积为 310 亩，辐射带动的面积为 1 500 亩（图 5-30）。

项目建议该农户应用缓释肥技术。底肥施用玉米缓释肥，氮磷钾比例为 26：9：10，施用量为 35 千克/亩。农户常规底肥氮磷钾比例为 17：13：15，施用量为 50 千克/亩。经比较，施用玉米缓释肥比常规施肥增产 35 千克/亩，增收 80.5 千克/亩，亩节肥 15 千克。

10. 顺义区北小营镇东府村农户薛新颖

该农户是种粮大户，主要种植作物为冬小麦和夏玉米，种植面积为 800 亩，可辐射带动的面积有 3 000 亩。

针对该户土壤有效磷偏低的现状，推荐采用测土配方施肥技术。冬小麦生产上推荐使用 45% 小麦专用肥（N：P_2O_5：K_2O：16：21：8），亩产 412.2 千克/亩，亩增产 21.2 千克，增产率 5.42%；降低了肥料用量，其中降低纯氮 4.2 千克/亩，节肥 3 千克/亩。夏玉米通过实施测土配方施肥技术施用配方专用肥，亩产达 570 千克/亩，亩增产 36 千克，增产率 7.14%，节肥 4 千克/亩。

11. 顺义区杨镇松各庄村农户韩学斌

该农户种植生菜 130 亩。项目实施前，底肥施用（15：15：15）复混肥 50 千克/亩，追肥一次，追尿素 35 千克/亩，折合纯氮为 23.6 千克/亩，五氧化二磷为 7.5 千克/亩。采取测土配方施肥后，推荐应用蔬菜配方肥（20：10：15）

40 千克 / 亩，追肥用（20：0：20）30 千克，折合纯氮为 14 千克 / 亩，五氧化二磷为 4 千克 / 亩。节本 29.7 元 / 亩，生菜产量还增加了 80 千克 / 亩，产值也相应地增加了 112 元 / 亩，节本增效 141.7 元 / 亩。减少纯氮 9.6 千克 / 亩，五氧化二磷 3.5 千克 / 亩，节肥 6.6 千克 / 亩（图 5-31）。

图 5-31　松各庄村农户韩学斌

第八节　北运河流域农田土壤氮磷风险等级评价

　　氮磷养分是肥料面源污染的主要组成部分，北京市通过推广测土配方施肥、畜禽粪便及厨余垃圾资源化再利用、有机无机结合施肥等技术，同时严格监督肥料投入品质量，从源头积极防治北运河流域（北京段）农田土壤氮磷污染。2009 年，我市在北运河流域（北京段）选取了涵盖粮田、设施菜田、露地菜田、果园的 100 个农田监测点，定期定点监测农田土壤氮素、磷素等养分含量，调查农田施肥、灌溉以及作物产出情况。2013 年，总结分析了近 5 年的监测数据，制定了《农田氮磷环境风险评价》（DB 11/T 749—2010）标准，依据标准，科学测算了北运河流域农田土壤氮磷养分残留量，对流域内农田氮磷风险做出评价预警。

一、农田氮磷风险评价标准

当前在对面源污染的管理上，虽然规定了有关部门应采取措施，指导农业生产者科学、合理地施用化肥和农药，控制化肥和农药的过量使用，防止造成水污染，但没有明确规定如何控制用量，这与缺少土壤氮磷含量控制相关的标准依据不无关系。为此我站开展了农田土壤氮磷风险评价标准的制定工作，为我市控制农田氮磷肥投入的环境风险提供依据，对提高首都食品和饮用水安全具有十分重要的意义和现实紧迫性。

标准制定，首先制定草案，我们首先搜集国内外相关文献资料和评价数据，协同各个区熟悉情况的基层人员对标准进行实地调研分析。在实施过程中将工作落实到人头，定期邀请在京科研院所从事面源污染研究方面的专家召开研讨会，针对标准的关键技术指标、参数、试验验证等技术要点征集专家意见。结合北京基本情况、数据验证和专家意见形成北京市《农田氮磷风险评价》标准。

1. 氮风险预警主要技术指标

（1）农田氮风险评价方法　土壤养分平衡是基于物质平衡原理中"盈余 = 输入 – 输出"的物质守恒原理。通过影响土壤养分的各个输入和输出项进行量化计算，利用结果判断土壤养分盈余/缺损的状态，以此来评价农业投入对土壤肥力、农业生产和水环境的影响。该方法具有结构简单直观、数据易得的优点，且政策相关性较强。

（2）农田氮素年盈余量的确定　依据氮素平衡，得出作物施氮量与吸收氮量比值与地下水硝酸盐含量的对应关系，凡是年施氮量超过 500 千克/公顷，而作物氮素吸收量与施氮量之比低于 40% 的地区，地下水硝酸盐含量基本上全部超标，低于地下水质量三类国家标准《地下水质量标准》（GB/T 14848—1993），用以判定投入氮肥对环境造成的污染程度。

统计北京地区农田氮素盈余量，借鉴已有的氮素盈余量划定值，制定出不同地区的氮素盈余等级。经统计 297 块田地、840 块果园和 157 块菜地农田氮素盈余量，发现北京地区粮田氮素年盈余量范围在 86 ～ 349 千克/公顷，部分粮田施氮超过 500 千克/公顷，但作物吸收量与施氮量之比均在 40% 以上，有的甚至达到 87%，地下水硝酸盐污染危险程度低，但粮田体系已经受到人为活动的影响。果园体系中，超过 50% 的样本年施氮量超过 500 千克/公顷，分布在 300 ～ 900 千克/公顷，且作物氮素吸收量与施氮量之比低于 40%，地下水硝酸盐污染较为严重；菜田体系中，年施氮量过量非常严重，部分地块年施氮量甚至达到了 3 000 千克/公顷，而作物氮素吸收量与施氮量之比不足 9%，超过 70% 的菜田年施氮量超过了 500 千克/公顷，分布在 400 ～ 900 千克/公顷。巨大的施氮量，导致土壤氮素高负荷，进而造成地下水硝酸盐污染异常严重。

（3）农田氮素年盈余量风险值的确定　依据北京地区农田氮素盈余量基本情况、结合数据文献资料、借鉴通州区氮素盈余量等级和专家建议，按种植体系进行分类，分为粮田、果园和菜地。

目前，北京地区农业生产的目标仍是稳产高产，作为农业技术推广人员，一方面要保证养分的供应，降低标准对农业生产的限制；另一方面要考虑科学实验的理论值与实际操作中的差距和施肥对农田环境的影响；其次，由于近几年北京地区耕地面积减少，种植业结构发生变化，蔬菜种植面积扩大，养殖业的发展均造成北京地区氮素平衡强度一直呈上升趋势，所以，适当地调宽了关键阈值范围。参考通州区农田表观氮素平衡量，将200千克／公顷作为氮素平衡量高风险值的上限定为粮田的风险下限值，其余两种种植体系的下限值分别为250千克／公顷和400千克／公顷。其中，粮田氮素年盈余量等级，按每隔100千克／公顷划分一个界限；果园和菜地分别按每隔150千克／公顷和20千克／公顷划分一个界限。

（4）农田氮素环境风险分级　我们将农田氮素环境风险划分为4个等级，即无风险、低风险、中风险和高风险4个等级。

①无风险等级，施肥量少，基本不会对农田环境造成污染，肥料利用率高。

②低风险等级，施肥用量缓冲期，会发生轻微的污染，但污染程度不大。

③中风险等级，可能发生轻度污染。

④高风险等级，可能发生中度或中度以上的污染，并随着施肥量的增加和水量的增加污染加剧。

2. 磷风险预警主要技术指标

（1）农田磷风险评价方法　土壤磷环境临界值表示土壤磷过量累积已经可以造成具有环境危险的水体磷素富集。在国际上有许多国家采用测定土壤磷环境临界值的方法管辖区域地块。研究表明，土壤磷素常规测定值可以作为环境评价的基础依据，划分土壤磷素水平的高低，建立高磷水平临界值，作为环境风险预警指标。目前，测试土壤有效磷费用较低，且已成为常规测定项目，数据易于获取。

（2）土壤有效磷临界值的确定　为了确定土壤有效磷临界值，我们的调查涉及2种土类、7种亚类、7种土属和10种土种。利用土壤有效磷来计算土壤磷素淋溶"突变点"，分别用土壤Olsen-P含量与$CaCl_2$-P含量分别为横轴和纵轴作相关曲线，曲线转折点对应的Olsen-P含量即为土壤磷素淋溶的"突变点"（也称环境临界值），表示当土壤Olsen-P含量小于"突变点"值时，不会发生磷素的淋溶；反之，当土壤Olsen-P含量大于"突变点"值时，就会发生磷素淋溶。

对667个土壤数据进行化验分析，结果发现，轻壤质地不同土种模拟拐点平均为Olsen-P 47毫克／千克；砂壤质地不同土种模拟拐点平均为Olsen-P 44毫克／千克；中壤质地不同土种模拟拐点平均为Olsen-P 34毫克／千克。而综合国内外学者研究，我们认为土壤 Olsen-P 应低于或等于 60 毫克 / 千克的水平。

（3）土壤质地类型的确定　据统计北京地区 90% 土壤属壤质，其中，46% 为轻壤质，27% 为砂壤质，17% 为中壤质。另有 7% 砂质，其他的土壤类型如黏壤质、重壤质和砾石分别占 1%。标准参考美国磷指数体系中土壤质地的分类，结合北京地区主要的土壤类型和试验结论，将土壤质地分为两大类，为砂壤、轻壤和中壤，将质地较轻的轻壤和中壤合为一类，进行评价。

（4）风险等级的确定　参考国内外农田土壤磷临界值等级划分、相关文献资料、专家建议和试验结果，在保证产量前提下，保护农田水环境安全。结合北京市土壤质地情况和北京市耕地土壤养分等级，制定出北京市磷风险等级，等级按土壤类型进行分类，分别为砂壤、轻壤和中壤。按作物类型进行分类，分为粮田、果园和菜地。在无风险和低风险不涉及不同土壤质地的磷素环境风险。

根据北京市有效磷含量范围，以 30 毫克 / 千克有效磷为粮田的风险下限值，果园和菜地的下限值分别为 40 毫克 / 千克和 50 毫克 / 千克。其中，粮田和果园低风险按 20 毫克 / 千克划分等级，菜田按 30 毫克 / 千克为一个等级。而在中风险和高风险根据不同土壤类型给出不同种植体系的有效磷风险等级值。

（5）农田磷素环境风险分级　农田磷素环境风险同样划分为 4 个等级，分别为无风险、低风险、中风险和高风险，其对应的解释同农田氮素环境风险。

二、北运河流域农田土壤氮素风险等级评价

1. 评价依据

根据北京市地方标准《农田氮磷环境风险评价》（DB 11/T 749—2010），农田氮素环境风险采用氮素年余量的方法，农田氮素年盈余依据作物种植类型进行分类评价，风险等级划分见表 5-31。通过对影响土壤养分的各个投入和产出进行量化核算，利用计算结果判断土壤养分盈余的状态，依次评价农业投入对土壤肥力、农业生产和水环境的影响。氮素盈余平衡的核算项是农业生产的各相关氮素投入和产出项目，其中投入项包括化肥、有机肥的施用，种子带入氮，大气沉降和灌溉带入氮；产出项包括各种农作物的吸收。

计算公式：M=N 化肥 +N 有机肥 +N 种子 +N 果树苗木 +N 沉降 +N 灌溉 −N 产出。

表 5-31　农田氮素盈余量与农田环境风险等级划分

单位：千克 / 公顷

作物类型	风险等级			
	无风险	低风险	中风险	高风险
粮田	≤ 200	200～300	300～400	> 400

（续表）

作物类型	风险等级			
	无风险	低风险	中风险	高风险
果园	≤ 250	250 ～ 400	400 ～ 550	> 550
菜地	≤ 400	400 ～ 600	600 ～ 800	> 800

注：各风险数值分级区间的分界点包含关系为上（限）含下（限）不含，例如氮素年盈余区间"200 ～ 300"表示"大于 200，且要小于等于 300 的区间值"，其他类同

2. 评价结果

2009—2013 年，通过对北运河流域 100 个农用地块连续 5 年的监测发现，通过北运河流域肥料面源污染防控，北运河流域农田土壤氮素风险等级比例有整体降低的趋势，表现在无风险等级面积比例增加了 9.29%，低、中、高风险等级面积比例分别降低 1.93%、3.92%、3.42%。

（1）不同种植模式下农田土壤氮素风险等级

①北运河流域粮田土壤无风险等级比例由 2009 年的 54.5% 增加到 2013 年的 63.9%；低风险等级比例由 2009 年的 39.8% 降低到 2013 年的 30.9%。中风险等级比例由 2009 年的 5.7% 降低到 2013 年的 2.6%，粮田土壤总体上氮素的无风险比例增加，低、中风险比例在降低。

②流域露地菜田土壤氮素无风险比例由 2009 年的 48.8% 增加到 2013 年的 70.2%；高风险等级由 2009 年的 16.5% 降低到 2013 年的 7.1%。因此该流域露地菜田土壤氮素无风险比例增幅显著，高风险比例降低明显。

③流域设施菜田土壤氮素的低风险比例有所增加，高风险比例在降低。北运河流域设施菜田无风险等级比例由 2009 年的 47.0% 降低到 2013 年的 30.1%；高风险等级比例由 2009 年的 29.5% 降低到 2013 年的 22.4%。

④流域果园土壤监测数据分析显示，高风险等级比例由 2009 年的 10.9% 下降到 2013 年的 0.0%，中风险等级比例由 2009 年的 16.6% 下降到 2013 年的 2.6%，无风险等级比例则由 2009 年的 71.8% 增加到 2013 年的 97.4%，果园土壤氮素的环境风险性明显降低。

（2）不同功能区农田土壤氮素风险等级　根据不同区域经济发展水平以及农业结构比例，对不同区划分不同功能区，昌平区划分为水源保护区，海淀、朝阳、丰台区划分为都市生活区，大兴、顺义、通州区划分为农业保障区，不同功能区以调查点的数量以及所代表的面积分别划分等级。监测表明，与 2009 年相比，2013 年水源保护区农田土壤氮素无风险点位提高 25%；都市生活区农田土壤氮素无风险点位增加 30.1%；农业保障区无风险点位增加 20.7%。

三、北运河流域农田土壤磷素风险等级评价

1. 评价依据

根据北京市地方标准《农田氮磷环境风险评价》（DB 11/T 749—2010）中关于农田氮磷环境风险评价、农田磷环境临界值与农田环境风险等级划分规定（表5-32），对磷素含量进行等级划分。依据标准对不同利用类型的土壤的有效磷含量进行等级分类，以监测点代表的面积作为计算指标，统计每一利用方式的不同等级的比例。

表5-32 农田磷环境临界值与农田环境风险等级划分规定

单位：毫克/千克

作物类型	风险等级			
	无风险	低风险	中风险	高风险
粮田	≤ 30	30 ～ 50	砂土 50 ～ 70	砂土 > 70
			壤土 50 ～ 80	壤土 > 80
果树	≤ 40	40 ～ 60	砂土 60 ～ 90	砂土 > 90
			壤土 60 ～ 100	壤土 > 100
蔬菜	≤ 50	50 ～ 80	砂土 80 ～ 110	砂土 > 110
			壤土 80 ～ 120	壤土 > 120

2. 评价结果

2009—2013年，通过对北运河流域100个农田地块连续5年的监测发现，北运河流域农田土壤磷素无风险等级面积比例增加，中风险等级面积比例逐渐降低，高风险等级面积比例稍微有所增加。

（1）不同种植模式下农田土壤磷素风险等级 分析近5年的结果，果园土壤有效磷无、低风险等级的比例逐年下降。粮田土壤有效磷含量风险在降低：粮田利用方式下土壤有效磷无风险等级的比例处于57.02% ～ 62.40%水平，一直保持在高比例状态，年际间差异不大；露地菜田土壤有效磷低风险等级面积比例有所增加，中风险等级面积比例有所降低；设施菜田土壤有效磷含量无风险等级面积比例有所增加，中、低风险等级面积比例有所降低。

（2）不同功能区农田土壤磷素风险等级 分析2009—2013年监测点位的磷素风险等级可以看出，水源保护区农田土壤磷素5年内无风险等级点位比例增加5%，中风险等级比例逐年降低；都市生活区农田土壤磷素无风险等级点位比例下降；农业保障区各风险等级点位比例年际间变化不大，磷素无风险等级点位比例维持在30% 左右。

主要参考文献

蔡增珍 . 2011. 中国农业面源污染的经济学研究 [D]. 武汉：中南民族大学 .

陈吉宁，李广贺，王洪涛 . 2004. 滇池流域面源污染控制技术研究 [J]. 中国水利（9）：47-50.

陈雯 . 2005. 环境库兹涅茨曲线的再思考——兼论中国经济发展过程中的环境问题 [J]. 中国
　　经济问题（5）:42-49.

邓小云 . 2012. 农业面源污染防治法律制度研究 [D]. 青岛：中国海洋大学 .

东雷，陈声明 . 2005. 农业生态环境保护 [M]. 北京：化学工业出版社：49.

杜江，等 . 2013. 我国农业面源污染的经济成因透析 [J]. 中国农业资源与区划（4）：22-27.

杜森 . 2009. 美国艾奥瓦州测土配方施肥技术 [J]. 磷肥与复肥，24（4）：90-92.

范玉芳，魏朝富 . 2010. 基于耕地质量提高的土壤工程技术研究进展 [J]. 安徽农业科学，
　　38（2）：929-931，958.

方利平 . 2007. 浙江省主要农业面源污染物的时空演变规律和对水环境的潜在影响与信息
　　管理系统构建 [D]. 杭州：浙江大学 .

冯孝杰，魏朝富，谢德林，等 . 2005. 农户经营行为的农业面源污染效应及模型分析 [J].
　　中国农学通报，21（12）：354-358.

冯志文 . 2010. 化肥面源污染的评估及其对策分析——以苏中某市为例 [D]. 扬州：扬州大学 .

高超，张桃林 . 1999. 欧洲国家控制农业养分污染水环境的管理措施 [J]. 农村生态环境（2）：
　　50-53.

郭胜利，周印东，张文菊 . 2003. 长期施用化肥对粮食生产和土壤质量性状的影响 [J].
　　水土保持研究，10（1）：16-22.

何浩然，张林秀 . 2006. 农民施肥行为及农业面源污染研究 [J]. 农业技术经济（6）：2，10.

胡中华 . 2012. 化肥过度使用所导致的农业面源污染立法思考 [J]. 安全与环境工程（4）：
　　31-34.

黄国勤，王兴祥，钱海燕 . 2004. 施用化肥对农业生态环境的负面影响及对策 [J]. 生态环境，
　　13（4）：656-660.

黄立章，石伟勇 . 2003. 绿色肥料设计的技术路线 [J]. 化肥工业（3）：8-10.

黄祖辉，胡豹，黄莉莉 . 2004. 谁是农业结构调整的主体？——农户行为及决策分析 [M].
　　北京：中国农业出版社 .

贾晓红 . 2010. 平谷土壤资源及高效利用 [M]. 北京：中国农业出版社：28-130.

姜兆全，蒋守清，颜立新 . 2007. 发展无公害农产品生产减少肥料污染对策 [J]. 现代农业
　　科技（19）：224-225.

金书秦，魏珣，王军霞 . 2009. 发达国家控制农业面源污染经验 [J]. 环境保护（20）：74-75.

康银孝 . 2009. 当前土壤化肥污染与应对措施 [J]. 中国农村小康科技（7）：68-70.

李海鹏 . 2007. 中国农业面源污染的经济分析与政策研究 [D]. 武汉：华中农业大学 .

李洁 . 2008. 长三角地区农田化肥投入快速增长的经济学诱因分析 [J]. 生态与农村环境学报，24（2）：52-56.

李曼丽 . 2009. 控制农业面源污染的财政政策研究 [D]. 济南：山东大学 .

刘娟 . 2012. 湖南省农业面源污染问题与防控对策研究 [D]. 北京：国防科学技术大学 .

刘伟，周娟 . 2013. 农业面源污染控制中的博弈分析 [J]. 菏泽学院学报（5）：23-28.

刘小虎 . 2012. 施肥量与肥料利用率关系研究与应用 [J]. 土壤通报，43（1）：131-135.

刘雪 . 2000. 我国农业生产的污染外部性及对策 [J]. 中国农业大学学报（社会科学版）（3）：42-45.

倪喜云，杨苏树，罗兴华 . 2005. 洱海流域农田面源污染控制技术模式 [J]. 云南农业科技（6）：7-8.

庞立杰，等 . 2006. 微生物肥料及其应用 [J]. 人参研究（4）：17-18.

青格勒 . 2012. 基于化肥对环境的污染问题探索研究 [J]. 城市建设理论研究（电子版）（17）.

邱卫国，王超，陈剑中，等 . 2005. 美国农业面源污染控制最佳管理措施探讨 [C]. 昆明：中国海洋工程学会 .

邱星 . 2007. 中国农业污染治理的政策分析 [D]. 北京：中国农业科学院：61 .

曲环 . 2007. 农业面源污染控制的补偿理论与途径研究 [D]. 北京：中国农业科学院 .

饶静，许翔宇，纪晓婷 . 2011. 我国农业面源污染现状、发生机制和对策研究 [J]. 农业经济问题（8）：81-87.

宋秀杰 . 2010. 北京种植业结构调整及化肥面源污染调控 [EB/OL]. http：//zt.cast.org.cn/n12603275/n12603404/12685248.html.

孙本发，马友华，胡善宝 . 2013. 农业面源污染模型及其应用研究 [J]. 农业环境与发展（3）：1-5.

孙刚，房岩，王欣，等 . 2009. 稻鱼复合种养对水田土壤酶活性的影响 [J]. 农业与技术，29（1）：23-26.

唐浩，熊丽君，黄沈发，等 . 2011. 农业面源污染防治研究现状与展望 [J]. 环境科学与技术（s2）：107-112.

田有国，任意 . 2003. 地理信息系统在土壤资源管理中的应用和发展 [J]. 农业现代化研究，24（6）：473-477.

汪洁 . 2009. 巢湖农业面源污染控制的生态补偿机制和政策措施研究 [D]. 合肥：安徽农业大学 .

王建中，刘凌，燕文明 . 2008. 坡面氮素流失模型的建立与应用 [J]. 水电能源科学，26（6）：45-47.

王培 . 2008. 基于 GIS 的 SWAT 模型在农业面源污染模拟中的应用 [D]. 合肥：安徽农业大学 .

王宜伦 . 2008. 农业可持续发展中的土壤肥料问题与对策 [J]. 中国农学通报，24（11）：278-281.

王玉梅.2009.山东省化肥流失状况及其对水环境污染的影响[J].鲁东大学学报(自然科学版),25(3):263-266.

尉元明,朱丽霞,康凤琴.2004.甘肃不同生态区化肥施用量对农业环境的影响[J].干旱区研究,21(1):59-63.

翁伯琦.2013.合理施肥用药防控面源污染[EB/OL].http://qtnw.gov.cn/zxdt/zjlt/201402/t20140224_154641.html.

吴其勉,林卿.2013.农业面源污染与经济增长的动态关系研究[J].江西农业大学学报(社会科学版)(4):445-452.

向平安,胡忠安.2006.洞庭湖区农户经济效益最佳化肥投入量研究[J].北京农学院学报,21(4):43-45.

熊继东,成燕清.2010.低碳农业的重要技术——免耕栽培[J].作物研究,24(4):345-347.

薛华.2011.现代农业要大力推广使用微生物肥料[J].蔬菜,(6):41-42.

薛金凤,夏军,梁涛,等.2005.颗粒态氮磷负荷模型研究[J].水科学进展,16(3):334-337.

颜璐.2013.农户施肥行为及影响因素的理论分析与实证研究[D].乌鲁木齐:新疆农业大学.

杨增旭.2011.农业化肥面源污染治理:技术支持与政策选择[D].杭州:浙江大学.

姚亮,刘中礼.2005.利用沼气技术有效治理农村面源污染[J].中国沼气,23(3):34-35.

叶贞琴.2012.巩固深化拓展延伸深入开展测土配方施肥工作[J].中国农技推广,28(6):4-6.

翟文侠,黄贤金.2005.我国基本农田保护制度运行效果分析明[J].国土资源科技管理,22(3):1-6.

张北赢,陈天林,王兵.2010.长期施用化肥对土壤质量的影响[J].中国农学通报,26(11):182-187.

张峰.2011.中国化肥投入面源污染研究[D].南京:南京农业大学.

张福锁.2011.测土配方施肥技术[M].北京:中国农业大学出版社.

张利庠,彭辉,靳兴初.2008.不同阶段化肥施用量对我国粮食产量的影响分析——基于1952—2006年30个省份的面板数据[J].农业技术经济(4):85-94.

张蔚文.2006.农业非点源污染控制与管理政策研究:以平湖市为例的政策模拟与设计[D].杭州:浙江大学,2006.

张欣,王绪龙,张巨勇.2005.农户行为对农业生态的负面影响与优化对策[J].农村经济(11):95-98.

张云芳,曹文志.2009.化肥投入的环境经济分析[J].安徽农学通报,15(2):41-43.

章茹.2008.流域综合管理之面源污染控制措施[D].南昌:南昌大学.

赵明燕,熊黑钢,陈西枚.2009.新疆奇台县化肥施用量变化及其与粮食单产的关系[J].中国生态农业学报,17(1):75-78.

赵顺华.2007.京郊农村面源污染成因及防治对策[D].北京:中国农业大学.

赵永志,吴文强,李旭军.2012.北京市新型肥料推广应用现状与发展建议[J].中国农技推广(2):35-36.

赵永志，王维瑞 . 2013. 生态文明视域下的土肥未来发展道路 [M].

郑伟 . 2005. 中国化肥施用区域差异及对粮食生产影响的研究 [D]. 北京：中国农业大学：
    1-55.

中国农业年鉴编辑委员会 . 中国农业年鉴（1991—2003）[M]. 北京：中国农业出版社 .

中华人民共和国农业部 . 2013. 水肥一体化技术指导意见 [J]. 中华人民共和国农业部公报
    （3）：18-21

中华人民共和国农业部 . 2011. 中国农业农村信息化发展报告 2010 [EB/OL]. http：//www.
    moa.gov.cn/ztzl/sewgh/fzbg/ .

钟甫宁 . 1999. 农业政策学 [M]. 北京：中国农业大学出版社 .

周广翠 . 2012. 农户参与农业面源污染防控意愿的实证研究 [D]. 南昌：江西农业大学 .

朱虹，高玲，陆金晶 . 2010. 秸秆综合利用技术与装备现状调查 [EB/OL]. http：//www.amic.
    agri.gov.cn/nxtwebfreamwork/ztzl/jnjp/detail.jsp?articleId=107669 [2010] .

朱筱婧，李晓明，张雪 . 2010. 低碳农业背景下提高肥料利用率的技术途径 [J]. 江苏农业
    科学（4）：15-17.

Reinhard S.，Lovell C.A.K，Thijssen G.1999. Econometric estimation of technical and environmental
    efficiency：an application to dutch dairy farms [J]. American Journal of Agricultural Economics，
    81：44-46.

U.S. Environmental Protection Agency. 2000. Best Management Practices to Reduce Non-Point
    Source Pollution in the Town of Plainfield [M]. Boston：Connecticut：157-163.